IxDC

构建体验新框架

人性化 | 智能化 | 平台化

胡晓◇编著

清華大學出版社
北京

内 容 简 介

本书是2018年国际体验设计大会的演讲集锦，汇聚了当下最具影响力的数位国内外知名企业、院校的设计师、商业领袖、专家、教授的大量实践案例与前沿学术观点，分享并解决了新兴领域所面临的新问题，为企业人员提供丰富的设计手段、方法与策略，以便他们学习全新的思维方式和工作方式，掌握不断外延的新兴领域的技术、方法与策略。本书适合用户体验、交互设计的从业者阅读，也适合管理者、创业者以及即将投身于这个领域的爱好者、相关专业的学生阅读。

图书在版编目（CIP）数据

构建体验新框架：人性化 • 智能化 • 平台化 / 胡晓编著. — 北京：清华大学出版社，2019
ISBN 978-7-302-52691-9

Ⅰ. ①构… Ⅱ. ①胡… Ⅲ. ①人机界面—程序设计 Ⅳ. ①TP311.1

中国版本图书馆 CIP 数据核字（2019）第 061457 号

责任编辑： 张 敏
封面设计： 杨玉兰
责任校对： 胡伟民
责任印制： 刘海龙

出版发行： 清华大学出版社
网　　址： http://www.tup.com.cn，http://www.wqbook.com
地　　址： 北京清华大学学研大厦 A 座　　**邮　　编：** 100084
社 总 机： 010-62770175　　**邮　　购：** 010-62786544
投稿与读者服务： 010-62776969，c-service@tup.tsinghua.edu.cn
质 量 反 馈： 010-62772015，zhiliang@tup.tsinghua.edu.cn
印 装 者： 三河市君旺印务有限公司
经　　销： 全国新华书店
开　　本： 188mm×260mm　　**印　　张：** 21.75　　**字　　数：** 565 千字
版　　次： 2019 年 7 月第 1 版　　**印　　次：** 2019 年 7 月第 1 次印刷
定　　价： 129.00 元

产品编号：081767-01

赞誉

设计不仅是表象的人文主义，设计在数字产品领域的根基是用户视角的工程思维，是辩证与逻辑性的使用技术手段，通过产品驱动企业增长的有效手段。

张　伟

EICO，联合创始人 & 首席策略

在我做用户体验相关工作的20年中，亲自经历和见证了设计的众多变化。首先看到设计的范围越来越大，从过去页面和操作层面的设计，扩大到产品设计，再扩大到服务设计、去改造整个业务的设计。其次，设计的影响力越来越大，从过去各公司里面设立从属于某个产品的小团队和功能，到很多公司都有行政领导级别的安排。最后，我也看到设计和前沿技术有了更深的结合，如AI设计、语音交互等，技术和设计相互推动。这本书很好地反映了这些变化，从设计和研究方法，到团队管理经验，到智能化突破。本书为这些变化提供了丰富的案例，为读者开启了一扇门，帮助大家了解设计现状、展望未来！

傅利民

阿里巴巴，国际用户体验部总监

随着互联网与产业深入结合，用户体验思维正在从"纯互联网”领域拓展到各行各业，用户体验的价值还会进一步大幅提升。本书既集合了国外前沿的体验思维，也精选了中国国内顶尖互联网企业的典型实战项目案例、团队管理案例和体验创新案例。不论从广度还是深度来看，都是用户体验行业不可多得的顶级著作。本书不仅适合于用户体验从业人员进行专业成长，同时也适合产品、运营、公司管理者进行认知升级。

贾　云

美团点评，点评App总经理

体验不仅是好看或者好用，更是一个全局化、系统化、情感化的工程。

姚昱盛

唐硕体验咨询，合伙人 & 董事总经理

框架（framework）可以引导设计团队与客户一同寻找适合的解决方法，但是同时也可能限制一些创新可能性。《构建体验新框架：人性化·智能化·平台化》除了能帮助团队构建新框架外，更能帮助团队跳脱出框架外，用全新的视野探索与理解设计挑战。

李盛弘

IDEO，设计师

本书是众多一线设计专家的实战经验总结，其中既有前沿的设计思潮，又有来自各行业的用户体验实战案例以及由此提炼出的方法论。作者们知道用户体验工作者的痛点并对此进行了深入的介绍、提出了各种解决方案，向读者提供了丰富的信息。对用户体验工作者，本书提供了广泛的指南，是一本实用工具书。

穆　群

搜狗，设计经理、营销UED负责人

IXDC作为国内顶尖的设计行业平台，集合优质主讲人智慧出版合集去赋能行业是非常有意义的一件事。无论是涉及广度还是专业深度方面，均属行业顶尖水平。本书集合了不同行业顶尖团队的设计思维、设计方法论、大型项目实践经验、团队管理经验等，可以说是用户体验行业的必读书目。

崔颖韧

美团点评，上海用户体验部总监

设计，也许比想象中更有力量。本书汇集设计行业中丰富的经验与故事，让我们见识设计师如何在商业和体验的平衡中发挥能量；帮我们预见设计在未来的发展与成长，以及我们将走向哪里，我们将创造些什么。

王　丹

58集团，资深交互设计师

国际体验设计大会是我每年都会参与的分享大会，它让我在很短的时间内了解行业大咖从不同的角度切入设计的方方面面，以及在实际行业上的应用，将学术和商业做到很好的结合。这本书将重要观点用文字的方式传递，更可以让我反复研究及推敲行业专家的想法及经验。

丁光正 / Andy Ting

beBit 用户体验咨询，合伙人

《构建体验新框架：人性化·智能化·平台化》将带你走进一个体验至上的新空间。书中对人文、科技的设计思辨不仅适用于初涉职场的设计师，更适用于每一个热爱生活和体验设计的人。

敖　翔

旷视科技Face++，副总裁

IXDC始终致力于完善更好的用户体验专业交流，集结了各行业优秀人才、团队最具价值的经验、知识分享，从软件开发到智能硬件制造的精英经验皆精选汇编入此书。我们可以透过更全球化、更丰富的视角了解各自所处的行业发展。

和硕作为多次参与国际体验设计大会的伙伴，推荐此书给设计业界人士，助于企业或设计师学习更丰富的设计方法与知识。

蒋文瀚

和硕设计，创意总监

与IXDC和业界精英一起撰写对于互联网用户体验和人机交互的设计思维和方法论，以及分享在不同项目中的实践经验，是一次对用户体验行业的深度思考和剖析总结。从实践中形成理论，同时又在实践中得到检验，希望初入行业甚至寻求更进一步了解用户体验的读者，能够学以致用，并形成自己的认知和风格，体验“用户体验”之美，从而共同推进实践之创新，理论之升华，以及行业之进步。共勉！

陈 抒

平安信用卡，UED经理

IXDC作为前沿用户体验观点交流的头部平台，在十周年之际整合优质主讲人的观点和洞察出版成书，对业界来说是一次很好的学习机会。此书也将成为中国用户体验行业智慧的代表作，推荐阅读！

赵 静

MassThinker用户体验咨询公司，联合创始人

一年一度的国际体验设计大会已成为香港理工大学的同学会，这里为我们提供了成长的平台，该书便汲取了成长平台的精华，值得一读。

罗 莎

百度，体验评测团队负责人

用户体验日新月异，一日千里，在这本书里，你能找到业内最新的趋势与实践，是有志在用户体验领域耕耘的从业者不可多得的好书。

刘醒骅

ETU DESIGN，设计合伙人兼设计总监

随着大数据、人工智能等新技术的兴起，人们的生活形态也出现了很多新变化，这也促使商业进行重构和变革。在这样的时代背景下，设计师也应该与时俱进，除了需要深耕旧场景的体验设计外，更需要拓展自己的设计边界；国际体验设计大会作为设计行业最具影响力

的专业论坛之一，在这样的时间节点上，探索体验新框架，以人性化、智能化、平台化作为设计命题，与行业背景非常契合；这本书汇集了众多优秀公司设计师的思想精华，如果你还是一个传统行业的设计师，或者你对当下及未来的设计没有方向，非常推荐大家来阅读这本书，一定能给你带来很多启发！

李明福

阿里巴巴国际用户体验事业部，交互设计专家

“构建体验新框架”是对用户价值的重塑与预见，共同创造超越预期的新场景，指向下一个变革的关键体系。在这里，我们共同探讨用户体验领域中可持续的商业增长点以及挑战、机遇。

姜晶晶

平安证券，UED负责人

我们总是在意更多的设计方法，但依然难以逃脱设计范围的束缚，然而传统与互联网的结合正在悄然改变这一现状，设计师需要更宽广的边界来拓展自己的知识壁垒。关于基础的体验设计、新技术的认知以及平台化的效率提升，这本书会带给你一些答案。

陈晓华

阿里巴巴菜鸟网络，设计总监

每年国际体验设计大会中，都会感受到设计师对于大会内容的热烈期盼和高度肯定，同时也遗憾于场地所限，不能让每一位设计师现场聆听，非常高兴看到每年的大会内容能以书籍的形式分享给每一位设计师。

胡　松

花瓣网，CEO

整个世界的消费格局都在发生变化，中国尤其剧烈和密集。消费和零售从业者开始关注场景构建，越发重视科技、传播和设计手段的运用。对于体验设计者来说，需求越多花样越多，我们需要提醒自己克制和精简，聚焦到真正驱动用户认知和感知的元素上，切记宁缺毋滥。可持续的体验设计为消费者带来恰到好处的兴奋点、甜蜜点和记忆点，并且不断进化。这是对商业投资的负责，也是对用户的负责。

周　佚

指南创新，创始人兼CEO

体验，就像空气，无时无刻不存在于我们的周围与我们做最亲密的接触。IXDC这本书也像空气，是设计师的终身伴侣。字体作为体验设计中的一个最基础的元素，同样具有更加多

样表达的可能性，希望字体设计能够与体验设计同步，服务于交流，服务于感受，服务于品牌。

谢立群

汉仪字库，CEO

国际体验设计大会无疑是中国最有影响力的设计师社区。IXDC出版的这本书里面包含了很多不同行业、不同领域的国内外最优秀设计师的观点、视野和思考。我们一直觉得，设计更多的是有关设计背后的语言和灵魂。推荐这本书给所有的中国设计师。

吴 冰

石墨文档，创始人兼CEO

本书不仅汇聚了各行各业设计师的态度、观点、方法和案例，更可贵的是对组织和生活的触及和思考。在体验经济时代下，设计不再只是一种工具，而是一种生态。本书能够培养设计师跨行业的思维融合能力，促进设计师用心去发现美，用设计让平常更优雅。

杨 凯

巨人网络，用户体验设计中心（UEDC）负责人

用户体验领域从业的十多年里，经历了从谈可用性到谈用户体验及逐渐清晰的细分领域，如用户研究、交互设计、视觉设计，再到谈客户体验，从单一触点的互联网产品体验到线上线下全流程、全触点的服务体验，体验让生活变得更美好。这正是我们从业者坚持努力的方向，而过程中不断的积累是前进的基石，授人以鱼不如授人以渔，相信这也是IXDC组织编写本书的初衷，希望更多同行携手促进体验行业的发展！

王 建

前顺丰速运客户体验管理专家

影响更多的设计师，传达和体验更多的美好。

徐 健

京东，视觉设计专家

这本书精彩概述了所有发生在用户体验和企业设计中的事情。 如果你想牢牢掌握用户体验的方向，这是一本必读的书。

Joris Groen

Buyerminds，创始人兼创意总监

序言

体验设计新框架

◎ Richard Buchanan

在讨论商业模式、用户体验及数字化之前，我想先后退一步，从更宏观的角度来看看这次会议。我不是简单地去下定义，而是会通过讲故事的方式与会议内容联系起来。

我要讲的这个故事，要从我自己如何开始接触交互、如何开始接触设计说起。年轻时，我想学物理，想学自然科学，所以选了天体物理进行研究；上大学后，我在天文台研究双星系统得了奖，但我并不满足于此，又去研究了社会学、心理学和人类学，但还是感到不满足。于是我又去读了一个艺术与文学方面的博士后，仍然感觉不够。不过就在此时我发现了设计，而在发现它的那一刻，我就知道自己找到了真正需要的东西。其他学科研究的都是别的事物，但是设计对我而言却是对体验本身的一种探索。当然此时此刻，我知道有些社会学家和心理学家听了会不高兴，因为他们号称对人的体验有比较深入的了解。但是我不会服输，因为我感兴趣的是普通人做普通事的体验。

回到设计上来，我们在20世纪对人类体验的探索可以说比对任何学科或领域的研究都更加深入。我可能会在某些方面与希尔伯特·西蒙的看法不一致，但是这种不一致不会太多。在这里给大家说说20世纪以来人类体验的探索历程，从设计的关注点和创造性来看，我认为可以分为四类：图形设计、工业设计、交互设计以及辩证设计，如图所示。

设计的四个维度

	第一级 沟通的问题 符号	第二级 构建的问题 物体	第三级 行为的问题 行为	第四级 整合的问题 思维
符号	图形设计			
物体		工业设计		
行为			交互设计	
思维				辩证设计

第一类是图形设计，早在19世纪末、20世纪初它就已经问世了，而工业设计差不多也是同时出现。在我看来，它们都能非常有效地帮助我们理解人类体验。图形设计是如何清晰而直接地用图形传递信息，甚至包括后来的图像移动，这是一个很好的学科，能够让我们探索交流的体验，探索人之所以为人的本质问题，探索人与人之间如何交流、如何通过强大的方式将这些交流形式化，以印刷出版、报纸杂志的形式将它们体现出来。

而工业设计，虽然与信息没有直接的关联，但是却与我们整个人的人身体验、我们做的事、我们与外界事物的接触有着千丝万缕的联系。这就是工业设计的强大之处，所以，我对工业设计师们都怀有崇高的敬意。

当然，我觉得今天现场的工业设计师应该并不多，但是我们不能忘本，工业设计是我们的根基，这一点我是非常肯定的。它研究的是我们做各种事情、利用具体事物去过普通生活的体验，是一种非常强大的探索体验的方式。

可是，我们绝大多数人都是交互设计师，或者说我们都是在不那么严谨地讨论体验化设计。然而，交互其实是一种信息与整个人身体验的组合。当两者结合在一起，再加上时间的维度，交互体验的特点就出来了。人通过各类有趣的方式与外界接触，做事情、做决策，这些体验对我们与数字化世界的交互非常重要，恐怕我们也陷入了数字化世界里。我个人认为，我们要从屏幕里走出来，不要只盯着屏幕，要看看屏幕后面的人，看看他们在做什么。

这已经很厉害了，但是第四类设计正在出现，大家可能还不太了解，但是在二十几年前，了解交互设计的人同样也很少，有那么几个人很懂，包括比尔·普兰克，但是为数不多。第四类设计的出现是一个不争的事实，随着研究的不断深入，我们对它的了解会越来越多。现在，你们对它可能也懂一点儿，我想给它取个名字，就叫辩证设计吧。

虽然这个名字取得一般，但是除此之外，还有什么可以恰到好处地囊括环境、体系和组织？我们人类交流沟通的辩证关系可以很好地诠释这种设计，这些沟通可以让我们理解自己的价值观，是影响我们人生目的的因素。

美国的一些大型科技企业已经很明显地开始直面辩证设计的问题了。我个人其实非常讨厌那个创办脸书的小孩儿，我觉得他还要继续接受一下教育，他根本就不懂，这背后其实是价值观、目的和原则的问题。欧洲的这些问题也非常严重，他们忘记了原则。而设计的第四个维度，也就是辩证设计是最让我担心的。我把这个辩证设计称为第四类设计，而且我发现世界很多其他地方也有这种设计。

事实上，你在企业或者组织里所做的工作，从某种意义上来说，可以被视为第四类设计。这是一种非常不同的实践，因为设计师往往不是根本的决策者，事实上，我们鼓励其他人加入进来。

大家看看这张图片就一目了然了，我认为体验也分为四类：交易的体验、界面的体验、交互的体验和参与感的体验。

设计的四个维度

	第一级 沟通的问题 符号	第二级 构建的问题 物体	第三级 行为的问题 行为	第四级 整合的问题 思维
符号	交易的体验			
物体		界面的体验		
行为			交互的体验	
思维				参与感的体验

今天，我发现中国的数字化世界中有两类体验：

第一类是界面体验，也就是说我们如何跳进屏幕，如何识别符号、标志，如何做出选择，等等。我还发现了很多其他体验，即第二类体验，我把它们称为“事务性体验”，这就是我在社交网络上看到的体验。我很喜欢微信，也觉得这是一个不错的产品，但是对我来说，它也不过是一种事务性体验。

当前中国正在出现的问题，可以归属于两个完全不同的领域，我试着在这里说清楚。

第一类问题是，对人类交互和人类体验的担忧日益加剧。我知道这种现象会让你们和你们所在的企业感到不安，可能因为你们也明白，你们是在与人打交道，与人类互动打交道，所以从某种意义上来说，你们更加担忧事务和信息交流。

但是关于设计，第二类问题是，它需要从虚拟的平面跳出来，融入我们的生活，影响我们的生活方式，影响我们的做事方式。西方已经开始面临这一挑战，而我认为这个问题在中国也在慢慢显现。在服务设计这个交互的分支里，我们发现有太多低层次的服务。如果把服务看作人类作为邻居甚至朋友之间的一种接触，那么现在这种服务可以说是非常罕见，而且只有在这种体验被更为有效地设计出来之前，我们才能在中国或全球市场上进一步追求内部质量。

在研究约翰·杜威的人当中，我算是第三代人了。约翰·杜威是20世纪体验研究领域伟大的哲学家，他对中国产生过重大影响，在中国待了两年后，他发现这里的文化和人都非常令他着迷，于是他说“这就是我要找的地方”。可以说，正是那两年塑造了他的经验主义哲学，也就是我们所说的交互设计。

我怀疑你们中间读过约翰·杜威作品的人并不是很多，可能少数人拜读过，他有一部著作叫《艺术即体验》，其中有一章写得非常好，叫“拥有一个经验”。如果你们在学校读书时从来没有学过这本书，甚至现在也没有看过的话，我建议你们去研读。这里面讲了很多关于人类体验的东西。说到人类体验，我们有交换信息的科学与符号，还有过度反应、肢体语言、我们怎么使用界面设备等。但是杜威谈到一个观点，既非常深刻，又恰好切中我现在要说的一个核心问题，那就是在人与人的交互中，情绪非常重要。所以，如果你们有人还没读过这本书，我强烈建议你们去读，现在就去读，把它提上你的日程。

以上就是我感兴趣的体验领域，也是我在中国教书的原因。我希望介绍的不仅仅是这些信息透明交易，不仅仅是涉及符号和屏幕的界面，我感兴趣的是屏幕背后是什么，也就是我们在屏幕背后所做的事。而除此之外，屏幕还能够让我们做什么呢？而这也是我对社交媒体一直非常担忧的原因，我担心我们可能不会如愿地看到屏幕背后的故事。这对设计来说是一个挑战，无论现在还是明年，我们总会遇到这个挑战。

所以，好好看看今天的幻灯片，看看这些幻灯片有没有讲到界面设计、事务性设计或人的体验。

这里，我还想说一下让我担忧的第四种体验，它与第四种设计即辩证设计有关，我把它称为参与感的体验。我认为它与文化和价值观有关。例如，你们非常热爱自己的企业，但是如果企业的产品做砸了，你们不是去对这个产品生气，而是去修复它，用自己的力量去帮助企业渡过难关。从某种意义上来说，你是在参与这个企业的运作，而这对我们来说也是一种体验。

虽然今天的会议主题是用户体验设计，但是我想说的是，用户体验还远远不够，我们要认真思考用户体验之外还有什么，例如下图所示的各项。

不同关系间的体验分类

- 人与物
- 人与人
- 人与环境
- 人与文化

- 自然的
- 戏剧的
- 伦理的
- 社会的

最后，我想用下图总结一下前面提到的四种体验的几个核心原则，希望大家以后有时间去思考。

总结

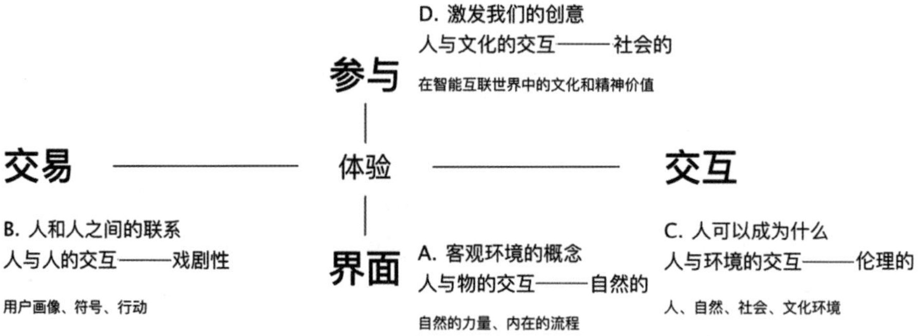

这里面有很多比较细节性的内容，只是为了启发大家思考每天所做的工作，思考你们正在塑造哪种体验，思考你们追求的又是哪种体验。这就是我目前最关心的事情。希望大家不要忘了要做的事情，也不要忘了体验的不同内涵。

Richard Buchanan
美国凯斯西储大学，首席教授

理查德·布坎南（Richard Buchanan）是美国凯斯西储大学韦瑟黑德商学院设计与信息研究教授。在2008年加入韦瑟黑德学院之前，1992至2002年曾任卡内基梅隆大学设计学院院长；2002至2008年担任博士生导师。他在国际设计研究与设计管理理论方面有重要影响。

在卡内基梅隆大学的时候，他开设了交互设计的硕士和博士学位课程。他的闻名是因为将设计应用扩展到新的理论与实践领域，将写作和教学以及与交互设计的概念和方法相结合。他认为，互动设计不能停留在平面的计算机屏幕，而是要延伸到人类的个人和社会生活中。

前言

设计是每一个企业变革和创新的核心驱动力

◎ 胡晓

一年一度的国际体验设计大会已经进入了第九年，是全球最具影响力的体验设计盛会，也是中国连接世界的跨界设计交流平台。我们很荣幸能够看到200多名优秀的来自全球的用户体验专家、教授、精英进行分享，与参会的3 000多名志同道合的用户体验从业者汇聚一堂，共同领略这非凡的体验盛典。

我们所处的世界正日新月异地改变，设计是每一个企业变革和创新的核心驱动力。用户正变得更加聪明，用户体验研究方法和工具成为设计决策的重要理论基础，设计师在企业也承担着更加多元和更加重要的角色。设计师迫切需要汲取新技术、新知识、新案例，以应对复杂的商业竞争环境。

2018年北京大会上，我们汇集了近200场由不同行业用户体验精英带来的案例分析和经验分享，形成了更深层次的关于“体验新框架”的设计对话，从人性化、智能化、平台化三方面分享新技术、新知识、新案例，一同从变革中探讨设计、商业及科技领域的最新发展与趋势，提升竞争优势，获取成功。

构建体验新框架

本届大会主题为“构建体验新框架：人性化 · 智能化 · 平台化”，是对用户价值的重塑与预见，旨在共同创造超越预期的新场景，指向下一个变革的关键体系：

- 人性化：算法与科技的人性化设计，为用户与产品建立情感连接。
- 智能化：智能时代的技术，让我们基于新的变量赋予产品更多意义。
- 平台化：横跨不同渠道、平台的产品，依然保持一致、流畅的用户体验。

我们组织了9场顶级大会主旨演讲，40场跨界主题峰会演讲，100场实践工作坊与圆桌会议，6场名企设计之旅，2 000平方米设计力大展，更有近百场专家访谈，分享、展示了超过200个成功实践案例。

从国际体验设计大会诞生起，我们便赋予了它诸多期待，通过汇集最令人惊喜的设计案例，使设计从业者们碰撞思想，交流学习，让世界更美好。过去数年，数以万计的设计领袖、商业领袖、产品运营者们聚集于国际体验设计大会的舞台，涵盖了互联网、移动互联网、硬件设备、电信运营、专业设计、金融、教育、科研、服务、生产制造、媒体广告等各领域的精华。

这里每一场演讲都是高潮

大会引领行业共同讨论如何构建体验新框架，应对和识别为新技术、新商业、新业态而产生的新领域，助力企业、从业者升级认知维度，寻找商业破局，更敏捷、更主动地应对大环境的发展趋势。大会的内容精彩丰富，每一场都是精华，都是高潮。

1. 服务创新与价值重塑

当下移动网络的普及、移动支付的应用以及服务产业的蓬勃发展，使得中国成了全球数字经济创新的领头羊。消费者们每日都在体验数字驱动的新服务、新体验。而服务设计通过实体和互联网平台，有效地整合资源，在更广的领域、更深的层次为组织创新、产品研发与营销，乃至整体商业模式的构建提供了决策支撑作用。

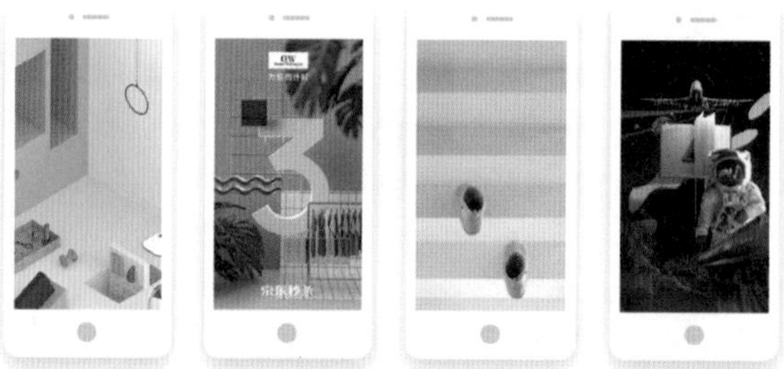

在这场峰会中，有来自亚朵的品牌副总裁分享如何创造数字时代下的人文体验；有来自京东的设计专家分享电商业务的布局；有来自埃森哲的总监分享如何管理跨境服务设计；更有唐硕体验创新咨询合伙人分享如何打造全局化服务体验。

2. 品牌塑造新势力

在诸多传统与新兴领域，Apple、Airbnb、Snapchat、Netflix等“设计驱动型品牌”释放出产业领导力与持久生命力，昭示出一种面向未来的全球性前瞻共识：设计是驱动品牌获得商业成功的战略。在高速发展的市场与竞争环境中，越来越多的企业认识到品牌在其生命周期中的重要作用。

在这场峰会中，有来自腾讯网的设计总监分享如何传递品牌正能量；有来自汉仪字库的COO分享如何通过设计提升品牌的好感度与企业价值认同；有来自转转的设计总监分享全新品牌商业创新实践；更有Continuum资深设计策略顾问分享如何颠覆品牌和设计策略。

3. 解构交互的未来

万物互联的时代，人工智能、虚拟现实、物联网等技术正在兴起，为弥补黑科技的局限性，体验设计从未像现在这么重要。企业开始探索人与机器在不同生活和生产场景中的最佳协作，运用投影、语音、AR/VR、人工智能等技术拓展用户的可交互空间，丰富互动场景，让人机共融的创新场景更好地为人们美好生活服务。

在这场峰会中，有来自Google的用户体验设计师分享谷歌的操作系统Chrome OS的设计；有来自和硕设计的创意总监分享从硬件设计优质化AI与机器人之用户体验；更有来自Kika Tech的设计总监分享人性化的数字沟通设计原则。

4. 共建人与世界的连接

借助移动互联网、云计算、大数据、物联网等先进技术和理念，智慧出行领域也有效渗透并融合到了更多的传统产业中，形成线上资源合理分配、线下高效优质运行的新业态和新模式。用户体验设计师该如何在新环境下提升能力，强化对人类有利的工具，为城市出行服务贡献自身的价值呢？

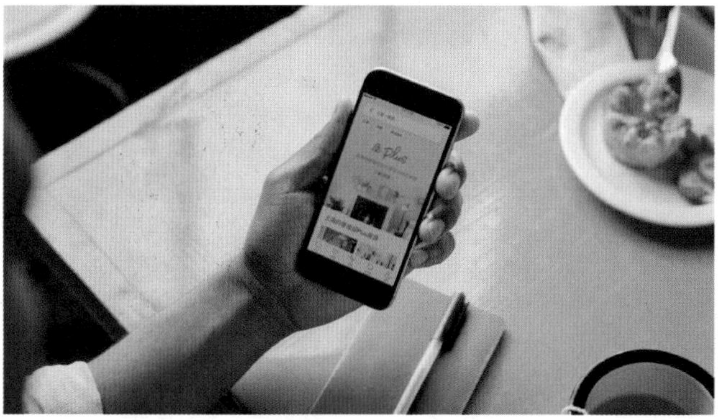

在这场峰会中，有来自Google的资深设计师分享谷歌地图的设计；有来自IBM的设计负责人分享新技术和自动驾驶汽车对旅游业的影响；有来自Airbnb的设计经理分享与社区一起设计Airbnb，重新定义旅行的意义。

5. 设计领导力与组织创新

随着用户体验行业的持续成熟，产业升级带来的设计管理工作挑战也逐渐提升，设计管理的内涵已经变得综合化和丰富化，对设计管理者的个人能力也提出了新的要求。从单打独斗到团队作战，从专业纵深到横向连接，从领域内产品设计到产业内体验策略的建设，新市场形态的局面中，对于设计管理的定义已转变为如何提升设计领导力的具体问题。

在这场峰会中，有来自华为CBG的首席体验架构师分享精进设计领导力；有来自美团点评的上海用户体验部总监分享设计领导力的建立与拓展；更有来自beBit的合伙人分享战略布局从客户体验开始，如何用NPS走出第一步。

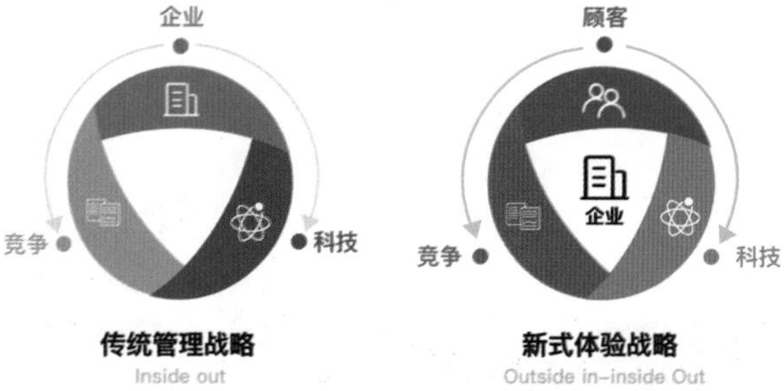

6. 人工智能设计的革命

伴随着语音识别、图像识别、自然语言处理、机器人研究等技术的日益成熟，人工智能成为人类发展进程中越来越有力的工具，在通信、汽车、零售、出行、餐饮等很多领域，人工智能也正很好地服务于万千大众，并影响着我们的日常生活、工作以及学习。可以说，人工智能正是在用技术改善整个人类的生活状态。

在这场峰会中，有来自阿里巴巴的体验设计高级专家分享AI+DesignSystem的智能化应用；有来自Foolproof的首席设计师分享如何设计智能系统以改善患者体验；有来自Ogilvy&Mather的高级创意工程师分享如何通过人工智能进行人性化的设想；更有来自旷视科技 Face++的副总裁分享机器视觉与人机交互设计。

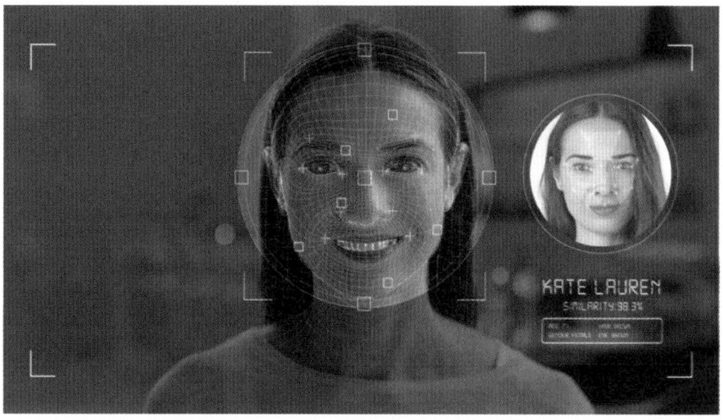

7. 智能计算，唤醒万物

云计算、大数据和人工智能的蓬勃发展，为经济发展带来了新动力。面对激烈的市场竞争，越来越多的企业使用SaaS产品，旨在提升产品与品牌价值，打造更高效的一体化管理，从而获得市场的成功。企业应用工具的设计除了需要让人们彼此联系，更为效率、信任和创造力设计，通过云计算、智能化技术手段提高复杂的团队合作能力，改变团队协作的历程。

在这场峰会中，有来自Facebook的产品设计师分享如何做好用户引导；也有来自搜狗的设计经理分享营销类知识库智能应用设计。

8. 全渠道构建零售新生态

“新零售”概念的火热绝非偶然，产业互联网红利日渐退却，一场新的商业革命已经到来。在新技术的迅猛发展下，智慧零售时代已经到来，零售似乎正在被重新定义。各大商家纷纷开始从线上线下融合的全渠道购物体验着手，科技创新也在配合崭新的渠道铺货策略。

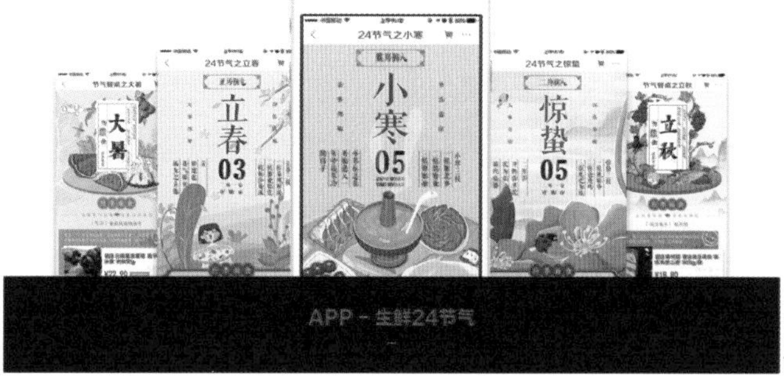

本场峰会中，有来自京东设计中心的视觉设计专家分享新零售下京东生鲜的场景化设计与品牌升级；有来自frog的技术副总监分享线上和线下服务体验设计中如何做到快速设计验证和迭代；更有来自MassThinker用户体验咨询公司的联合创始人分享新零售时代，人工智能如何助力服务设计。

9. 构建金融产品新体验

近年来，互联网金融的强劲势头，得益于先进的技术、数据资产以及最好的体验设计服务，使得人们可以更快地发掘商机，更精准地进行风险控制。在这样的环境下，企业想要在市场中脱颖而出，除了依赖技术手段，更重要的是加强构建安全感的体验，让金融科技更好地连接用户。设计师通过设计为用户提供更好的服务体验，并将用户诉求和商业目标在合适的生活场景对接，从而形成商业和体验的闭环。

本场峰会中，有来自腾讯的金融科技设计中心交互负责人分享通过“营销导向创新”重塑互金产品新体验；有来自百度金融用户体验中心的负责人分享金融科技中的用户体验设计；更有来自蚂蚁金服财富事业群的高级交互专家分享金融科技的设计的实践与思考——为用户打造智能化的线上财富管理体验。

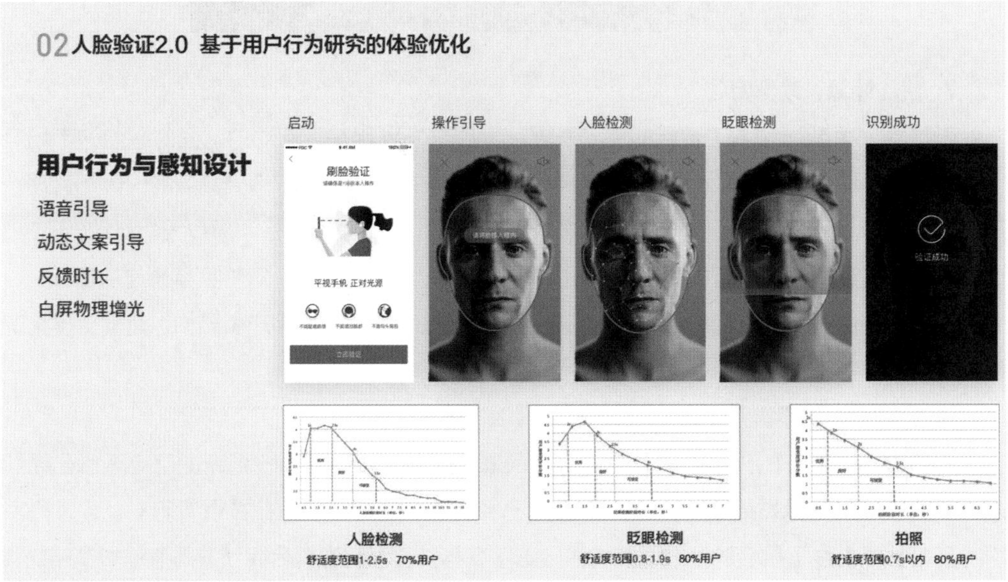

10. 智能的连接与未来

智能时代的到来，让智能设备与智能应用在生活场景中变得越来越普遍。人们对生活品质的追求，对数字场景的想象，对未来生活的图景等都将成为充满可能性和想象力的商业机会。在当下，智能设备和人、社交网络和人、技术和人的关系正推动着全新商业场景的创新。高颜值、个性化、自动化的智能产品也在不断优化用户的生活方式，提高效率，并越来越受到消费者的青睐与关注。

在本场峰会中，有来自小米生态链-纯米科技的研发设计副总裁分享设计驱动型产品如何为传统产品带来流量与价值；有来自小鱼在家的创始人兼CEO分享“小度在家”的创新体验；更有物灵科技的CEO分享万物有灵，AI消费品的世界。

最后，我谨代表国际体验设计大会（IXDC），向合作伙伴及主讲人团队致以真诚的谢意，感谢他们奉献的精彩内容；同时感谢童慧明、辛向阳委员给予的指导支持，感谢张运彬、苏菁等团队人员的辛劳，最后再次感谢各位读者阅读本书，祝大家收获满满！

胡晓
IXDC主席、美啊教育创始人、
贝塔空间创始人

国际体验设计大会（IXDC）主席，美啊教育创始人，贝塔空间创始人，中国设计业十大杰出青年，广州美术学院客座教授，高级产品经理。专注于设计与用户体验理念的传播和推广，策划和组织了大量影响力大、规模广、参与度深的会议、展览、行业调查、沙龙、国际考察等活动。带动了企业的商业变革与组织创新，促进了企业间的国际交流与合作，推动产品创新，提升服务品质，增强企业市场竞争力，力图创造更多商业价值。

目
录

第5章 金融应用及新零售 257

第1章
人 机 交 互

01 设计今天的世界

◎ Jamie Myrold

非常高兴能跟大家分享我对设计和创造力日益改变的本质的思考。20世纪80年代，我去上了设计学校，当时我们可没有如今的这些计算机、智能手机或者其他的电子产品，所以当时我主要学习凸版印刷、手工制作书籍、木刻版画，我自己制作纸张，自己装订。我认为设计和创造力就是讲故事，通过纸张的触感、木刻版画和书籍样式来讲故事。

毕业以后，我并没有像毕业班的同学那样，成为设计公司或者广告公司的平面设计师，我只想继续坚持我的艺术创造，无论它是否能让我赚到钱养活自己。我从未想过自己能在一个Adobe这样的大公司工作，但我现在却站在这里，如今我领导设计团队已经有差不多20年了。

设计的影响力不断扩大

这些年在领导设计团队的过程中，我亲眼见证了设计的影响力在不断扩大，这种现象现在也在持续。曾经设计师们只是局限于创意团队或者创意公司，但是如今我们却是行政领导团队的重要成员。设计的定义不明确，并且其范围和内涵也在不断扩大，因此这些因素给设计师提供了更多的机会去实现理想，应对激动人心的挑战。

所以，如今的设计师要思考的，绝不仅仅是设计下一款App、网站或者设计工具，我们要思考的是人类的需求、用户的需求、公司和领导的需求，并且我们也要注入强有力的人类价值观，例如同理心、尊重和诚实，这会真正将人性融入设计过程。这些价值观不仅让我们更具创造力，促进创造工作的进行，它们也帮助我们在跨职能团队中合作和设计，因为设计是企业和技术之间的桥梁，并且正如我说的，让我们有机会解决这些棘手的问题。

以人为本的设计

我所说的这种以人为本的设计是极为重要的。

当今世界纷繁复杂，再也不是一个只存在简单问题的世界了。从环境到政治到教育的一切事物都在迅速发生改变，其中，有些改变是好的，而也有些改变并不好，但是我可以确定的一点是，把创造作为人生道路的在座各位，有机会用我们的力量让这个世界变得更好。

这是因为，作为创意工作者，当我们看到混乱时，我们想去理解它、整理它、弄懂它，我们想用自己的创造力量让人们拥有更佳体验。我非常喜欢和平活动家玛丽·露·库克说的一句话，她说："创造力就是发明、实验、成长、冒险、打破规则、犯错误还有乐在其中"，我认为她的话很好地总结了我们成为创意工作者的原因。

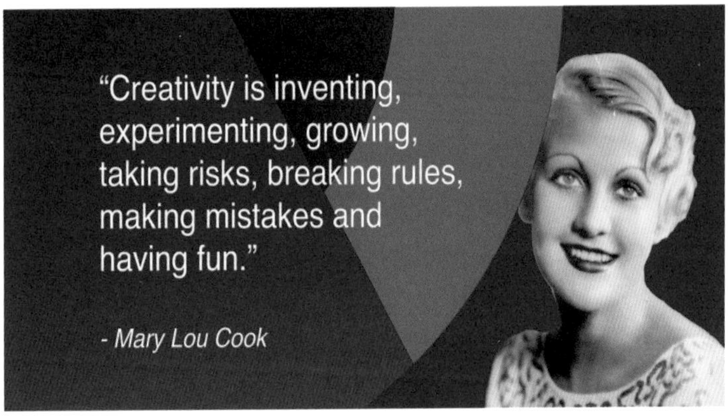

我们看到的周遭的一切，都有创造力的身影，无论是我们的房子、车子，还是衣服、食物，所有的一切都来自于一个想法，一个为了解决问题而产生的灵感。往往就是在设计和创造力的交叉点上，我们的文化朝着正确的方向不断前进。

我的团队是Adobe全球体验设计团队，我们负责Adobe在全球推出的所有设计工具的使用体验。这个工具组合非常庞大，以期让有抱负的设计师、新兴的创意人员、艺术家还有国际品牌获得一切所需，进行设计并获得卓越的数字体验。

我知道下面这张图上有些工具在中国还不能使用，但是我很想展现这一工具组合的庞大。我的团队负责设计这些工具，并把现代设计的需求和复杂性考虑在内。

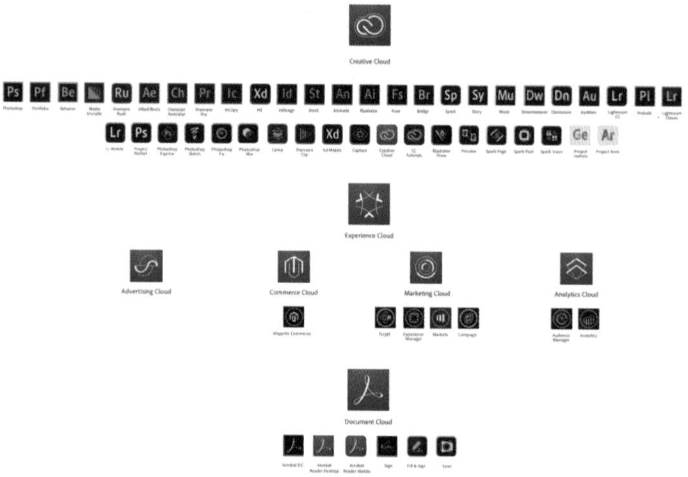

对于复杂性，以数据设计为例，我们现在已经掌握了许多数据，并且在不断改变设计的方式。浸入式和智能体验技术如机器学习、增强现实、语音输入等，它们都在改变我们设计的方式。对内容创作的需求正在爆炸式呈指数型增长，并且已持续了相当长的时间， 在多个渠道、多个屏幕、多种体验中精美而一致地传播品牌的需求，已经成了新常态。

在这一过程中，我们创造的速度之快也是前所未有的。我们在展望设计未来的同时，也在设计策略方面做出了更多努力。我们在多个学科之间进行无缝合作，这需要大量的沟通和交流，实现将企业需求和科技需求结合起来，创造最好、最有表现力的品牌表达。所以，我们要做的还有很多。

设计规模

这所有的一切让我不禁思考一个重要的问题，就是我们应如何扩大设计以消除所有的复杂性，如何保持创造力应对这个时代所有的需求。这样我们才能真正具有创造力，而不是专注于那些我们工作中平凡、重复的部分。

为了解释这一点，我想跟大家分享一些我们在Adobe所做的工作。我想从Adobe Sensei开始。Adobe Sensei是Adobe的人工智能和机器学习平台，我准备了一个短视频向大家简单地介绍一下，可以扫码观看。它能够深入了解我们的用户如何工作，并提供许多简单的工作流程，使应用程序便捷易用。

Adobe Sensei如此独特，是因为业内只有Adobe能够将内容艺术、创意表达与乐趣科学大规模地相结合。我们关注的重点领域是内容智能、创新计算以及理解如何呈现内容的体验。我可以从创意工具中创建内容开始，将批量个性化处理交给Adobe Experience Cloud，再通过分析学进行评估，将评估结果反馈至创意工作流程。Adobe Sensei 真正代表了下一代重大的效率突破工具。

通过Adobe Sensei，我们可以实现内容智能、创意智能、批量个性化，最终提高设计人员的效率。因此，我从根本上相信人工智能，如果加以正确利用，它就能够服务于体验的创造者。同时，我们将会尊重这种体验的消费者。这样一来，AI将能真正帮助人类增强创造力，开辟一个令人振奋、创意迸发的新世界。

人机协同创造

我们可以把上述情形看作是人类和机器的协同创造。

人工智能作为一个创造性的助手，能够提供选择，而不是对我们做出创造性决定加以控制。因为在我看来，人工智能永远不会取代人类拥有的创造性火花，它只能加强和放大我们的创造工作。

接下来，我想为大家展示在未来的新版Photoshop中人机协同创造的新体验。假设我正在为博柏利制作一个广告活动，在Photoshop中设计了这个草图，你会在上方看到一个蓝点。

这个蓝点就是Adobe Sensei，当我打开这个草图后，你会看到Adobe Sensei开始分析草图，识别图片中的所有细节并提供一些诸如“女性”的标签，并匹配我的摄影库中或者Adobe中存储的图片。

拥有了这些内容的确能让我更高效地工作，我们更进一步，将一些图片添加至草图。

你会看到Adobe Sensei提供了一个智能背景融合工具，如此一来我不必费时费力地来处理这个问题。

接下来我可以输入广告活动的主题，Adobe Sensei会提供字体建议，再一次优化并加快了工作流程。它还能记录我从设计一开始做出的所有决定，允许我回到其中任意一个节点，同时可以浏览摄影库中的所有图片。

所有图片都能够识别出Adobe Sensei原先提供的智能背景，我可以挑出最适合广告活动

的一款，甚至点击它迅速将其变成男性模特。这就是我们想象的Adobe Sensei如何提供创造性帮助并提高工作效率的过程，但并不是全部。

我们正在思考如何利用AI让工作变得更快、更高效，这很棒，这对批量设计很有用，但我们还在创造新的工具。我们正在以“批量设计”为准则，以Adobe Sensei科技为基础，着手制作全新的Adobe Dimension和Adobe Xd。

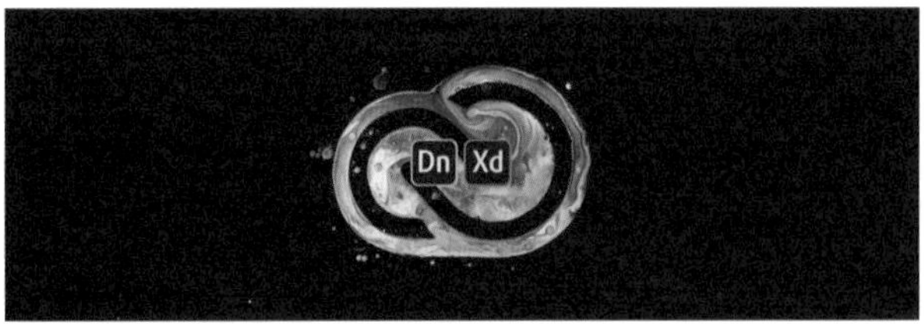

首先，我们来了解一下Adobe Dimension。它是一款2D和3D图形设计工具，帮助设计师呈现出他们的想法，而不需要他们了解3D知识或者进行专业摄影。在Adobe Dimension中，借助Adobe Sensei和图像匹配等技术，我们可以将光线和摄像头方向相匹配，设计师不再需要了解各种各样的概念，因为这款应用可以帮你做到这一切。

接下来我想跟大家分享的是Adobe Xd。借助这个平台，我们能够设计网站或移动应用程序的屏幕体验，它为此经过了精心设计，涵盖了现代设计的所有需求，我还是用一个短视频来介绍它，可以扫码观看。

让设计超越屏幕

现在我们有了各种浸入式和智能的技术，例如AR、VR、机器学习和语音输入，以及我们工具组合中的各种工具，作为设计师，我们创造的体验正在超越屏幕的限制。

因此，我想说，对于设计师掌握这些科技将会非常重要。在Adobe，我们也在寻找新的方式，帮助设计师超越屏幕的限制。大家扫码可观看Project Aero的一个视频。

Project Aero是一种新型增强现实创作工具，它允许你在Photoshop和Adobe Dimension中创造出作品，然后将它们带入Aero平台进行设计。

总的来说，我们今天谈到的现代设计理念，包括我所说的以人为本的设计、批量设计将会变得至关重要，人机协同创造以及最后的让设计超越屏幕也是发展趋势。这就是我今天想要分享的全部内容，希望Adobe能用新工具帮助大家实现这些重要的理念。

Jamie Myrold

Adobe设计副总裁

Jamie Myrold十余年内领导了大量设计工作，带领了Adobe设计工具的开发与迭代。除却应用程序的设计与重组，她更重新定义了Adobe的设计业务。作为Adobe的产品设计负责人，Jamie希望启发更多的设计领导者，并带领团队不断超越自我，为业务战略与产品开发提供更好的规范。

02 零用户界面：没有屏幕的世界

© Andy Goodman

我们很快就会生活在一个新世界，一个不再被屏幕绑架的世界，这就是“零用户界面”的意义。我提出的这个概念颇具挑衅意味，当我提出零用户界面时，许多设计师发了很多愤怒的推文，因为我想完全去掉用户界面的这个想法有点冒犯了。

我们的工作大部分时间都花在设计界面上，因此一个再也没有界面的未来有点令人担忧，而我在这里所说的是非常具体的，我们将会脱离目前所在的这个被屏幕绑架的世界，以后界面将非常有可能不复存在。相关科技也在趋于完善，包括语音识别、传感器研制、人工智能、触觉反馈、手势控制、计算机视觉等。

我给零用户界面下了一个通用的定义，叫环境界面。就是说与我们交互的系统运行起来会非常低调，不需要我们给它任何的注意力，也不会干扰我们在真实世界的体验。Richard在一开始也提到了这一点，也就是我们的确需要回到过去。我们需要逃离屏幕，回归到人与人的交流，因为这才是我们行动的动力，屏幕成了一种媒介，让我们无法真正参与交流。

我认为这就是我的最终目的所在，至少是我的希望和愿景。我今天的演讲其实主要是讲故事，因为我们一般是在为明天而设计、为下周而设计、为明年而设计，如果不想想五年或者十年后我们会设计什么，就永远都无法为实现这一愿景而开始努力。当这些科技成熟起来并加以组合，我认为未来一定非常不可思议。

魔法与科学

科幻小说巨匠阿瑟·克拉克曾说：“任何科技只要足够进步，就会像魔法一般不可思议。”来看看我们现在拥有什么：功能强大的计算机能让我们与世界各地的人交谈，观看超高清的图片。如果我们把这些展示给五十年前的祖父母，他们会觉得非常不可思议。

如果再想想我们如何习惯与设备交互，想想我们如何设计服务和产品，就会发现它们是极为线性的，即通过一系列步骤以线性方式完成某一任务。很大程度上，这是由所用设备的形式和功能决定的。但这不是大脑的工作方式，也不是我们的工作方式。

假如说你走在路上，这个简单的过程需要进行多种输入、处理、思考和任务，这都绝不是线性的。计算机系统本质上的工作模式是线性的，因为它们就是这样被设计出来的。

所以当我说这就像魔法一般时，我的一个好朋友对我很生气，他给了我一巴掌，说：“我们不需要总是得有这样不可思议的时刻，有时候我就是想普通一点。”

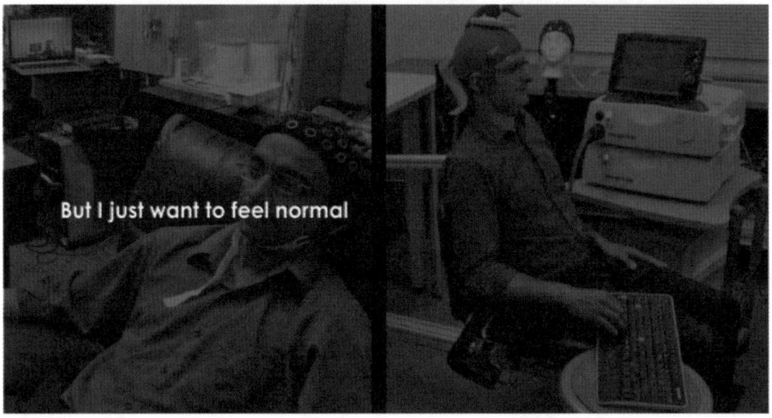

对于这一切，有一个非常有趣但有点可怕的实验，它是在华盛顿大学进行的，参与实验的是两名科研人员Rajesh Rao和Andreas Sacco。他们使用了ECG帽，并对Skype进行了逆向工程，使得其中一人可以与另外一人进行精神交流，让对方移动手指。也就是说产生想法的人向接收想法的人的大脑直接输送电脉冲，然后通过神经系统使后者的手指移动。接收想法的人并不是必须要动手指，他可以选择停止，实验更像是神经性痉挛或抽搐。

这个实验对我来说很可怕，想想这个实验的潜在力量，想想它的后果。科技正在不断涌现并创造出许多可能性，我们需要预见一系列的危险。所以需要有人把这些用科幻表现出来，戏剧化地思考这些科技突破服务、产品和平台的可能性。

尼古拉斯·尼葛洛庞蒂在20世纪90年代曾写过一本著作，书名是《数字化生存》，他在那时就已经清楚地预见了数字文化的到来，彼时我们虽已开始进入数字化，但是数字化真正走向大众、为大众所用却是在最近才实现的。他的中心思想是我们正在从一个原子世界走向数字世界，从一个实体物质世界走向数字物质世界。我认为我们都见证了这一切的发生。

如今有趣的是，物联网、人工智能、内置智能和传感器正在终结这个过程。我们现在正趋向回归到原子世界——在某些方面，物体获得了生命和知觉，而其中存在的挑战物联网业内人士都知道，就是我们不希望物质世界出现延迟，我们不希望按键时由于延迟造成门铃不响或车门不开。

有很多科技能够帮助我们解决这个问题，为了让魔法世界真正实现，除了在AI或者其他科技上取得突破，还必须要在网速、处理速度等取得突破。

而另一个方面，叫作机器进化。

机器进化——我们服务机器？我们运用机器？

我经过深思熟虑选了“机器进化”这个词。图中是世界上第一台计算机，讽刺的是，第一台计算机根本不是计算机，它是一台织布机。这是1801年制造的提花织布机，也是第一台可以编程的机器，实际上它是用打孔卡进行编程的。20世纪50年代，打孔卡依旧在使用，这种科技寿命之长真是不可思议。

如果你仔细看，就能发现它们操作起来极为复杂，完全没有考虑到人脑，你必须要像它们一样思考才能使它们运行。这是这些早期计算机共同的特点。

1968年，道格拉斯 · 恩格尔巴特在硅谷向世界推出了如今被称为“展示之母”的一场展示，当时他展示了第一个鼠标、第一个图形用户界面、第一个视频会议等。这一切并不只是为了展示科技的迅速发展，其中有些科技并不是新事物，已经存在了很多年。但是将它们组合在一起，就呈现出了一个可能出现的未来：人们将不再需要先掌握一台机器的工作模式，再使用它。

机器将会理解我们

这就是人机界面的开端，它力求让我们自然地与机器交流，同时机器能够改变自己来适应我们的需求。这些如今都能通过新科技得以实现，这种思想也变得百倍甚至千倍的强烈且有力。

一开始，人们只希望机器可以在某些方面解放人类，把人们从平凡、重复、枯燥、无聊的工作中解放出来，能够建立理性社会，帮助我们更好地决策，这种观念促进了像控制论这样的科学的产生。控制论基于虚设前提，即你可以用一种精确、科学的方式理解自然

世界。而混乱恰恰是自然世界基本的组成部分，这个理想没能实现，我认为我们对此有亲身体会。

如今，我们比以往任何时候都受机器的奴役，我们就好像是它们的佣人、门卫和修理工。我们花费大量的时间照顾机器，但是它们却并没有真正解放人类。

我认为一切都还没结束，世界会继续发展，直到抵达解放人类的时刻，只是我们现在还未到达。

而作为设计师，重要的是要思考这意味着什么，即设计环境系统意味着什么。它并不是传统型的视觉界面，我把它叫作“无为设计”。当你面前没有可见的物体可以进行设计时，就很难去理解通用语言会是什么。如今我们在声音界面方面取得了很多进展，有很多系统和标准。声音界面很久前就出现了，但是也有很多地方并不完善。而有些问题如果用声音界面解决会很麻烦，但是如果借助视觉界面就能更容易地解决。

零用户界面的可能性

如果屏幕不再存在，我们需要实现的操作和功能就会变得复杂。我曾做了几个实验，想看看是否可能出现一种通用语言如手势通用语言、触觉通用语言等。当然这些并不是我们要设计并实施的标准，我认为我们已经在某种程度上拥有了许多可视的标准。并且我不认为以后会出现完全依靠直觉的系统和界面，这需要继续学习。而且作为人类，我们本身也很难一致地理解一些基本事物，例如一个抖动脉冲不能够经过数百甚至数千人依然保持一致。

有个实验很简单，就是让一个人骑自行车通过触觉导航穿越纽约，我们在这个人的脖颈两侧各放置了一个触觉传感器，引导他穿过城市。

但我们能通过震动来传达一些更微妙的东西吗？

如果出现紧急情况，例如有车快速冲出，离自行车手非常近，我们能否通过一系列不断增强的脉冲来警示他呢？这能在世界上通用吗？我相信如果你身处这样的境地，并没什么时间去弄懂界面，必须要立刻领会提示。所以我们发现在某种程度上人们可以通过直觉理解事物。

手势控制又是另外一回事了，例如调高音量有通用的手势吗？对于我或者我这个年纪的人，一个扩音器只要有旋钮和刻度，我们就可以理解旋转旋钮的手势是调节音量，但是对于从来都没使用过这种设备只有智能手机的人，他们调高音量的手势是不同的。

因此，在不同的文化背景，手势是难以通用的。

科幻逐渐变为现实的当下

设计科幻这个想法是由朱利安 · 布莱克在一个近未来时代实验室提出的，后来另一位科幻小说家布鲁斯 · 斯特林对它进行了推广，他说：“设计科幻就是故意利用剧情原型来停止对改变的怀疑。”

剧情原型来源于电影院，通过一个环境或者物体来讲故事，物体在环境中可以更快速、简洁地把事情交代清楚。例如《银翼杀手》就是通过呈现物体和环境的变化来交代剧情，它并不通过文字或者旁白来解释，这就是设计科幻。例如，这是一个肉质除颤器，它的用法有点可怕，像个器官起搏器，心脏病人可以把这个东西放在身体里。当然这并不是真的，但是会让人思考基因工程的未来是怎样的。

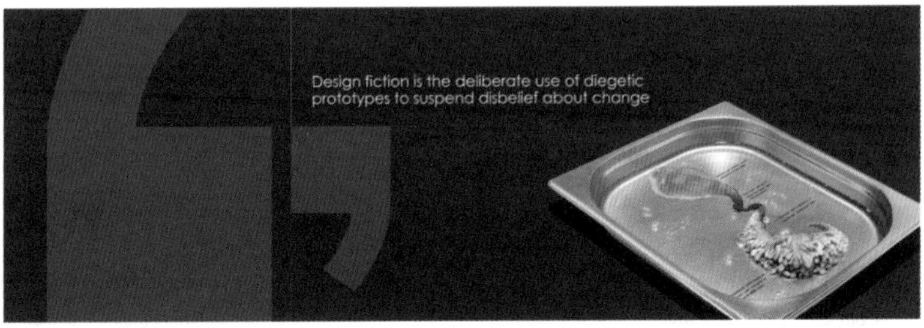

设计科幻的支持者说，展现一个想象的圆满的未来要比一个真实的粗糙的现实好得多，因为这实际上能让我们看到未来，它促进行动的发生。所有的科学家，包括所有开辟移动电话产业的电气工程师，都是《星际迷航》的死忠粉。他们就是想再造《星际迷航》中出现的物品、通讯器、传感机器等，除了我们无法实现心灵传动，其他所有的东西几乎都已经成了现实。

《银翼杀手》改编于飞利浦 · K · 迪克的著作《仿生人会梦见电子羊吗》，他是一位卓越的梦想家。这部电影催生了当今很多对设计科幻的思考。例如我们会脱离触觉设备，我们的身体和整个人会成为界面。这个思想产生了很多反响，我们也根据它创造了很多产品。Kinect就采用这种想法并加以实现，取得了一定的成功。尽管Kinect现在已经终止了（我曾与Kinect的一位设计师交流，得知终止Kinect的原因实际上与动作追踪的精确度有关），但这个想法还是产生了影响。

另外我们正在不断实现另一位科幻小说家查理 · 斯塔斯所说的“整体历史”，即我们所经历的一切都可能被记录、存储、分析、解释并以我们希望的方式反馈给我们自己。我们很快就能拥有足够的存储空间，足够的带宽，足够的无人机、传感器、摄像头等设备在我们身边记录整个人生。

我们还将拥有新式传感器，例如在一项叫作“周围综合传感器研究”的MIT实验中，新式传感器仅仅通过倾听你身处的环境的声音，就能够准确理解发生的一切。无论是磨咖啡的声音、炉子开火的声音、燃烧器或垃圾处理器工作的声音，它都能事无巨细地加以辨别，了解着周围发生的一切。

以下是我所认为的这些科技的最终目的：我们将不再需要去埋头做设备整天要求我们做的无聊的功能性事务，我们将能按照想要的方式来使用它们，去跟我们所爱的人交谈，与人接触，与人交流，而不是费心鼓捣设置，试图弄懂如何调整设备。这些设置完全可以自动完成。

我们现在还面临着数字成瘾的危机。有研究表明如今的青少年患抑郁症的概率大幅增高，还有自杀概率增高，主要原因就是社交媒体和数字成瘾。我们必须要采取行动。可能他们在现实世界中更安全了，不出门也不会在真实世界遇到麻烦，但是他们一定会在数字世界遇到麻烦。

最近我在演讲时总会把无线耳机带在身上，我相信它们就是第一代零用户界面设备。其他设备也很好，但是对我来说，这件设备完全与我保持协调。

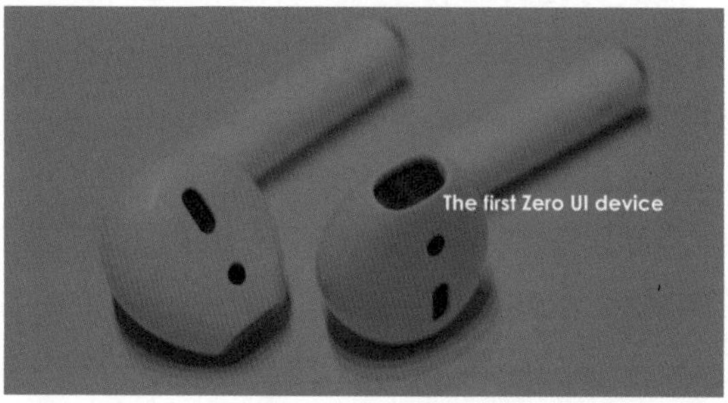

首先，它与我的身体协调；其次，它与意图和环境协调，它理解你在做什么，并且不需要与它进行交互，它会根据你的自然手势理解你的意图。我不知道有多少人使用它，但是它真的太棒了。当你打电话时摘下一只耳机，通话会保持继续；然而当你听音乐或者广播时摘下一只耳机，声音会停止，因为它知道你摘下耳机时的意图相比打电话时发生了改变。前者是你可能想把其中一只耳机递给朋友参与到通话中来，但是当你在听音乐时，摘下耳机可能是想去听周遭环境发生的其他事情，而当你把耳机重新戴上，音乐会继续播放。

这种细微区别就是我所说的零用户界面，虽然有界面，但是你却不用顾及它，不用花费任何精力或者脑力让它做你想让它做的事。我们还没有完全实现这个目标，但是我们在接近了。

这对于我们设计师来说是个巨大挑战，因为这的确将会以难以想象的方式塑造我们的社会和文化。作为设计师，我们必须要关心人类，因为除了我们，还有谁会关心呢?

Andy Goodman

BCG Digital Ventures，
体验设计副总裁

服务设计先驱者，全球设计领袖，在TED、SxSW、O’Reilly、DMI等多个大会发表过文章和演讲。在移动应用、银行、电信和新兴科技领域有着丰富的经验和深刻见解。目前带领世界顶尖的设计师团队为国际企业进行创新和孵化新的事业。

03 新现实中的设计

© Steve Kaneko

我要讲的内容基本上与大会主旨演讲中诸位优秀同行们讲的内容差不多，这是件好事，因为这说明对于当今的大趋势以及设计需要做什么，我们有着一致的看法。

下面我会谈谈混合现实这一概念。想必现在大家还没完全搞明白它是怎么回事，所以我先给它下个定义，然后大家可以决定要不要使用、开发它。

我会换一种方式给大家讲这个问题——去感受这台机器，而不是站在用户的角度去讲。这是另一种思考混合现实的方式，它会告诉你一个机器是如何使所有的这些成为现实的。最后，我想让大家有所思考，让大家散会时能带着想法离开，思考它对设计这个职业意味着什么，思考今天在座的各位以及全世界所有人，在新的技术浪潮下能做些什么。

大家看看技术史就会明白，它其实是一部了不起的人类成就的编年史。而神奇的是，现在从科幻变成现实再也不需要10年、20年、50年那么久了，有时可能只需要2～5年。而更为神奇的是，发明转变为消费产品也变得越来越快。这应该让我们感到恐慌，因为我们通常对实实在在的人进行各种实验的同时，根本没有去考虑后果是什么。我们应该做好准备，解决摆在面前的问题。

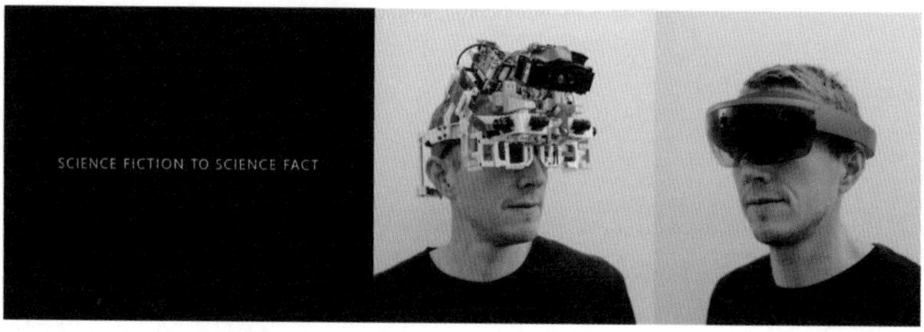

计算的新时代

我们先来看看是什么在加速这种创新，推动创新逐渐为我们所用。

首先，有一点很明显，那就是我们都被软件和数字化产品包围了。但是与此同时，我们也被物理世界包围着。铺天盖地的摄像头也把这个物理世界转变成了一个数字世界。

所以，整个世界如今正在被完全数字化。那我们怎么办呢？其实，当我们把这个被数字化的物理世界与数字世界配对在一起的时候，就得到了混合现实的基础。

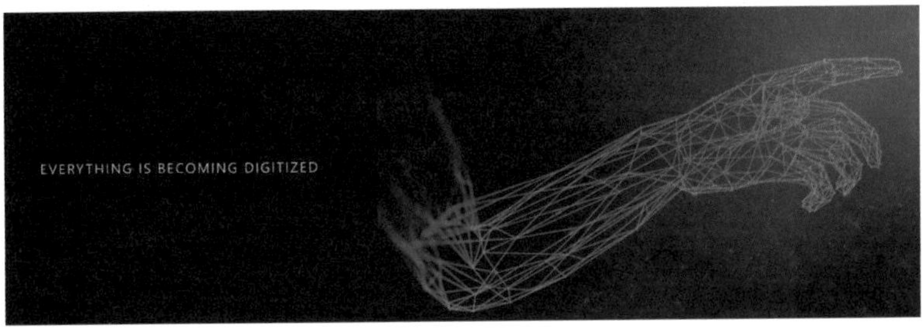

移动设备技术正日益变得强大，分布式计算又给这些移动设备降低了成本，让它们运算速度更快，带宽也变得更好。所以，整体上我们开始看到移动设备正在闯进我们的生活。但问题是，最终这些移动设备会变成什么样子呢？

举个例子，例如你从兜里拿出手机，虽然它不过是一个有显示屏的设备，但是有可能安装了生物识别传感器或者摄像头，可以对你的面部进行识别，也能用来扫描周围环境，所以再次实现了将某个物体从实体空间向数字空间的转变。它还配有话筒，可以获取你的语音，从而进行语音识别、自然语言处理等。

你可以把这些设备想象成分配在世界各地的传感器。有了这些设备，所有数据都会很快被连接起来，我们就可以制造一个覆盖整个地球的网络。再加上人工智能和机器学习，我们就可以对情境进行预测，从整体上改善用户体验。所以，传感器事实上还可以帮助我们从整体上感知人类。

刚才讲到了面部识别和语音识别，如果想让灯打开，设备可以扫描到我睁眼，或者通过语音识别到我说："把灯打开"。所以，可以这么说，自然交互本身正日益变得更加自然、直观和易于使用。其实，可以更进一步地说，自然交互正变得日益人性化。而在我看来，这是很重要的一点。我们也认为，这是此次技术浪潮中的一个临界点。

长久以来，机器一直在迫使我们不断学习计算机语言，而在当今这个世界中，我们要相信机器能够理解人类语言的时候到了。那怎么实现呢？

首先就是机器要理解人们所处的情境。我们是在物理情境里工作和生活的，通过理解这一情境，就能更好地预测人们的想法。Andy Goodman说到了零用户界面，我也会重复这一概念。在这个世界中，如果我们能够理解你的情境，我们就能在正确的时间、正确的设备上给你呈现正确的界面。

现在，其实很多事情都没有改变。例如我们给人类做设计，设计出来的东西各不相同。而我们作为人类，其实与一些非常简单的事物是有联系的。我们喜欢照片，喜欢记忆库，有时候还喜欢文件。我们与设备有着联系，而这些设备正在变得越来越强大，越来越成为我们的延伸。

最后，我们之所以要去生活，是因为我们有社交网络，需要彼此联系。我自己本人可以说就是一个产品化的人，我也爱设备，喜欢很多东西。说个人计算机是一台机器、一张控制台、一个全息透镜，这样的观点再也站不住脚了。个人计算机的概念如今变得更具吸引力，因为我们每一个人最终都会连接到云上，而这个云又会将我们与整个世界连接在一起。

我们的CEO萨提亚·纳德拉在几个月前问，下一代个人计算机会是什么？我们认为这个世界就是下一代个人计算机。同样，原因还是与传感器网络和智能云相关，所以这就是我们现在所处的大背景。

混合现实的基础

现在，我要回过来讲混合现实的基础。以下图为例，左边的一切都是我们能触碰到的，它是一个由原子组成的世界；而另一边则是一个完全数字化的世界，一个由比特组成的世界。一个是物理现实，一个是虚拟现实，听起来很简单。

那么，想一想两者如何产生交集呢？混合现实就是两者的混合。当然可能有人会问："史蒂夫，我以前听过增强现实这个词儿，是不是同一回事？"是的。但是增强现实与混合现实事实上存在着一点细微差别，我会给大家说明，这也是为什么我们将它称之为混合现实的原因。

首先，从最简单的词义理解上来看，增强现实本身就是一个强有力的概念。它是一种信息的视觉叠加，有时候这种信息可以呈现一个人或者一处环境的独特情境。所以，从口袋妖怪到iPad等都可以在虚拟空间看到某种东西。它们通过镜头将情境展现出来，例如Hololens就是这样做的，它是一种非常神奇的技术。

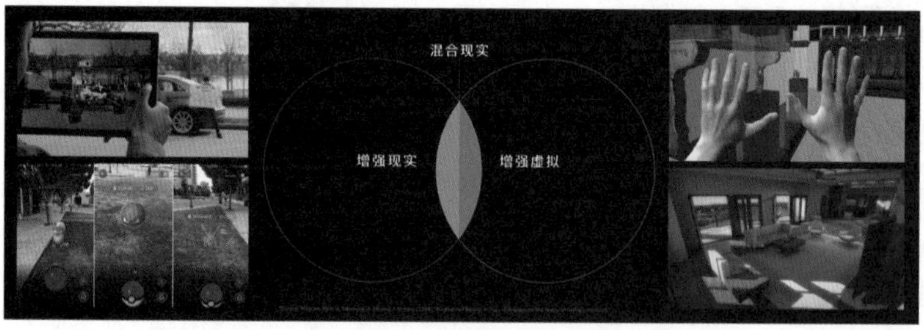

接下来，我会讲一个概念，你们一定会觉得很有意思，那就是各位现在所处的环境就是所谓的增强现实。在这个世界当中，我可以真实地看到我的手、我身体的轮廓，而它们都正在被复制到物理世界或数字世界当中。所以，我们相当于在创造而且有能力创造一个孪生的世界，我们将之称为"增强现实"。我认为这是一个很大的不同点，对我们区分两者非常重要。

进一步来说，如果你还没有看过亚历克斯·基普曼在2016年的TED演示，我建议你去看。他的演示很精彩，他当时身处一片蘑菇当中，各种各样的事物布满了空荡荡的舞台。不但如此，他还做了一件非常神奇的事，那就是和别人一起发明了Microsoft Kinect还有Hololens等技术。

而他却问了这样一个问题：“怎样才能让机器理解这个世界，进而实现所有这一切呢？”我会非常简单地与大家分享他的想法。任何事只要放在一个表格中就会变得很简单，在上图左侧的表格中，上方一行的文字分别是输入、输出和触觉，右侧分别是人物、地点、事件。如果机器可以以这种3×3的表格为基础，对这个世界进行分类，那会是什么样子呢？

简单举个例子，拿输入来说，我们有所谓的表面重建，这就相当于对环境进行一次物理扫描，机器会变得很智能，智能到可以区分地面、椅子、人和桌子。AI可以帮助我们理解什么是语义理解，识别对象是人还是物体。

而输出是什么呢？可以简单将它想象成全息图，包括人的全息图、物体的全息图，然后替代现实中的自己。

最后，我想区分一下所谓的触觉的概念。想象先触碰一个全息图，然后它会通过某种反馈回应你。或者就像一杯咖啡，当你在物理世界中将它拿起来的时候，你能感知到它的温度。感知一杯虚拟咖啡的温度在今天或许不可能，但是，层出不穷的技术将会帮助我们实现这一点。

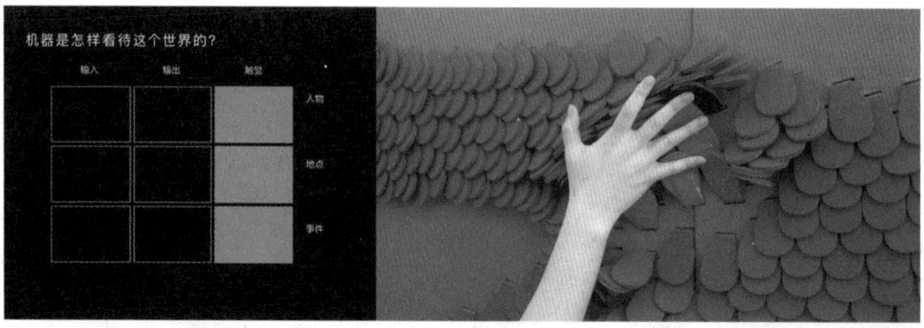

概念性理解

最后一个概念叫作“概念性理解”，也可称为“智能”。这个概念就是计算机视觉和技术的基础，它可以用来描述下一个科技浪潮。高智能物体能够意识到它们自己身处的环境，意识到它们和谁在一起，它们在什么情境当中。

这里要给大家举一个例子，我们有一个视频游戏叫Robo Raid，可扫码观看游戏实录。Robo Raid讲的是你的房间里有怪兽，它就是一个情境理解的例子。Hololens会扫描墙壁，在知道距离墙壁有2米后，它会将数字洞设置在2米之外，怪兽会从墙内出来。如果我换个地方玩游戏，整个游戏都会发生变化，因为它能识别物理情境。

有了Hololens，这款游戏变得非常有意思。注意墙上的那些洞是怎么被投射的，还有如果怪兽在地上行走，你可以跟着它在地上走。

好，我想大家都已经理解这个概念了。在座各位可能都在搞一些研究，不管你研究的是杰罗姆的无人驾驶车、物联网、全息透镜、虚拟现实，还是机器人技术，都需要有同样的设计思维，才能实现以上所有这些技术。所以，这就是新的计算时代。随着研究的不断深入，我们也在不断对它进行定义。

这里，我用一个短片来进行总结。建议大家去找一找物理与数字的融合、虚拟现实与增强现实的融合。你会看到物理世界与虚拟世界的融合为设计师带来创造力，你还会看到智能的实体会识别所处的情境。请扫码观看视频。

不管你们信不信，刚才这个短片里面的所有内容，我们都可以实现。例如，当一个人站在这儿，他能被扫描出现在另一个环境当中。现在这个技术耗资还比较多，主要是受限于摄像技术，但是我们还是把它给做下来了。这真是一个神奇的未来。

在今天的最后，我介绍一下我最喜欢的一句名言，它来自威廉姆·吉布森：未来已经存在，只是没有被非常均衡地分配。这应该也是许多在类似微软这样的企业工作的人喜欢的一句话。我们做的很多事情，都是把Hololens当成一个未来的产品，但是它已经存在在当下了。坦白来说，我们研究的很多技术根本不会触及消费者，更不用说应用到全世界了，起码在5年、10年、15年内不会。所以，毫无疑问，我们都活在未来之中。

我们这些设计师和工程师面临的挑战，是要解决的问题都是未来的问题，但是今天的错误决策会造成后果。所以，我们一方面面临着未来的问题，另一方面又要在更大的背景之下思考未来的解决方案。我希望各位能够记住一点，技术正在飞速发展，作为设计师，我们要停下来去认真思考我们正在做的决定，在更大的背景下去评估我们正在做的事情。我们能做的也不仅仅是我们应该去做的，这是设计行业面临的又一个有意思的挑战。

这就是我们的现实。混合现实、增强现实、数字物理混合、人工智能等。下图的左边是人们在现实世界里戏水，而另一边是科幻世界。在科幻世界里，技术往往被描述成可以让你逃离现实世界。到底发生了什么，让现实世界变得糟糕，以至于你要逃离？

我们应该要一直问自己一个问题："让我们成为人的是什么？"我们要理解技术，才能掌控它们。而在另一边，我们要思考的是一个面向人的平台，也许是一场人道主义的设计运动，它让我们都可以参与进来，去拓展我们的人道主义，而不是收窄。而这也是我们今天汇聚一堂的原因，现在这个世界比以往任何时候都需要你们每一个人。同时，这个世界也需要设计。

Steve Kaneko

微软，Windows Mixed Reality and HoloLens
设计总监合伙人

Steve Kaneko 是微软 AI Perception & Mixed Reality group 屡获殊荣的合作设计总监。他的团队设想环境计算的未来，为 Microsoft HoloLens和Windows 混合现实设计前沿体验。自1991年以来， Steve 一直是微软的先驱，通过不断的计算进化领导设计团队。他之前有在 Office、Entertainment、Windows 和硬件设计团队中的经验，领导跨越硬件和软件的创造性的发布，奠定了微软作为行业领导者的大胆的、有凝聚力的设计。 Steve 是 Windows 硬件创新集团的创始成员，他在那里倡导下一代 Windows PC 的设计理念，从而产生了一项国际设计倡议，以改变消费者与个人计算机的互动和感知方式。

Steve的愿景精神是建立在工业设计上的。他在1993年设计的微软鼠标2.0，已经被纽约现代艺术博物馆列入永久的设计收藏品之中。2005年，他因为对行业做出的重大贡献而被 Industrial Designers Society of America' s Academy 获选成为理事。他将继续领导多元化的、雄心勃勃的设计团队，构建前沿的、智能的、本能的和同理心的体验。

04 用户体验新世界

◎ 唐沐

今天我跟大家分享的主题是“用户体验新世界”。我目前是小米生态链的副总裁，在小米生态链负责小米核心自研硬件产品线。从专注在用户体验，到负责整个产品的全生命周期，其实在我看来方法论并没有太多不同。因为用户体验的定义就是用户在接触你的产品和服务的全过程，所产生的全部心理感受。

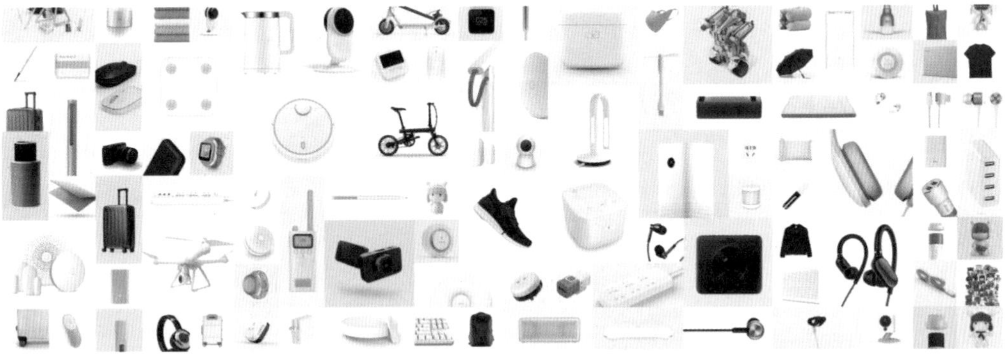

在以前的工作范畴里，UI（User Interface，用户界面）层面的用户体验设计就是全部。但是今天，不只UI，产品生命周期的每个环节，包括工业设计、结构设计、系统研发、市场、销售，甚至在供应链、包装、用户初始化环节，直到你把这个产品销毁或者扔掉，这所有过程中的用户体验，都是用户体验设计的范畴。也就是我们常说的：Design for everything!

小米生态链就像是一个没有边界的竹林

其实在小米做产品最幸福的一件事情，是几乎所有的硬件都可以做。在用户体验设计师的眼中，你会发现这个世界是如此不完美。所有东西如果再拿回来重新设计一遍，我相信都会比以前做得更好。这其实是我在做软件UI时就已经产生的心理感受。

到了小米，我发现我们终于有这个能力，可以把所有看不顺眼的东西全部拿过来重新做一遍。如果你把一个插线板拆开，你会发现里面的布线乱七八糟，电路板的设计也乱七八糟。虽然表面呈现出来的好像是一个很简单的外壳，内在的东西谁也看不见，但这些多余而复杂的东西，已经使得这个产品设计冗余，用起来也不爽。如果怀着重新设计所有产品的理想，我们当然可以重新做一个插线板。

小米的生态链几乎是设计师的天堂

小米生态链里面大概有100多家公司，我相信超过10%的公司是由设计师开创的。“颜值即正义”，我们做一个消费类工业产品时首先要好看。在好看的基础之上，结构合理，功能定义合理，供应链做极致，把产品做成感动人心、价格厚道的产品，用户自然会喜欢！小米合伙人中有两位设计师，中层管理者也有不少设计师出身。小米极端重视设计，几乎是设计师的天堂。

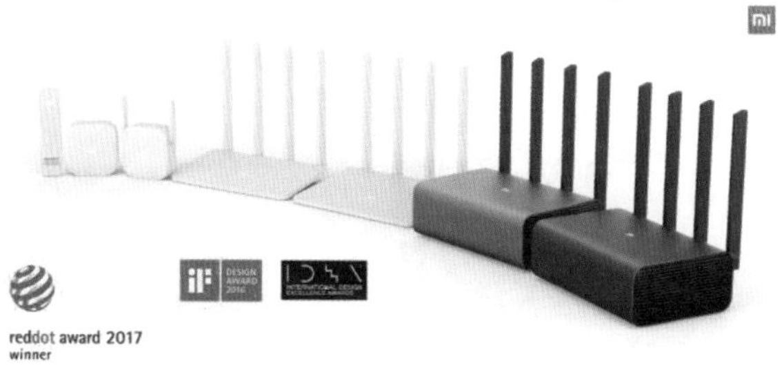

小米路由器累计销量近2000万台
全系产品获2017红点奖

我来到小米做的第一款产品是路由器。大家知道路由器特别难做，也是一个特别传统的产品，你把它放在沙发背后几乎一辈子也不想见到它。如果家里面网络不好，就一脚把它踢出来，把电拔了再插上，就搞定了。但我希望能够把路由器重新做好，重做它的用户体验。

这里有一个生死攸关的问题，就是你究竟如何看待设计范畴。

对于设计师来说，以前我在管理团队时，经常听到设计师讲：移动互联网的时代来了，所有的交互设计会系统化，我们照着系统的设计走，照着系统的逻辑、交互流程走，绝对不会有问题，因为这样学习成本最低。这样交互设计师还有工作么？

视觉设计师也跳起来说：现在视觉扁平化了，以前我们画的那些图标再也用不上了，而扁平化图标，好像5岁的小朋友都可以画出来。这样视觉设计师还能做些什么呢？

这些听起来是关系饭碗、性命攸关的问题。但是，我觉得很多时候，这种担心是杞人忧天。各位都是活跃在各行各业的设计师、产品经理，我不相信你们到今天仍然觉得设计师没有事做了，其实一个更新的世界正在展开。

我想和大家分享的正是我刚加入小米时的思考：我做了10多年的界面设计，但是让我去做路由器，路由器没有屏幕，怎么做？

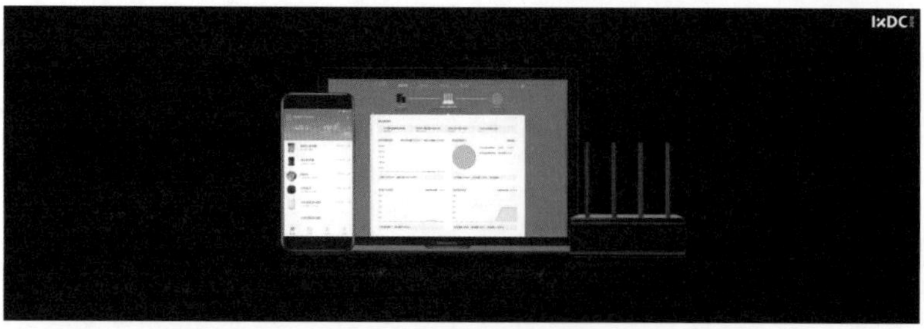

坦白讲我曾经也想过，要不要在路由器上放一个屏幕？这样的话，也许我就有事情可以做了。但是，用户需求其实不是这样的。有句话叫“手中无剑，心中有剑”，路由器是一个不需要界面的东西，但是我可以把它的界面做到无所不在。也就是说，我们可以用手机、iPad甚至是电视控制路由器。

但是路由器本身并没有什么好控制的，用户在路由器上花的时间也非常少，大家知道，对于互联网产品，没有用户时间，就没有商业模式。但当路由器加上硬盘、存储器变成一个家用NAS（Network Attached Storage，网络附属储存）之后，你确实需要多界面去消费这些内容，包括照片、视频等。所以，其实没有死路一条，只有你的换位思考。

当前这个时代已经度过了从PC迈向移动互联网、手机一家独大、一个终端占领用户时间的时期，智能终端向多元化、去中心化发展。其实对于用户体验设计师来说，这又是一次大航海，我相信大家在未来会发现你能做的事情越来越多。

智能音箱的用户体验

今天我有两个案例，第一个是VUI（Voice User Interface，语音用户界面）。我想和大家讲的是我做的第二个没有屏幕的产品，没有屏幕怎么做用户体验呢？对于VUI这件事来说，它的关键因素是内容，包括和你对话时人工智能所呈现的音色、语气、节奏、场景等，这里面有很多需要设计的东西。

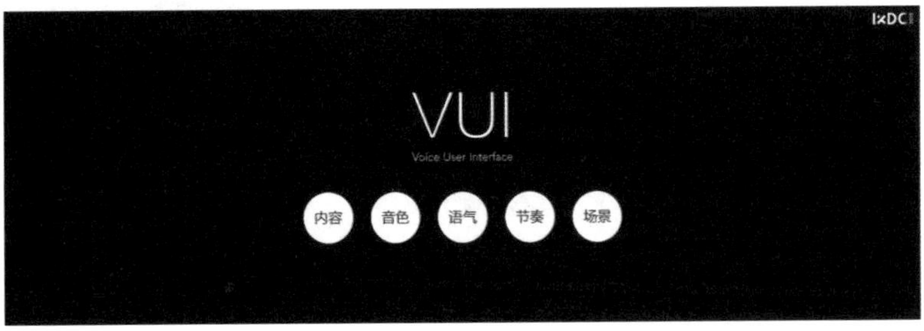

目前来看，对于VUI来说最好的载体还是智能音箱。其实我们所设计的VUI除了在智能音箱里面呈现，还能在手机、电视上呈现，未来还有可能在各种各样的产品上呈现。

智能音箱目前仍然是最好的VUI呈现终端。智能音箱是由WiFi网络音箱、麦克风阵列、人工智能平台组成，作为一个终端、载体，我们可以把它越做越小，越做越便宜。

名字太重要了。我相信很多设计师，甚至创始人，对于起名这件事情并没有投入足够的关注度，但是一个好的名字，能够在很大程度上决定你的产品是否成功，名正则言顺，你应该投入200%的精力。

这个名字怎么起出来的？

名字就是语言助手的唤醒词，这个唤醒词有一个基本要求，就是它必须可以有高唤醒率。像Alexa，其实是一个4音节的名词，所有的语音助手的唤醒词都是4音节，即使在中国也一样，因为我们必须要用4个音节去降低它的误唤醒率。提高唤醒率的同时降低误唤醒率，这是语音助手好用的基础。但是，这只是一个技术上的基本诉求。

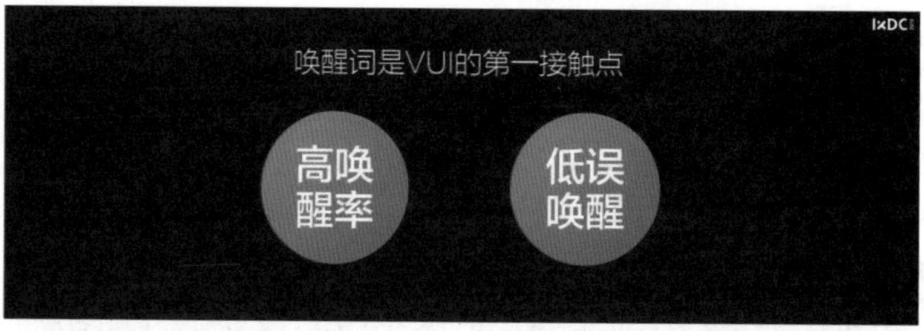

我们大概花了3个月的时间去想这个名字，几乎研究了所有的科幻电影以及目前已经出现过的语音助手的名称、性格，包括它们与人对话的方式，我们研究了所有的东西。

最后，我们起了非常多的名字，包括和“米”相关的、和产品内涵相关的，还有和所有粗粮相关的，全都想了。曾以为无限接近终点地起了4个名字，这4个名字我们认为都挺不错的，但是直接被雷总驳回，他觉得我们起得还是不够好，这些名字很普通，没有达到最终理想的那个方案。

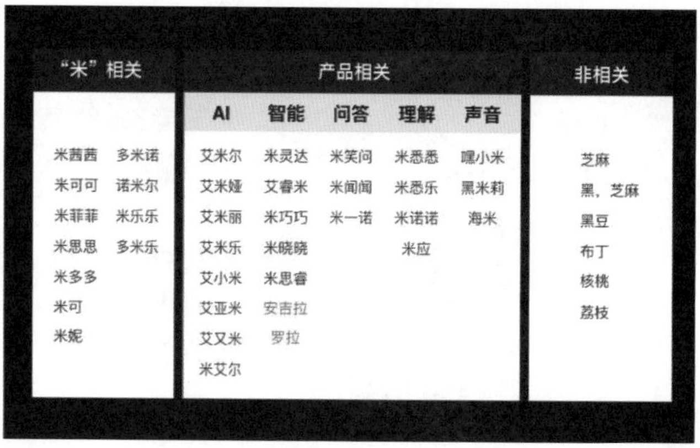
“米”相关
米茜茜 多米诺
米可可 诺米尔
米菲菲 米乐乐
米思思 多米乐
米多多
米可
米妮
产品相关
AI 智能 问答 理解 声音
艾米尔 艾米嫚 艾米丽 艾米乐 艾小米 艾亚米 艾又米 米艾尔
米灵达 艾睿米 米巧巧 米晓晓 米思睿 安吉拉 罗拉
米笑问 米闻闻 米一诺
米悉悉 米悉乐 米诺诺 米应
嘿小米 黑米莉 海米
非相关
芝麻
黑，芝麻
黑豆
布丁
核桃
荔枝

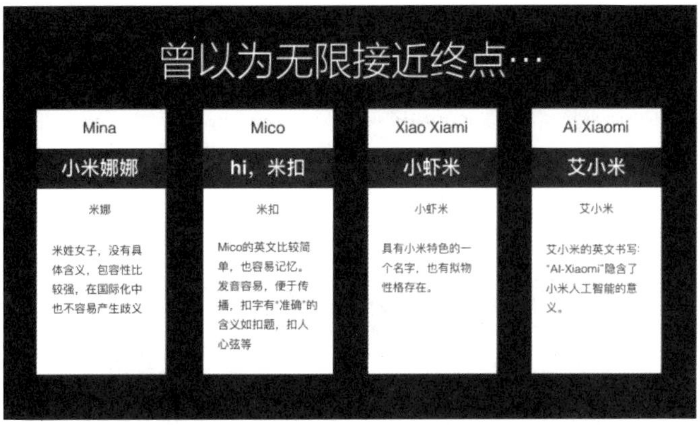

于是，中间又走了另一个极端。如果它是一个语音助手，它的声音很重要，那么我们找一个鸟类的名字好不好？所以我们去到的另一个极端就是全部都是英文名。

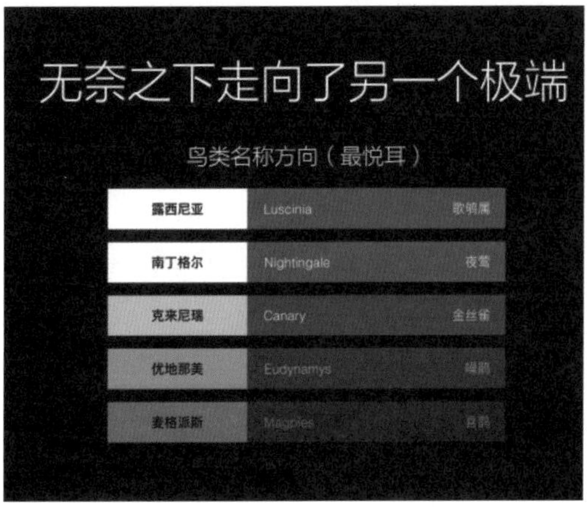

全部都是英文名有一个什么问题呢？我们面向的是中国用户，必须要有一个亲切的名字，所以鸟的名字是不行的。

我们走了很多弯路，总结出了唤醒词命名的15条军规。把规则总结出来了，这下我们总可以把名字起出来了吧。

我们注意到，真正有名的、成功的企业的名字，其实都是2个字，例如联想、小米、微软、苹果。有人说阿里巴巴也很成功，但是大家基本上不叫它阿里巴巴，叫它阿里。

所以，中国人更习惯的名字是2个字的，怎么把它变成4个字？加一个称谓吧。有很多各种各样的称谓可以加，但是姐姐或者妹妹这样的称谓，其实也不合适。你奶奶和你同时叫一个东西姐姐，这个是不合理的。

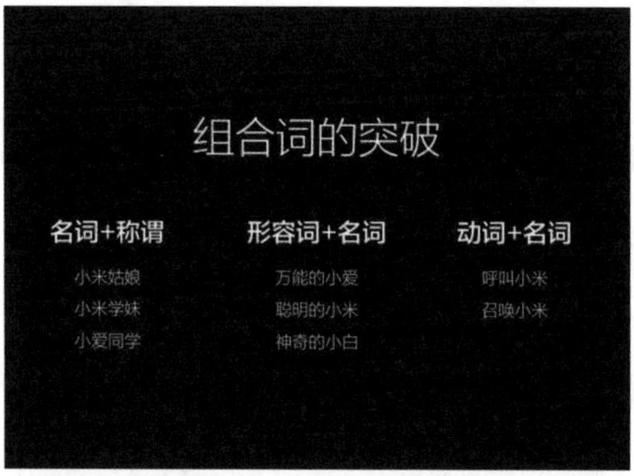

所以，我们最终起到了这样的一个名字。这个名字起出来之后，所有人都觉得很合适，它叫“小爱同学”。“爱”就是AI，对于宅男来说，小爱又有一点小暧昧。“同学”其实代表了“我”还是一个孩子，偶尔“我”表现得有些愚蠢，这是很正常的，你不要过于苛责我。

这是我们几乎花了小半年时间最终想出来的一个名字，我们在名字上花的时间其实真的超过了其他所有工作，但是它是值得的。因为，今天全中国每天会喊这个名字5 000多万次，你们说还有任何一个其他的中文名每天被喊这么多次吗？没有的。

说到对话，要追求与人类近似的自然对话，这个听起来很高端，但其实就是三个字：“说人话”。说人话是语音助手和人交互、交流时必然要遵循的规则。其实说人话也有不同的模式，例如说和家人、熟人、陌生人的用语是不同的。问家人“我手机呢？”他可能只回答：“在书桌上”，但是语音助手是不能这样回答的，否则你会觉得它怎么是这种态度。虽然我们希望这个助手变成你家里的一员，但是它和你要稍微客气一点，像陌生人一样有礼貌，这样你会觉得它是助手、助理。

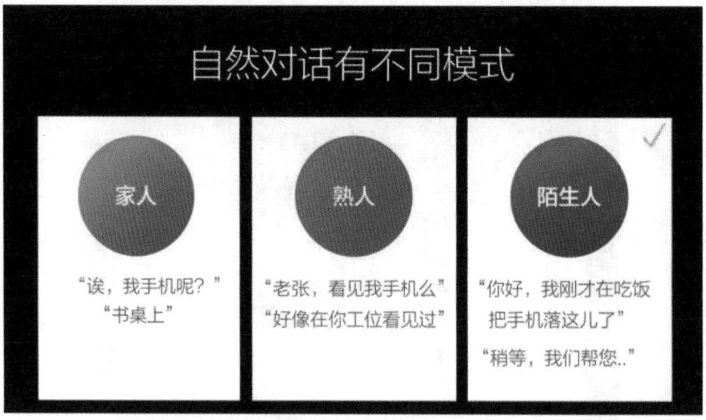

语音助手也需要反馈更多信息，让我们确认它已经听懂了。例如你问：“小爱同学，今天有雾霾吗？”如果它回答：“有，250”，这就不对了，它应该说：“北京明天空气质量250，出门记得戴口罩。”有些时候，还需要加一点小俏皮，例如说“明天天冷吗？”小爱同学说“有点冷，你需要多穿3条秋裤。”这样有点小俏皮又有点小客气的对话，才是一个智能助手应该表现出来的。

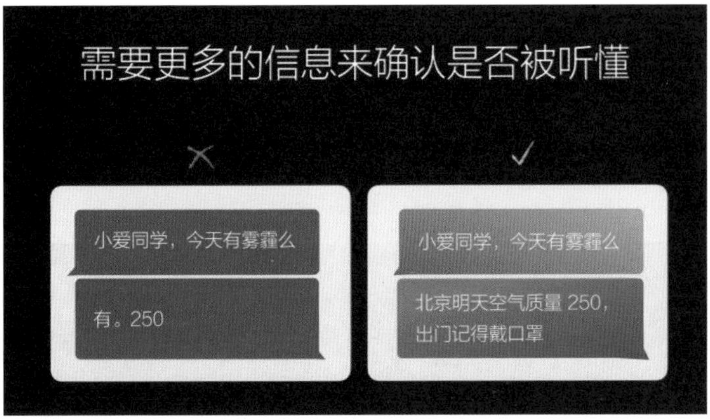

语音助手还需要更多的信息来完整传达情感。例如让小爱同学开灯，然后灯就开了，但如果这个音箱不再回你一句话，你会觉得这个音箱态度不好，所以它必须还要有一个语音的回答：“好的，打开台灯。”

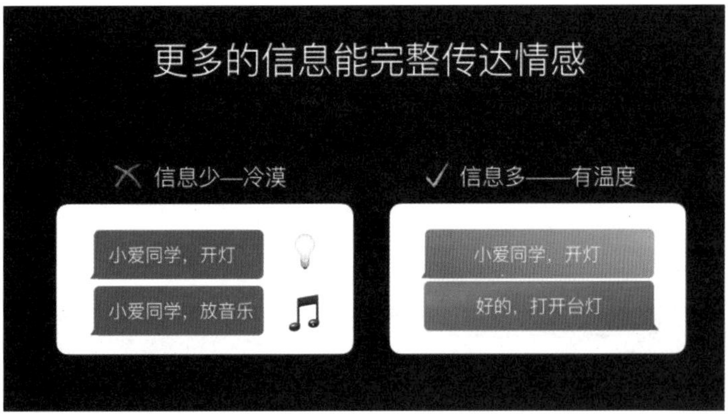

想了非常多的场景之后，我们总结出了一套语音交互的范式。更重要的是，我们设计了形象。因为你要想让它变成一个有亲切感的人，它需要有个形象可以让用户想象。说到这里有一个很有意思的数据，就是每天所有的3 000多万条语音指令里面，最多的是点歌，排名第二的你们可能都想不到是什么，是闲聊。

用户会和音箱说什么话呢？很多是“小爱同学我很寂寞”“小爱同学你喜欢我吗？”所以，我们需要对一个音箱去做情感投射，需要一个形象去丰满这个语音助手，让用户有更好的体验。情感体验已经是可以做到的用户体验的最高层次了。如果你真的想要让用户体验完美，不要只做软件，要去做硬件。

全维度用户体验

把硬件做了之后，我发现好像还有一种更彻底的用户体验，我把它叫作FUI（Full Range User Interface，全维度用户体验），它包含了什么呢？它包含视觉、听觉、触觉、嗅觉、味觉，是一个虚拟的世界，整个包围了你。它不是面前某一个物件触摸起来怎么样，看起来怎么样，你跟它交互时按着按钮或者语音对话时怎么样，而是整个世界的统一设计。

VR的设计其实就是一个全领域、全维度的UI设计，这个是我认为的FUI的简单解释。

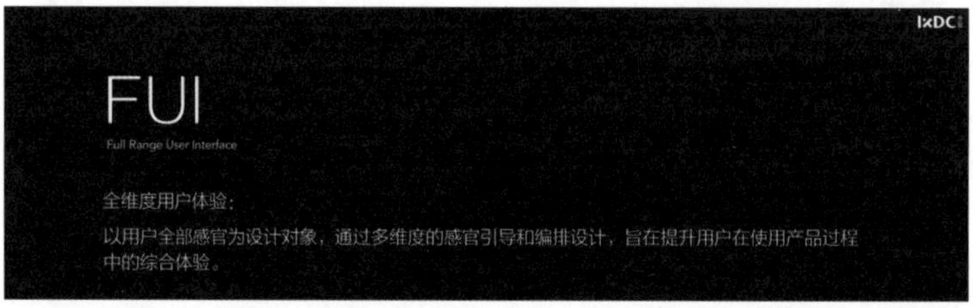

首先，UI要以硬件为基础。整个设计，需要通过一系列的光学镜片、屏幕、电池、CPU等来支撑这个UI，才有机会去把UI呈现在用户眼前，让用户有一个错觉认为自己真的是在这个世界里面。

然而，一个头戴的一体机运算性能有限，我们不能把所有的东西全部都实时渲染出来，因为元素太多，面数太多，实时渲染会消耗大量的算力。我们想出一种折中的方法，就是左右眼分开渲染，先渲染出平面的一个世界，然后把它们组合在一起，通过镜片光学调度，把它变成一个看上去是3D的世界。事实上它是一个平面渲染出来的世界，但是仍然会有一种沉浸感，所以这个是我们用的一个比较新的技术。

另外，即使你可以看到全世界，但在虚拟世界里面，我们不能用所有的画面来去做UI世界，因为人的注意力始终是有限的，有一个焦点锥的原理，在这部分去做UI，才是有效的。

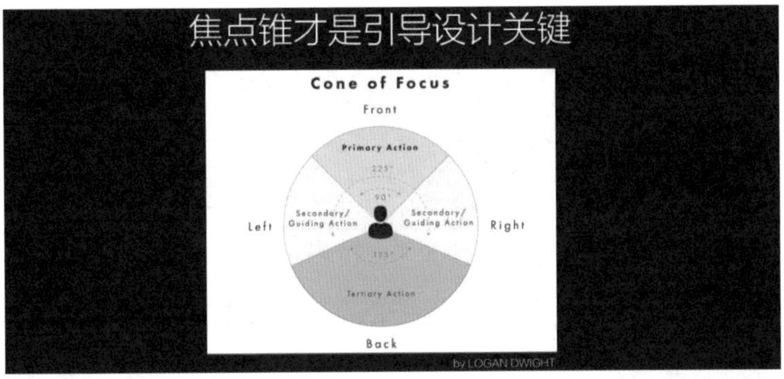

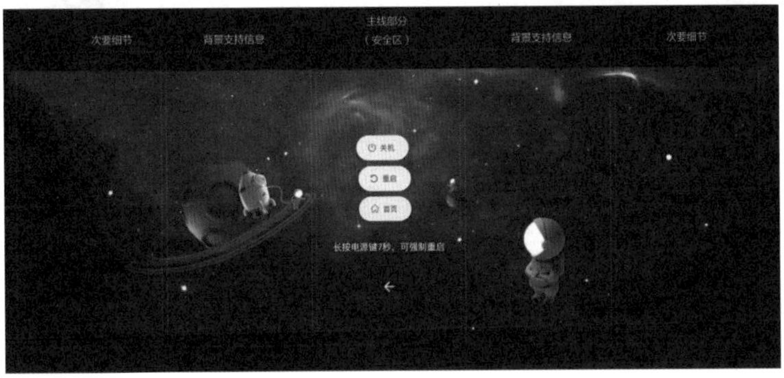

曾经有一个电影导演也跟我讨论说，在VR的世界里面怎么去做一部视频。因为过去的导演只需要让用户去看眼前这一块大屏幕就好了，但VR是一个全景的世界，怎么引导用户的注意力呢？其实我试过好多次，虽然整个世界都可以去看，但认真地说，人都是懒的，你想让他看什么，在焦点锥表现就好了。当然你可以拓展出一部分，然后用别的东西引导他，让他看过去。但事实上人在一般情况下不会到处看。

说到引导，听觉是一个很好的引导方式，我们在听觉上做了沉浸式的3D全景声听觉体验，这种听觉体验会更强烈地加强人在这个世界里面的沉浸感。

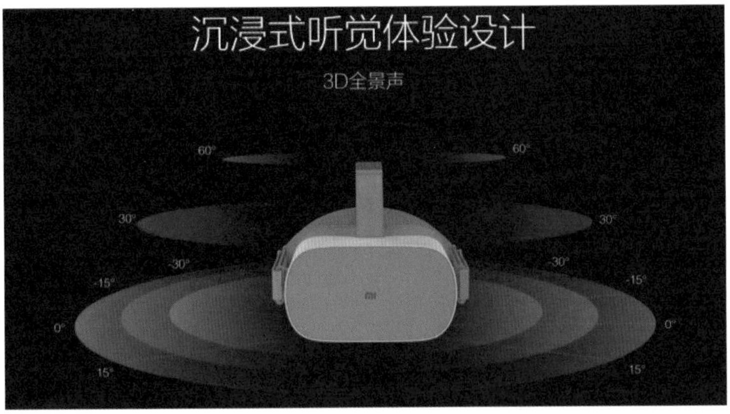

当有更多外设的时候，你甚至可以用触觉来设计人在使用你产品的体验。完整的体验是一件令人非常激动的事情，也是一件非常有意思的事情，因为你设计了整个世界。

以上是我想分享的内容。最后有一个结语：“设计无所不在”。特别是当我从做UI设计转移到做产品设计，以及去负责完整产品线时，我发现过去的这些设计理念完全可以用在所有的领域里面。还有就是设计能做的事情真的非常多，很多时候设计师会觉得自己有局限性，会觉得自己在做事时遇到的挑战很大、局限也很大，但是，我想告诉大家其实很有可能是你还不够硬核。

如果你真的想要做好设计，首先要变成你要做的这个产品的硬核玩家，变成你产品的忠实粉丝，你要自己去用这个产品。当你了解了整个产品的全貌之后，一定可以把设计做得更好。而且我也鼓励大家多做一点除了设计之外的事，在设计这个比较窄的领域之外还有其他工作，你会发现你能做的还有很多。

唐沐
小米生态链，副总裁

负责小米人工智能/智能家居/VRAR几个领域的小米自研产品，持续就新科技、新产品方向进行探索。其中小米路由器已累计销售超过2 000万台，位列中国市场第二；小米VR累计销售250万台，中国市场第一；小爱音箱已累计销售超过1 000万台，全球市场第四。于2015年，获得“中国商业创新50人”荣誉。

自2001年起，唐沐就在中国研究和推广用户研究和用户体验设计。在十二年的时间里，在产品设计、设计管理、视觉设计、交互设计、用户研究等多个领域进行理论研究和设计实践。

2003—2013年，组建腾讯用户体验设计中心（CDC），并担任总经理。带领300多人的用户体验团队，负责腾讯100多个产品的用户体验。著有畅销书《在你身边，为你设计》，销售近百万册。在此十年间，也为中国互联网培养出了近百位产品设计带头人，至今仍活跃在各大互联网公司管理岗位。

05 计算机的未来：设计谷歌的操作系统Chrome OS

◎ 王欣

我现在在谷歌的Chrome和安卓的产品线上做交互设计，因为工作的关系，对操作系统、人机交互的话题有很多思考，也有很多讨论。今天很高兴可以跟大家一起来讨论计算机未来这个话题。

计算机的历史

基本上每个人都用过手机App来学做菜，或者是用网站来查菜谱。其实人类用计算机来帮助我们做一道更好的菜肴已经不是一天两天了，早在1969年，Honeywell Kitchen Computer就在美国的一家连锁奢侈品商场售卖这样一台计算机，它确实还可以被当作菜板。那是1969年，那个时候没有互联网，上面显示全都是0101。

所以一个用户想要用这个机器学做菜，先要完成一个两周的培训。那个显示屏是一长条，我在山景城的计算机历史博物馆里面看到的真机就是一长条的显示屏上写着0101，然后你还需要一个专门的解码器来读。这台45千克的机器，售价相当于今天的50万元人民币。

大家猜猜这台机器最后卖出去多少台？大家可能都猜到了，就是一台都没有卖出去，这个故事现在看起来甚至有点好笑。但是我觉得人类对于计算机的这个梦想，在当时是非常值得被尊敬的，因为我们尝试着想要让计算机为人来服务，这个概念其实在当时是非常新的。

1946年，在美国宾夕法尼亚大学问世的全电子计算机“埃尼亚克”是人类历史有迹可循、公认的第一台计算机，操作员需要插拔线缆来操作这台计算机，跟我们今天手中的触屏完全不是一回事。

那个时候的计算机主要应用在军事方面。埃尼亚克大大缩短了弹道计算时间，这在第二次世界大战期间是非常高效的应用。军事应用是计算机发展的一个很大的驱动力。

到了1973年，也就是刚刚的厨房计算机发售之后，Xerox Alto I出现了。它是世界上第一台带有键盘、鼠标的计算机，而且这还是人们第一次想要让计算机为个人来服务，因为之前它都是为军事服务的。

时间快进到今天，我们对各种各样的计算机都已经非常熟悉了，它们为我们的工作、生活、娱乐所服务。谷歌也发布了像Chrome这样的一些所谓的“敞篷计算机”，其实它就是一个笔记本计算机，只是可以翻转360度。

什么是计算机？

如果把我们身边所有的移动设备、计算机设备画在一条轴上，最左边是智能手机，它屏幕小，移动性强，一直在线，随时可以用。右边是桌面计算机，它屏幕大，运算性能强，能够处理的场景非常复杂。

我们会发现有一个挺有趣的问题，就是到底什么是计算机？对于我们70后、80后、90后的人来说，计算机就是一个键盘、一个鼠标和一个显示器的组合体。对于00后，甚至是05后，由于他们成长在触屏、语音输入、人工智能的时代里，所以对于他们来说，计算机是一个不一样的概念。

所以说，一定程度上计算机是否已经出现了所谓的“身份危机”？计算机应不应该有键盘，应不应该有手写笔，应不应该有触控屏？这些答案其实我们都不知道。大家看到现在市场上面有各种各样的设备，但其实没有一个统一的名称。如果我们不把这个问题弄清楚，不给计算机一个好的身份、好的定义，整个产业其实是有问题的。

计算机会变成什么样子？

计算机作为一个工具，也在时时刻刻塑造我们这个社会。计算机在未来会变成什么样子？

不知道大家想象的是多远，但是我想放一个限制，那就是计算机在未来1～3年会变成什么样子，因为如果我们去聊30、50年的话，今天就是一个科幻的论坛。

先看几个有趣的数据。我们说自从2007年iPhone问世，移动计算机有一个爆炸式的增长，但其实桌面计算机的体量仍然非常大，从2007年开始到2014年，移动计算机才第一次超过桌面计算机，桌面计算机也是依然在稳步增长的。

然后我们去看一个全球的平均数据，大家会发现在白天和早晚间，桌面计算机是占据大家使用体量的主导，而到了晚间高峰的时候急剧下降，平板电脑和手机则会集中。其实想想，这个跟我们白天上班要工作，晚间却要刷刷抖音、刷刷微信、看看视频这样一种现代生活方式是息息相关的。

我们要聊计算机未来会变成什么样子，其实也是在想一个问题：当我们要去买下一台计算机的时候，我们要打造一个什么样的操作系统和硬件，才能够满足人们在一天里面这种多样化的需求？可能需要三台设备，可能只要一台设备，这个问题是我们亟待解决的。

Chrome OS 项目

Chrome OS这个项目里面有3个关键词我想提取出来，也是逐步想跟大家分享的：速度、简单和可及性。由此也思考一下桌面计算机在未来的一个发展方向。

先说一说速度。桌面计算机从冷启动到打开浏览器需要很多步骤。因为现在大家很多时候打开计算机就是为了打开浏览器，你从冷启动到打开浏览器可能需要一个很长的时间，这里面有15～16个步骤。Chrome OS做了一个很简单的事情，但它绝对是很复杂一项工作，它想要把这个步骤极大地简化。

作为结果就是我们可以让桌面计算机从冷启动到打开浏览器，只需要不到10秒钟的时间。但是今天我跟大家聊的速度，不涉及你的内存有多大或者是CPU运算有多强，而是着重聊一聊交互体验上面所谓的速度究竟体现在什么地方。

我觉得我们生活当中都有这样的体验，在计算机面前然后拿起手机，去用手机上面的应用。其实想一想为什么会有这件事呢？要么是手机上面的应用体验比计算机上面做得好，要么就是某些应用例如Instagram在计算机上基本是没有办法用的，所以我一定会拿起手机来。

所以我们会发现一件有意思的事情，就是我们对一种计算平台的期望会转移到另外一个计算平台上面来。如果我在手机上面可以随时随地收到微信，那为什么坐到桌面计算机面前不可以随时随地收？如果我能在桌面计算机平台上处理视频、照片，去跑很复杂的应用程序，那我为什么不能在手机和平板上来做这个事？

其实想想原因，归根到底是我们人在做一件事情的时候，先想的是目的，是要去用什么服务，而不是要去用什么设备，用什么平台。设备也好，平台也好，这是一个人工的隔阂，不代表人们这么思考。所以我们在思考的一个问题就是，怎样能够把移动计算机最好的体验带到桌面计算机上来。

对应到我们在谷歌做的操作系统，就是可以在Chrome OS上全面地支持安卓应用。也就是说安卓应用程序可以经过极少量的代码修改，让它迅速地应用于Chrome OS这个桌面操作系统上。

举个例子，我有几个非常喜欢的来自谷歌的手机应用，这些应用程序在计算机上面都没有对应的版本，但是我就可以从安卓的应用商店里面去下载它，然后在计算机上面直接使用它。同时我可以将其作为一个原生的窗口去管理，它看起来也更像是一个原生的应用程序。

在这里我们做的最大努力，就是让开发者可以做最少的代码修改，就能让用户的手机应用程序迅速地跑在一个桌面应用上面。大家会发现这个地方有一个问题，例如我让桌面计算机跑一个移动应用的支付宝，是不是显得有点多此一举，这个东西它的作用到底在哪儿？

我觉得这个问题是鸡和蛋的关系，它其实是反过来的。因为原来有平台的限制，大家作为科技从业人员都知道，如果你有多个平台，你就会有多重的人力和物力开发的投入。那么如果我们把这个平台限制从操作系统拿掉，这种应用的开发者就可以节省大量的人力、物力。

有很多应用程序都已经开始采用这种方法，在Chromebook上面都有非常好的成效。因为它们做非常少的修改，就能够迅速地获得很大的桌面计算的市场。所以今天第一个想跟大家分享的点是，我觉得未来的计算机应该是能跑跨平台和跨屏幕尺寸的应用的。大家知道在今年的WWDC，苹果宣布了Marzipan项目，也是想要看如何让iOS的应用程序能原生地跑在Mac OS上面。

Windows走在很前面，Windows的Universal Windows Application其实也有同样的一个愿景。所以能够在未来的计算机上面去跑移动应用、跑跨平台和跨屏幕尺寸的应用，我觉得是一个趋势。

第二个跟大家分享的是简单。简单这个词其实有很多含意，如果你的手机丢掉了，大家会想到什么？我第一想法就是特别心疼，手机丢了几千元钱没了。但是我可能又会感到安全，因为我的通讯录、照片都已经储存在了云端。

但是这个时候大家想一个问题，如果你们的桌面计算机或者笔记本计算机丢了，你会怎么考虑？也会很心疼，上万元的机器都没了。但是我会想说，天哪，我的应用都要重新装，这个计算机都不认识我了，而且我的很多文档可能还没有同步到云端。

我们在Chrome OS有一个词叫作“状态”，所谓一个有状态的模型，就是你的设备里面储存着你的数据、偏好和上下文，那么这个时候如果你的计算机丢了，所有的“状态”都跟着它一起丢了。

在Chrome OS我们提了一个所谓的“无状态的模型”，这个无状态的模型是什么意思呢？想象一下你的计算机启动的时候，它跟全世界所有的其他计算机启动的东西都是一样的，它并不知道你是谁，等开机后它再去从云端抓取个性化的设置。

这个时候你的计算机丢了，你就可以走到商店里面去重新买一台，登录你的账号，然后你所有的应用和设置全部都会回来，你的文档和图片也全部都会回来，这是一种非常棒的体验。

在学校和企业尤其是企业，要管理成千上万的员工的桌面计算机、笔记本，如果要升级安全系统，对于IT部门来说就意味着真金白银。我们可以为企业提供一个非常低价的企业管理方案，也源自这种无状态的模型。

所以这里想跟大家分享的一点是，我觉得未来的计算机在本地应该会更加轻薄。也就是说你不怕计算机丢了，也不怕设置没有了，你只需要去登录，你的计算机是可替换的。

其实今天整个幻灯片我是用Google Slight做的，我在云端用4台不同的计算机去编辑了幻灯片，我从来也不会考虑这个幻灯片在哪台计算机上面是更新的，因为它在云端总是更新的。把这种大家已经熟知的云计算的模型应用到操作系统上面来，我们的操作系统也会变得更加轻便和简洁，这是想跟大家分享的第二个重点。

第三点可及性，是指如何能让更多人开放式地接触到科技。

J·K·罗琳在写《哈利·波特与凤凰社》时，计划剧情都是写在纸上的，那她为什么不用Excel来做这个事情，而要用手来写？其实这个答案是藏在笔里面的。笔作为人类千百年来这么伟大的一个发明，其实它对我们的创造力是有非常大的影响的。

UCLA和普林斯顿大学做了一个研究，发现学生用笔做笔记要比用计算机做笔记的考试成绩有显著的提高。而且印第安纳大学还做了一个扫描，发现人们在使用笔写字的时候，大脑激活的区域更类似于你在做冥想的区域。而如果你用手来敲字的话，其实只在激活你的肌肉，并没有激活更多大脑的区域。

而且有许多社会科学的实验发现，用笔来做头脑风暴的时候，能够想出更多有创意的点子。如果用键盘的话，它其实是在局限你。所以很可惜的一件事情是，笔这么好的一个发明，在过去的50年来被计算机键盘所代替了。

所以我们在思考计算机的未来的时候，也要想我们怎么能够激发人们的创造力，怎么样去提高人们的生产力？我们需要新一代的更具有智慧的、更精确的一个工具。想要把笔这个工具跟计算机结合在一起，而且结合得非常好，有很多东西可以分享。今天就跟大家讲讲零延时的概念。

为了能够让工具书写起来像一支真的笔，它的延时必须控制在100毫秒以内。现在的科技和软件甚至能够把这个延时控制在10毫秒以内，谷歌有很多很聪明的工程师，他们在用人工智能的方法去学习人类书写时的走向、习惯和压力，去预测你的笔的下一个像素会画在哪个地方，做到了几乎零延时的非常自然的书写。

我们知道用计算机可以修改文档，那么怎样能够把笔跟计算机的这种高度的可编辑性做到一起？我很高兴有很多这样的项目正在做，也希望能够早日跟大家见面。所以最后想跟大家分享的，是我觉得未来的计算机应该是能够更加激发人们的创造力的。

计算机究竟会变成什么样子，今天跟大家聊了关于速度、简单和可及性。

从速度的角度来讲，它不光是要快，而且它应该是可以除掉这种平台带来的障碍，能够自由地去跑跨平台和跨屏幕尺寸的应用；而简单则是一个所谓的无状态的模型，让本地设备变得更加轻和薄，变得可替换。最后讲了可及性，我们怎样能够把笔这样一个非常传统的工具，跟计算机结合起来，跟我们今天的人工智能也好，跟各种各样的科技结合起来，去让人们有一个更好的创造力。

最后想跟大家提一个思考。我们可不可以不把计算机比作一个工具？因为你有个锤子就会想要去找钉子，这会限制我们对于计算机这个工具的想象。我们可不可以把计算机比作一件乐器？乐器千百年来作为一个产品的科技发展变化可能并没有那么多，但是我们用乐器这个产品却能打造出无数的音乐。

在世界上各个地方，乐器产生的音乐定义了我们的文化和社会，所以当我们把计算机比作乐器的时候，会发现我们更多是在思考弹奏乐器的人以及人和人之间的关系。我们怎样能够让人和人之间的合作更加有效率，怎样能够让人和人之间产生信任，怎么样能够让人们更开放、更自由地接触到信息，这都是我们把计算机比喻成乐器考虑的问题。

美国计算机科学家Alan K说过一句话：预测未来最好的方法就是去发明它。每个科技从业者在做操作系统也好，做软件和服务设计也好，其实都是在构造每一个用户的每一个细小的未来。这些未来汇聚到一起，不正是用户的明天吗？

王欣（Jason Wang）

谷歌，用户体验设计师

《硅谷设计之道》作者，Google 资深用户体验设计师，现在Chrome OS设计Google的操作系统，让更多人开放式地接触到计算平台与互联网。在加入Google以前，在Salesforce和Amazon担任高级产品设计师，拥有多项美国设计专利。

06 从硬件设计入手，将AI与机器人之用户体验优质化

◎ 蒋文瀚

和硕联合科技股份有限公司在设计以及制造产业上有着完整、细致、专业的全面服务，无论是从智能产品外观设计需求，还是一直延伸到整机OEM的委托，和硕联合科技都可以出色地完成。近几年来，资讯类的产品发展已经从个人笔记本（计算机）、平板或是手机，逐步延伸到一些新的领域，如个人穿戴产品——AR、VR眼镜，或者是当下热门的智能音箱等。在智能音箱之后，下一步大家关注的则是如何使如今这一类的智能音箱更智能化、更科技化地以一个机器人的形态呈现在我们面前。所以接下来，我的分享就会围绕机器人这个主题展开。

用户体验设计原则

首先，请问大家两个简单的问题，为什么机器人对互动设计师而言非常重要？如何设计出真实的符合消费者需求的机器人？

我认为第一个问题的答案在于，目前机器人领域还是全新的、未被完整定义的UX（User Experience，用户体验），今天我们和机器人互动，机器人要如何回应，其实这部分还有很多领域与内容需要大家详细地把它全面定义出来。

第二个问题的答案则是与设计思维有关，也就是说我们如何在满足使用者期望、市场需求以及技术可行性中找到一个最好的平衡点，发展出一个既可以符合需求，又能被市场接受的产品。先看一下目前最火热的行动装置的UX原则。

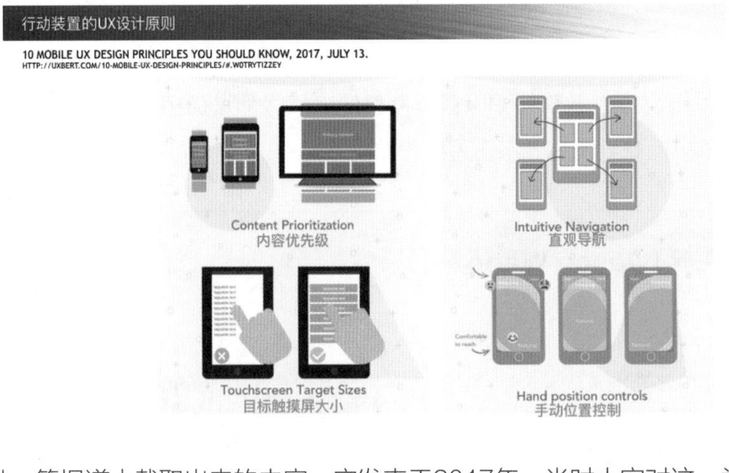

这是我从一篇报道中截取出来的内容，它发表于2017年。当时大家对这一类行动装置的产品已相当熟悉，在设计过程中如何提纲挈领，规避误区，应该都有着或多或少的了解。例

如，在内容的编排上如何优化、在不同的装置上如何达到更好的浏览体验，我相信大家应该都有着各自了然于心的经验。我们身处的产业应当致力于日益不断地将用户体验打造得更好这个目标。

但在此部分累积的经验与知识，如果沿用到机器人上，还可行吗？让我们来看一下目前市面上热门的几个机器人：Pepper、Jibo，还有华硕的Zenbo。三款机器人形态差异较大，能力表现也各异，最主要的是它们显示屏呈现的形态也各自不同。有的置于胸前，用户可以直接触摸它胸前的显示屏；有的是成为机器人的脸部，用户与它互动的时候可以戳它的脸部显示屏。显示屏的结构有的灵巧，可以移动，也有位置固定的。

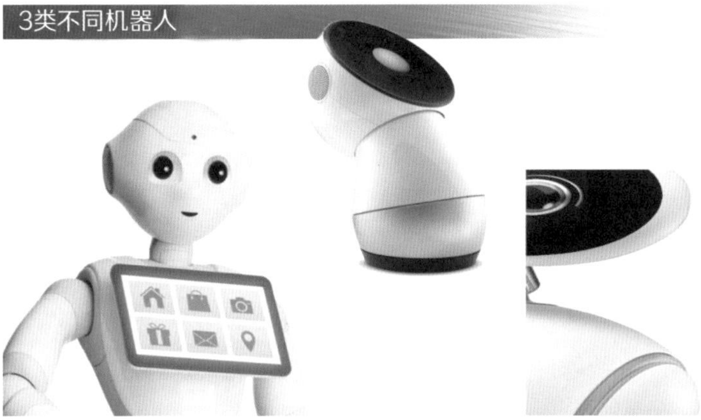

我们可以用一致的标准套用到所有形态各异的机器人上吗？在此之间，会不会有一个标准化的设计原则呢？

机器人独特的UX特征

接下来先归纳一下我们在实践中发现的机器人的一些独特UX特征。

第一个特征：它具有行动能力。设计机器人的首要需求在于它能够主动为人类提供服务，所以它具备了行动的条件。要怎样行动才符合用户的期望，才贴合我们目前既定的生活环境，这是一个很大的挑战。

像设计Jibo这样的一个产品时，我们更像是一个动画影片的设计师，要去定义这个角色，给予它一些丰富的情绪、鲜明的个性，以此定义出它处于灵敏或是活跃的状态，还是呆板、麻木的状态。

设计动态物件
Design objects that moves

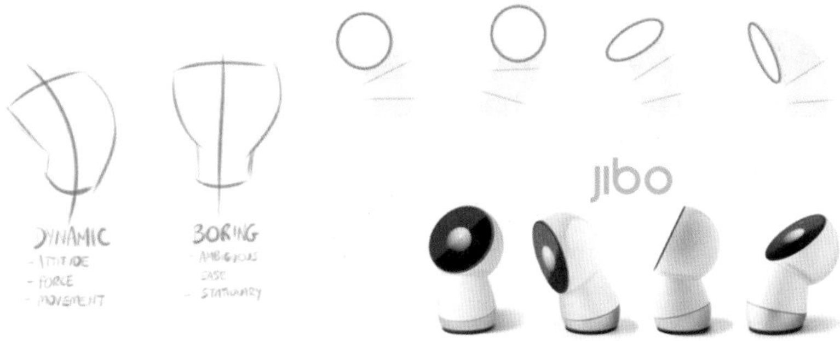

所以在此部分，相比于习惯性地画一些产品造型和UI界面，更多时候，我们需要扮演成这个产品，譬如说把自己幻想成一个机器人，设定一些设计限制之后，想象一个机器人该有的形态。同时我们也可以参考一些动画专业人士如何打磨角色的做法，将机器人的动态完整地定义出来。所以设计师也须在不同的软件中进行合适的模拟与尝试。

以上是机器人的第一个UX特征，就是它具备行动能力或者是动态的表情。

第二个特征则有关乎情感层面。我们会对机器人投注一些情感，因为它以一个更亲密的角色形式呈现在我们眼前，它像是一个人，一个宠物，一个我们会投注感情的对象。所以，如何通过我们的设计，让它更能给予用户情感上的依赖，将会是设计师必须要关注的一个重点。

其实市面上已经有一些不错的案例，像这台小小的玩具车，它可以表现出非常灵活的姿态，辅以生动的表情，用户会真的感受到这个产品是有着个性与脾气的。我们也看得出设计师在画这个产品的时候，对人如何与这个产品交互做过细腻、周到的探讨。

设计表情与个性
Design for expressions and characteristics

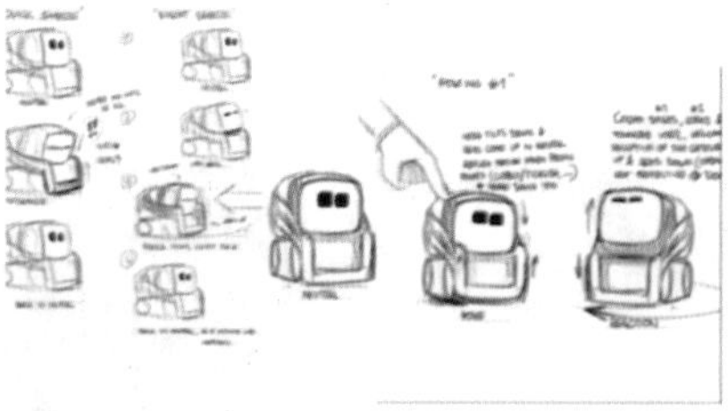

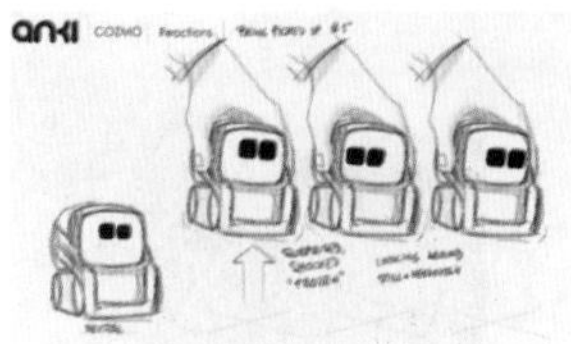

设计机器人的交互

目前我们和智能装置的交互大多都是用手势、用触控的方式来完成的，当然，近几年也开始有一些像脸部解锁等新的交互方式。当机器人具备了这些各种各样的感应器之后，它是否可以和用户有更多的方式来进行交互？它是否可以去学习一些用户独特的习惯、手势、暗号，甚至可以和用户用一些密语沟通、用眼神交流？无需多言，它便可以了解用户的目的，并给予适当的服务，这些值得我们思考。

所以，想象力不用局限在一个屏幕上，我们可以开始思考人的一些动作如何被机器人捕捉。这些动作、行为背后的企图，能否被机器人所理解，进而回应我们的期望。

目前手机是一个通用平台，我们需要什么样的功能，可以找到相应的App安装。那未来与我们朝夕相处的机器人，当它越来越了解用户生活习惯，甚至情绪变化的时候，会不会更主动地提供一些服务给用户，更主动地满足用户的期望呢？

以和硕自家研发的机器人为例，当它被置放在家中后，便可以辨识场景，辨识出空间中一些比较明确的家电产品。待它辨识出之后，就可以把其中的控制码从网络上下载下来，并得到用户的许可，自动地控制这些原本不具备智能功能的家电产品，进而成为一个智能家庭的中枢。我们称它为AQUA，AQUA是水的意思，代表着它像水一样亲切，可以幻化成不同形态的服务，以此辅助用户的生活与工作。

机器人市场分析

通常，我们在项目开发之际，需要找到市场、技术以及用户需求三者的交集。市面上现已公布的机器人非常多，形态差异也非常大。在各样不同的使用场景或是需求下，都有可能产生不同形态的机器人与服务。因此，在这么多情况下如何找到一个交集，也是蛮花费工夫的。如今新创公司都在设计与业务上的有着较快的发展速度，在市场上获得极大瞩目。像Jibo已经上市，反响也不错。但其他新创公司的产品大多还处于概念宣传阶段，真正的产品还未落地。

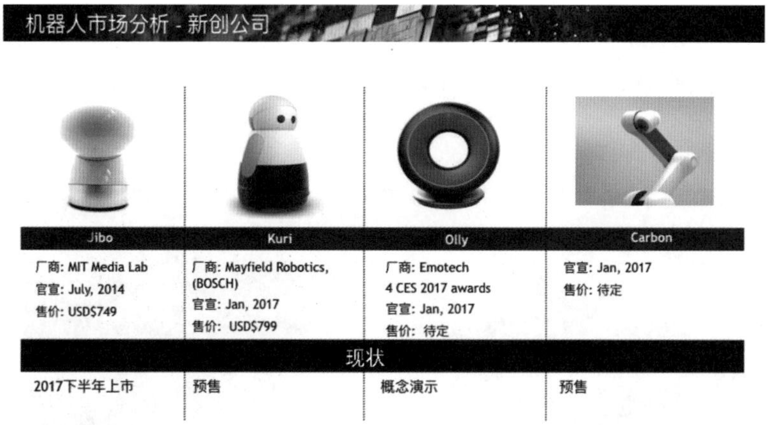

而对品牌企业来说，机器人则是一个“兵家必争之地“，所以大家都积极地在各种展会、活动上提出各自的一些概念，但事实上落地的也不多。因此我们得出，目前消费型的家用机器人的造型功能差别巨大，新创团队、品牌公司即使有很多设计概念，但真正实现落地的产品寥寥无几。

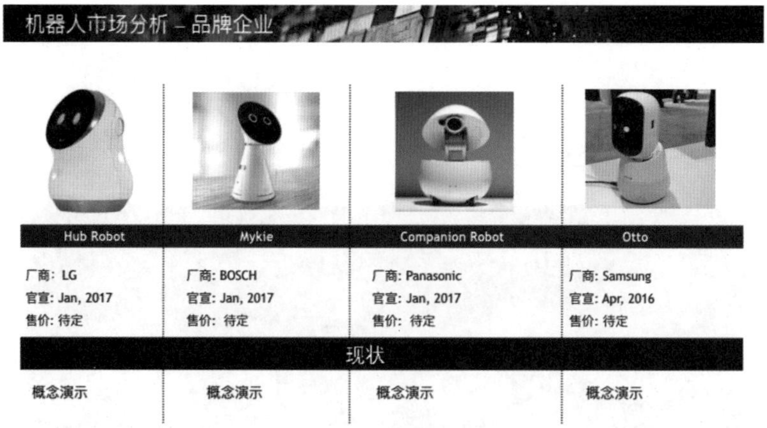

我觉得现在的状况有些像是移动电话发展的初期。在那时候对于移动电话应是怎样完美的形态并没有一个定论，所以各个厂商可以依据自己的解读，做出形态各异的手机。但是当这些功能定义得更明确之后，尤其出现iPhone这么一个出色的产品后，大家便逐渐地选择趋向统一的外形架构。

所以，未来在家用机器人这一类别，会不会也走向相似的途径？趋向统一化，由一个更明确的硬件架构来提供服务呢？这对开发者来说是好事，因为无需过多思考使用的App 或是服务必须支持多种形态各异的机器人。

在了解那么多新创或品牌公司之后，让我们来看看事实的数据——目前市场上可出售的机器人到底是哪几类。我们从一些调研单位分享并整理后得出的数据发现，第一名是语音助理机器人，第二名是扫地机器人。

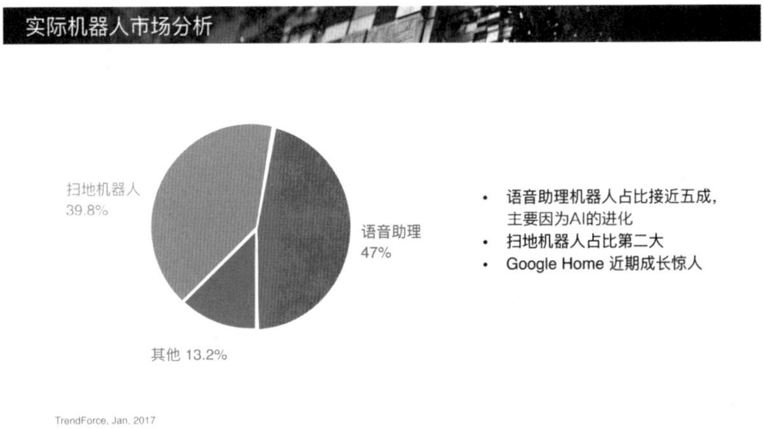

我们到底是做语音助理类机器人，还是扫地类机器人呢？这需要实际地洞察使用者的需求在哪里。

我们目前参考的资料来自Ericsson Consumer Lab，下图是他们提出的使用者需求。我们可以看到消費者最关注、最具采用价值的通常都是和健康有关的内容。除此之外，家用设备的安全、对能源的掌握、社交、协助管理事务，也都是他们非常重视的几个领域。所以，这便成为我们设计机器人的一个依据，我们的机器人必须能够提供这些期望的服务。

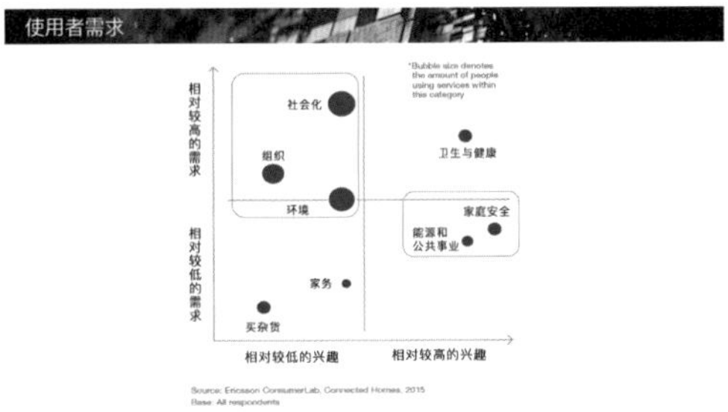

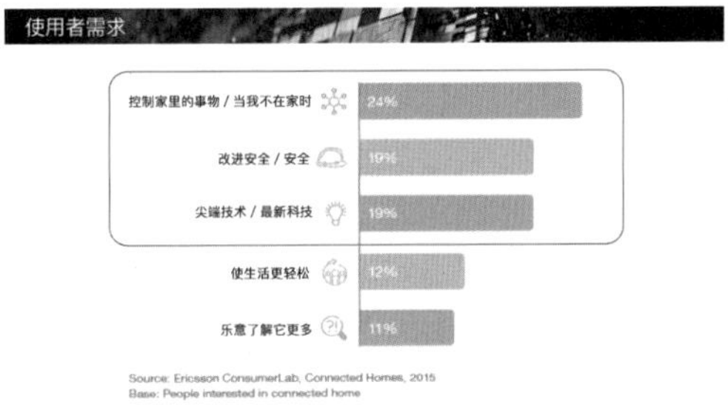

机器人UX分析

同时，我们也对目前市面上的一些机器人进行了UX分析，结论发现，其实各家机器人定义的差异都非常大，而我们可以从这些差异中去了解机器人如何满足用户的期望。

机器人型态归纳

特征	眼睛及显示屏分开	眼睛以显示屏呈现	只有眼睛
资讯屏幕	直立式(ElliQ 8")	横式	无
视觉资讯	屏幕显示+投影	脸部显示	需外接
表情	通常为非屏幕	屏幕	通常为非屏幕
情绪(表情动作)	头部/眼部灯光变化+头摆动+身体转动	屏幕显示+头摆动+身体摆动	头摆动+身体摆动+眼睛转动
动态轴	三轴	两轴或三轴	单轴或两轴
互动方式	语音,身体触碰,屏幕触碰	语音，身体触碰，屏幕触碰	语音,身体触碰
优点	显示资讯与表情并存 头部动作灵活不受屏幕体积限制	更丰富的脸部表情	外观设计不受限于屏幕
缺点	容易被其他屏幕装置取代	资讯与眼睛无法同时并存 头部动作受限于屏幕体积	个性情绪需靠动作弥补

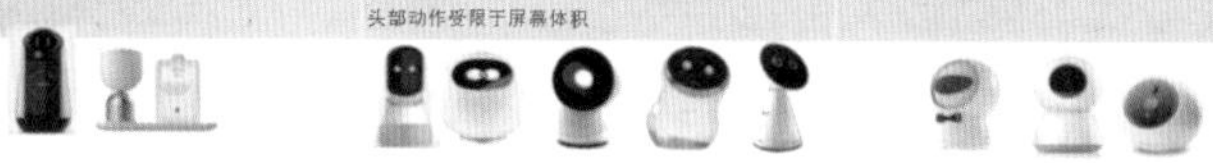

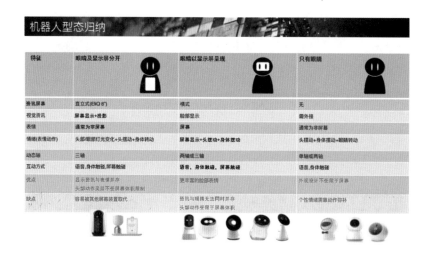

实际上我们了解到，眼睛是一个很重要的特征，用户看到一个物体的时候，通常是会先看它的眼睛， 从眼睛里可以获得很多的资讯。当机器人的眼睛和显示屏做结合的时候，虽然在显示内容上是有一些优势，在价格上也可适当降低，但它仍有一个问题，当显示屏需要呈现其他资讯的时候，眼睛就不见了，它好像就从一个有生命的状态，变成一个无生命的状态。所以如果将眼睛与显示屏分开，它就可以在有效地提供最多的资讯外，和用户进行眼神的交流。

另外一方面也要注意的是人机互动。目前这些站立式的机器人通常都要注意人手和人眼之间的相互位置。以往我们设计手机的时候不太需要关注这个问题，当看不清楚手机界面的时候可以拿近一点， 这取决于用户怎么调整。但是机器人显示屏的位置与高度是一致的，那么，既定的高度是不是可以提供给用户最好的体验就成了重点。

机器人身高与人互动关系探讨

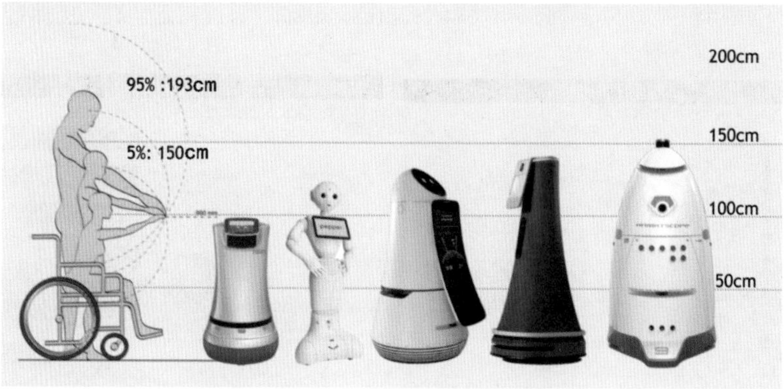

所以，当有些产品强调它可以行动，但产品身高不够时，这里其实就暗示了它的目标使用者是小孩。因为小孩和它互动的时候比较方便。

接下来，我简单介绍一下我们最终研发出来的这台AQUA。它会根据不同的家庭成员提供不同的服务，所以每个人在AQUA上看到的内容都是有差异的。陌生人出现时它也会给予关注，如果它不认识的话，会分辨这是朋友来访还是有人入侵。它能够通过自身非常多的摄像头去捕捉环境中一些不寻常的状况，提供对使用者的关心。

这个产品有一个特色是，当家庭成员全部外出只剩它在家时，也可以提供服务。尤其当第一位家人回家时，它可以收到其他家人留给他的讯息，例如提示他可以去冰箱拿给他准备的晚餐等类似这样的情境，都可以透过机器人管家的角色实现。

AQUA还可以提供行为与环境侦测，通过姿态分析来判断是否有人跌倒或者不舒服，然后相应地提供一些提示或警示。除此之外，对于空间中是否有火灾发生，也可以透过它的机械视觉去判断分析。包括对于目前大家非常关注的空气质量问题，我们也放入了一颗感应器，使得它能够及时地了解空气质量指数，分享给家庭成员。

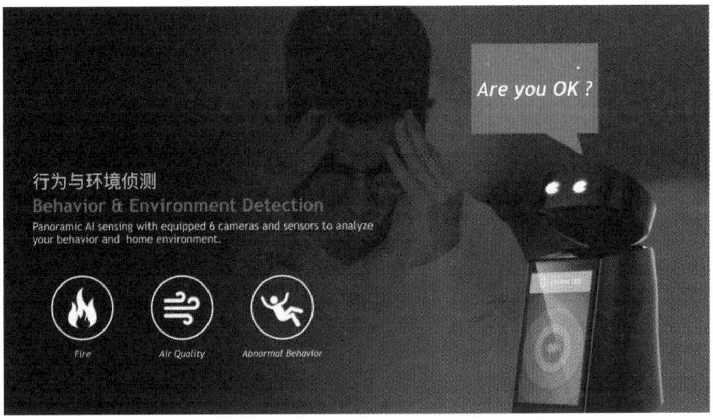

刚刚提到它可以控制家中的其他电器，其实它也可以直接去控制一些原本不具备智能功能的家电，使其变得智能化。

我们设计的这台机器人是不可动的，如果家庭成员也想关注譬如前门、后院等其他地方的状态，可以把这些监控影像上传至机器人的系统，它通过图像分析，能够自主地判断这个场景中是否有陌生人出现，是否有火灾或是一些异常状况的发生。

我们调查研究得出，和机器人自然、舒服的互动距离是1～3米，这时候手是无法直接触摸到机器人的。因此，我们在这样的情况下采用了手势操作，例如比出一个摇滚的手势，

AQUA看到后便会开始播放音乐。除了播放音乐之外，它还能控制家里其他的一些联网装置，譬如灯泡，或者是其他可以创造情境、创造氛围的装置，使得我们更沉浸地享受环境中的音乐。

我们前面也提到，机器人需要角色化的能力。因此在设计中，我们让它的头部和躯干都具有非常大的自由度。所以，它可以做出一些很特别的动作，譬如说向你鞠躬、摇摇头告诉你“我不知道”。在这里，还有一个最独特的点告诉大家，我们认为AQUA是目前全球机器人中唯一可以做到耸肩的机器人。

这个耸肩的特征是蛮有意思的，有时候我们问机器人一些问题，它告诉你“我不知道”，讲太多次的话会有些恼人，但如果它很俏皮地耸耸肩，也许你就原谅它了。因此，有时候很细微的互动方式能够赋予机器人一些灵活的生命感。这其实是一个有趣的课题，大家可以一起来探讨它。

作为一台非移动式的机器人，它基本一直在我们家中，所以，它可以协助把不同的讯息传送给不同的人。例如我现在在出差，如果想和家里的人沟通，可以通过软件留言。当我的小女儿回到家后，机器人便会对我的小女儿讲：“你爸爸有留言给你，你想不想听？”由此一些情境就可以产生。它如同一个亲切、可靠的管家，协助主人管理家中的大小事，还包括建立有情感的交流。

透过这样的一个设计，你会感觉它越来越像家中的一份子。它能够关心你的家人， 参与家人间的讨论，然后适度地提供一些回应。例如“家里温度太高了，大家有没有感觉热呢？需不需要把空调打开呢？”这时候一些很俏皮的互动方式由此产生。

它还有着来自对于家庭成员的殷切关心，如果有独自在家的老人不慎摔倒的情况，它可以立即辨识出来，并提示正在上班的亲人赶快回来。

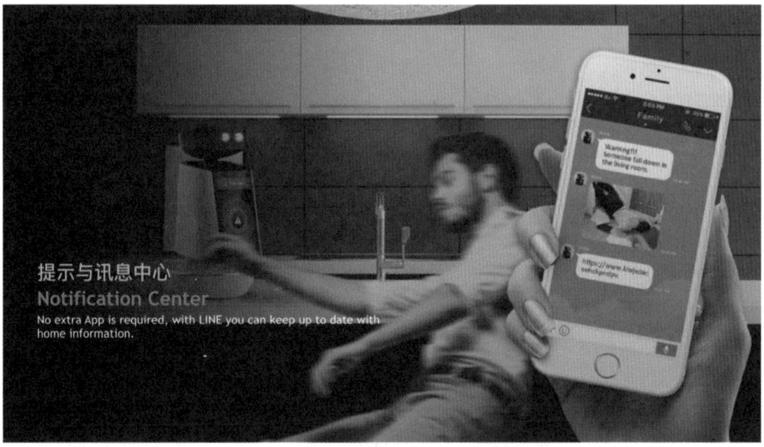

以上则是目前我们和硕对机器人领域做的一些探索和尝试，谢谢大家！

蒋文瀚
和硕设计，创意总监

现任世界500强企业之一和硕联合科技股份有限公司之创意总监，设计服务对象包括英特尔、联想、思科、惠普等国际电子大厂，提供概念设计、产品开发等专业咨询服务。曾以华硕笔记本计算机、单车风衣、车用信息系统等项目获得德国iF 产品类、概念类、沟通类设计奖。拥有十余年丰富的产品设计经验。

07 AI+Design System的智能化应用

◎ 李强

2018年6月，Open AI已经可以在5对5的游戏里面打败人类。这种消息放出来，大家诧异于游戏竟然可以这样玩，那对于我们设计师来说又意味着什么呢？我还看过一份报道，就是在同济大学，一个实验室里面发现近70%的设计师自认为工作中的重复体力劳动低于10%，有40%的人甚至认为低于4%，但实际上并非如此。

实际上，大家可以自己去看一下，不管你是做工业设计、网页设计，还是做体验设计等，你真正花在设计、创意里面的时间是多少？而花在重复性的体力劳动的时间是多少？更让我们沮丧的是，不管你是资深的设计师，还是一个刚入门的设计师，在这种重复性劳动里面，所花费的时间不会因为你的经验增加而减少。

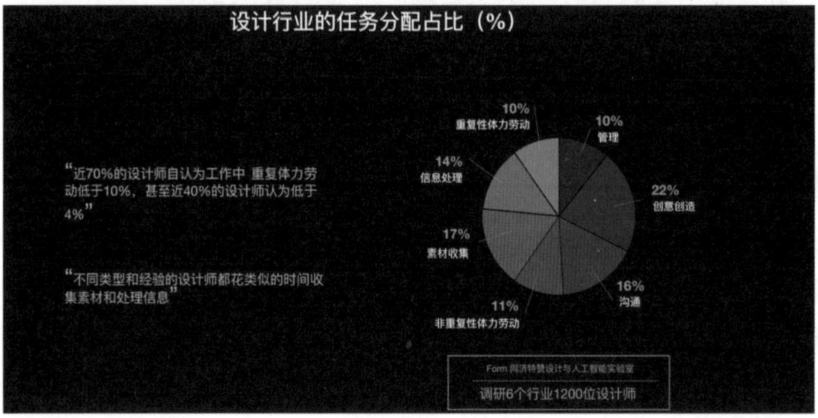

设计界难题

这样的难题如何去解决呢？就互联网设计理论而言，大家耳熟能详的有服务设计、语音交互、情感化设计等，这些理论已经发展得非常先进，我们已经有几十种或者是上百种的设计理念。

但是，我们的设计工具这些年发生了什么样的变化？从最开始我参加工作的时候，我们UI设计师用Ps、用AI；后来我们开始注重交互设计，用Axure或者类似的工具；今天，我们可能在用类似Sketch、Invision、UXpin这样的工具。这些工具不能给我们带来智能化的设计方式，不能匹配上面这么多的设计方法。

另外，之前有很多GUI、UI设计师，但是在今天，这种设计能力已经不能满足工作需要了，我们需要的是UX设计师。

现状1：互联网设计理论和设计工具发展变化

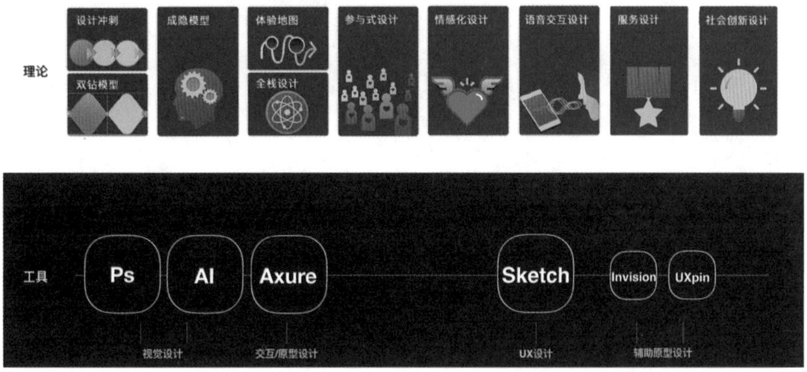

现状2：设计行业能力要求变化

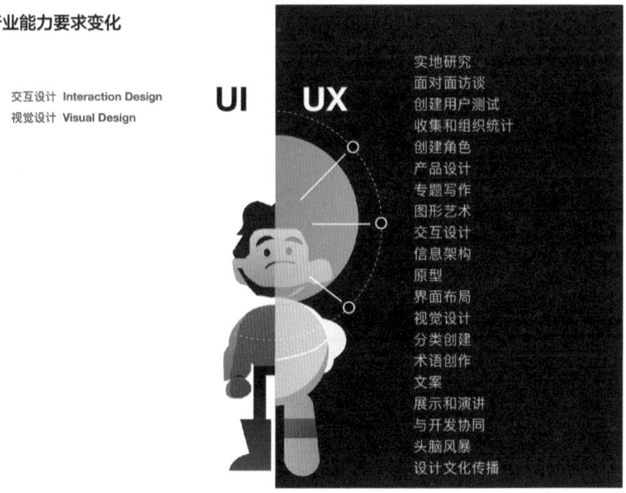

我们讲互联网从九几年就开始发展，到今天已经有20多年的历史。从我工作开始（2003年）是网站时代，那个时候一个网站的改版可能需要半年，或者是更久。到后来我们进入了移动时代，我们都知道，一个月就可能会发布一个版本，也可能一个月发布两个版本。但是到今天，我们进入了新零售时代，这时线上线下同时做大促活动，一天可能就有几千个页面需要更新。这么大的工作量，设计师如何承受呢?

总结一下，设计师面对着爆炸式增长的设计理论和需要去解决的各种设计问题，但是我们没有好的工具。设计行业要求人们的能力不断增强，各种设计的版本迭代不断增速，设计师会发生什么样的变化?

图中的形象叫Lange，它是一个星际怪物。我想隐喻的就是，我们设计师也像这样一个星际怪物，大脑极其发达，但是身体非常孱弱。我们需要的是什么？我们需要一套机甲，这套机甲可以帮助我们更加有力量地去工作。

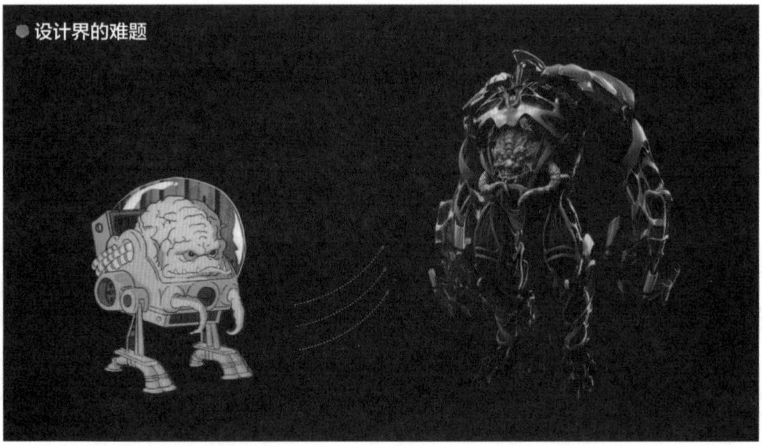

Design System的概念

我在带领一个中台设计小组，它致力于提升设计的体验和工作的效率。我们开始去尝试着做一套Design System来帮助设计师提升工作效率。我们其实不是从零开始，之前有了很多经验。例如从整个设计流程来讲，我们把它进行拆解，发现其中有一部分是低附加值的工作，有一部分是高附加值的工作。

什么叫低附加值呢？可以理解为信息收集这类重复性的体力劳动。或者像你去做一个设计的标注，去检查这个设计的还原度，然后跟你的开发不断碰撞。这些对我们来说感觉没有任何价值，但是它们占用了我们大量的时间，如何能节省这部分时间，然后花更多的时间去做高附加值的工作，是一个设计。

经过对网站进行梳理，我们可以从中提取很多公用的元素把它形成设计规范，使整个网站看起来具有一致性。然后，我们又进行了升级，把网站里面的元素进行组装，变成一些组件，再对组件本身的规则、组件与组件之间的规则进行梳理，最终加上品牌元素，形成一种设计语言。

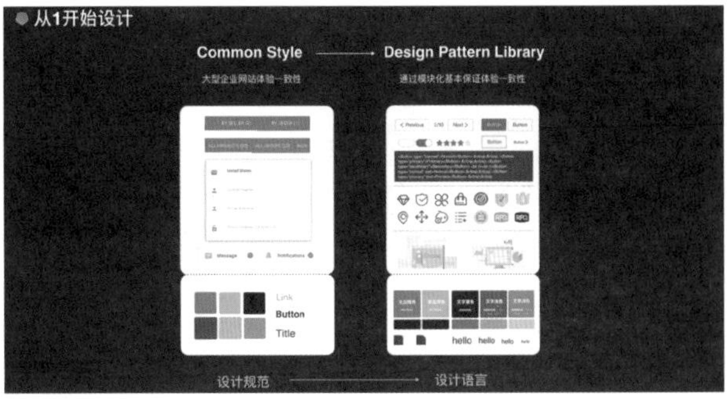

到今天，我们对其又进行了升级，把其打造成Design System。什么叫Design System？它基于组件设计原理和设计辅助工具，让设计师跟前端人员无缝对接。也就是说你的设计可以变成开发语言，你所设计的任何一个界面，可以直接转化为网页。对应地，我们的设计语言也进行了升级，它叫Design Token，属于一种设计令牌，任何一个设计标记由它可以转化为开发的标记语言。

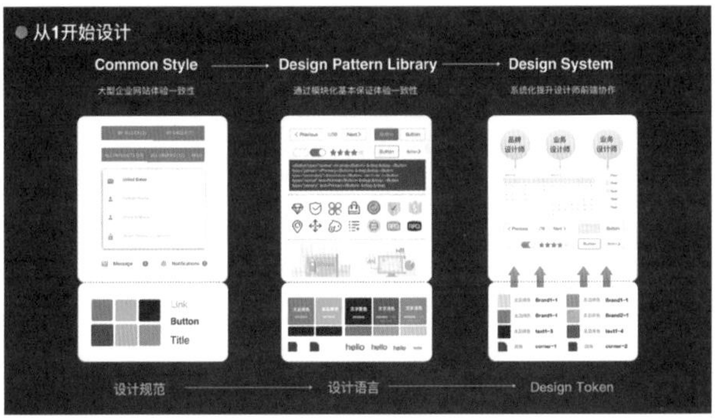

每一个标记语言会把一个设计元素拆解成很多个标签，但是设计师通常不是这样思考的。设计师怎么思考？例如说一个按钮，我们会把它拆解成边框、圆角、底色，或者说上面还有一些字体之类的，这才是设计师的语言。通过这样的语言梳理，我们把其中的数值进行分离，就可以把这些设计的维度进行拆解。这些数值称为变量，通过对变量的控制，从而得到不同的主题。

换肤的原理就来自于此，但是我们并没有到此结束。我们发现通过一种粒子化的方式，对任何一个组件元素进行拆解再组装，通过一定的规则，最终可以形成千变万化的页面。

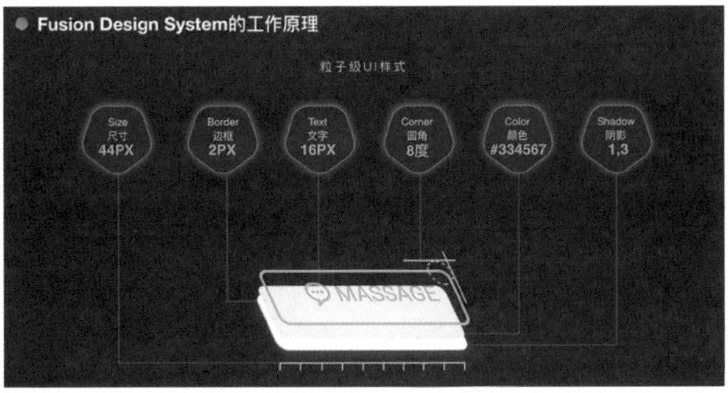

而且这种组装的好处是通过变量，你可以随时去调整它的颜色、圆角、阴影的深度等，所有的这些元素都可以被控制，形成无穷无尽的变化。

最终，我们形成了一套粒子原理。就像搭积木一样，从最基础的一个粒子不断地组装，到简单组件、复杂组件，从模板到页面。

举个例子，在设计网页时，你可以把其中的一些组件拖曳出来，非常简单地就可以组成页面，然后上传发布到网页上。那里面所有的元素，其实都已经被打磨好了，这样的话，我们设计师不用再去跟前端人员对照所有的信息，像这个点、这个像素是不是对得齐，然后那个字号是不是不对……我们可以通过非常便捷的方式达到之前要花很多时间去实现的目的，并且我们工作流的方式也会随之改变。

企业Design System 的应用

想做这样一套系统，可能需要花几年的时间，市面上其实也有很多类似这样的开放的Design System系统，但是它对不同的企业应用，没有办法做到全适配。所以，小的企业想用却没有能力去用；大的企业想用，又出于安全或者是各种灵活性的要求，也没有办法去用。

这样一套系统可以升级出一个新的工作流。原先设计师需要针对一个需求去做一套设计，然后开发、上线；但现在设计师需要分成两种角色，一种角色是品牌设计师，一种角色是业务设计师。品牌设计师就像机械臂一样，对基础物料的品牌进行定义，形成设计组件库，然后对接到一个代码库，将对应的代码输送到代码站。

而一个业务设计师会根据前面品牌设计师定义的所有规则进行组建，灵活地通过刚才的工具搭建一个具有创意性的页面，这个页面也是设计师的一个共享平台，它可以共享给前端开发人员以及我们的业务方。

开发人员拿到设计的组件和页面之后，再对应前面的代码库就可以进行非常灵活的组装，这个过程可以通过非常低的成本发布到线上，之后就可以给整个系统使用了。使用之后，如果发现有一些非常好的沉淀，还可以同时再输送回设计中心，最终达到一个闭环。

如果仅仅是一套这样的封闭的设计系统，还差那么一点。为什么呢？举个例子，我们经常会上一些设计网站去找灵感，但是我们通常会遇到这样的问题：你找到灵感去下载了一个设计元素，使用的时候还需要进行各种各样的加工或者是再创造，那这个设计本身是无法让你直接去使用的。但是，如果我们的一个设计系统相互关联，大家可以分享自己的组件、设计主题，那么，你不用再去复制别人的创意或者打开图层去改，可以直接用到自己的系统里面，直接就可以把大家共享的智慧发布到线上。通过一套系统，形成设计师的整个生态。

AI+Design System

Adobe有一个Sensei系统，阿里巴巴有鹿班系统，不同的领域都有了非常可喜的一些进步。但是实际上，还有大量的领域没有办法特别好地去应用AI的创意。例如图标，它是属于一种创意型的设计元素，那么这种元素需要你对当下的场景进行判断，去创造一个新的图形。这个现在来说是计算机无法完成的。

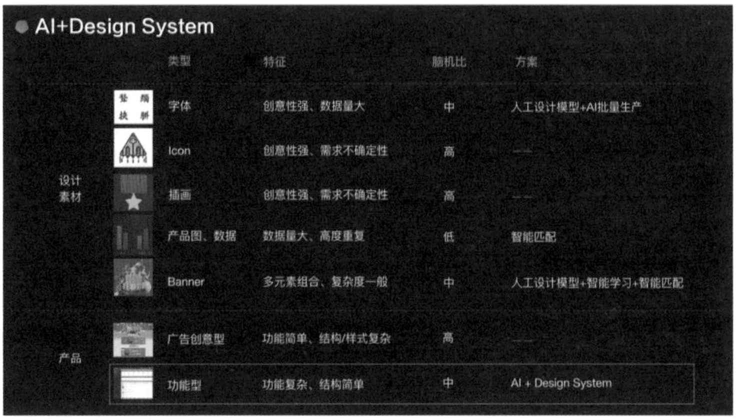

可以畅想一下AI设计的结局是什么？在那么多领域里面，AI已经帮人去创造了很多事情，那么我们的结局是什么？我们可以达到什么样的目标？或许真的不需要设计师了？或许设计师给大家画画就可以了？也许是，也许不是。

Scott在2014年技术大会上提出了一个“技术舵柄”的思路，他说我们最初在创造汽车的时候，其实非常可笑地用了一个舵而不是方向盘，那我们在AI设计领域的探索，是不是正确呢？或许是对的，或许是错的。或许我们未来不需要在UI上做创新、做智能化应用，或许未来我们面对的就是无界面的应用。这个畅想留给大家。

李强

阿里巴巴，体验设计高级专家

曾就职于腾讯等多家国内知名互联网公司。曾主导QQ音乐、腾讯视频、阿里巴巴中文网站、阿里巴巴国际网站等产品的设计工作。在跨终端、跨平台领域有着多年的设计经验。目前负责阿里巴巴国际站设计管理工作。致力于企业级Design System理论研究，设计团队科学化管理研究。

08 机器视觉与人机交互设计

◎ 敖翔

大家好，我是来自旷视科技的敖翔，今天很开心能和大家一起分享下机器视觉中的人机交互。

改变

首先说下人机交互客体的改变，也就是手机、计算机、智能硬件等计算设备的改变。我们来看下计算设备发展的四个阶段。最初的阶段，计算设备只是为计算本身而生，点对点地解决问题，例如为军事任务而计算密码、为导弹计算轨迹。第二个阶段，计算设备是人与大规模系统交互的界面。例如通过计算机管理一个复杂的生产流水线，又例如通过一台电脑，将我们与整个互联网相连。第三个阶段，计算设备是人的延伸，特别是在移动互联网时代，手机是人的电子“器官”，让每个人都成了千里眼、顺风耳，人与人通过手机相连。再进一步，随着人工智能等先进技术的发展，计算将进入第四个阶段，计算设备被高度人格化，被赋予人的意志，作为独立的个体与人“对话”。例如常见的智能音箱，就是人格化计算的开始。

计算设备的进化

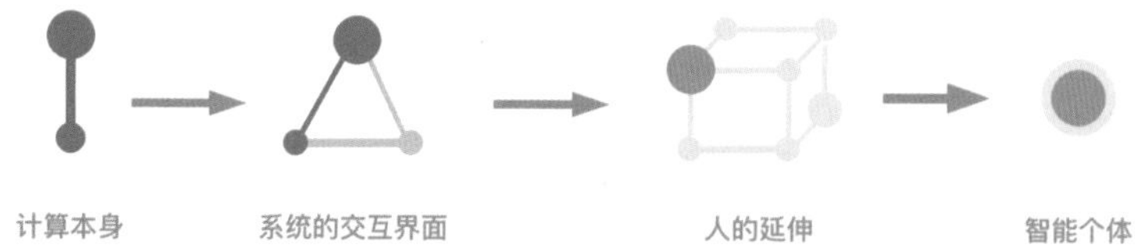

第二个改变是信息的爆炸式增长。在当今AI+IoT时代，人、事、物的动态被各种智能设备无死角地感知记录并数字化；强大的计算让这些信息数据化、算法化，并形成有明确指向意义的信息。无处不在的信息采集、无处不在的计算和数据让信息体量产生了超量级的增长。

无处不在的计算

第三个改变是随着智能设备和信息爆炸而来的数据流的改变。以前我们是主动地通过操作鼠标或屏幕，传达一个明确的指令给系统的。我们习惯做这种控制，也在设计这种交互，让其变得更有效率和美感；这也是我们传统上的交互设计工作。然而，正如刚才提到的，当算法让设备变得更智能后，系统可以知道你是谁，知道你的喜好，进而去迎合用户，捕捉你的动作，主动拉取数据和信息。例如我们在全新的智慧超市里，智能系统可以通过摄像头、智能货架等感知到用户行为，感知到用户和商品、和空间的交互，进而对广告投放、促销信息、收付款信息进行针对响应，提高购物体验和成交量。信息传输过程中有几点需要特别注意：第一是被感知的信息是可以被结构化的信息；第二是信息采集需要捕捉完整过程；第三是信息分析后可以指向用户意图。

信息流的改变

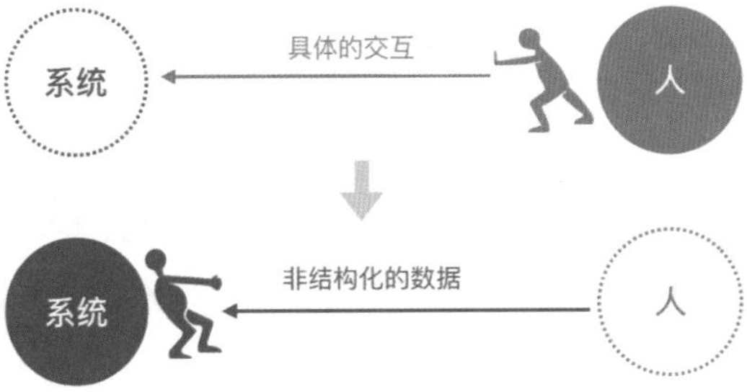

第四点是交互维度的升级。以手机解锁为例，用户的交互行为从最初的物理硬件解锁，到数字解锁，再到图形解锁，这些都是在物理层面的解锁；但是现在的指纹解锁、刷脸解锁等已经上升到生物层面的解锁。这给设计又增加了一层难度：我们不可能去设计一个1.5米远的刷脸解锁，因为那不符合用户的操作意图。因此我们需要去更好地分析用户，明确交互目的，设计交互时空。

交互维度的改变

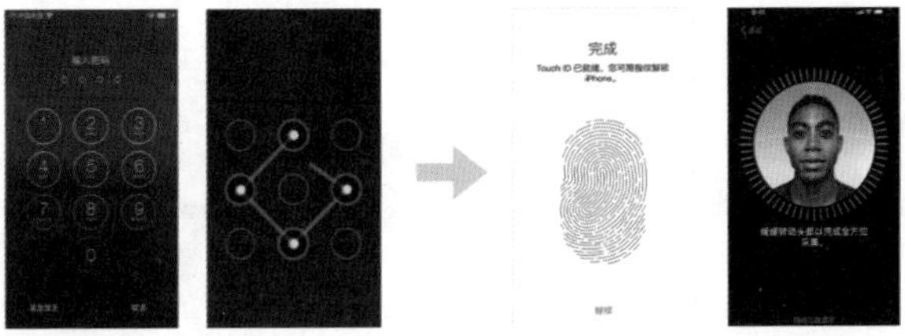

AI时代交互设计的关键点

在AI时代做交互设计，有三点至关重要：

一是注意力的设计；

二是反馈的设计；

三是操作线索的设计。

1.注意力的设计

当我们以慢镜头来看人脑的认知过程，并分析注意力时，我们要思考眼前的事物真的值得关注吗？我愿意付出多少的注意力？对方能够获取到我的关注吗？

以刷脸通行为例，当用户进入一个小区或楼宇，刷脸即可通行，很方便。但我设想如果自己是一个业主，每天回小区一定不想去找摄像头在哪里，一定不想盯着摄像头看半天才开门。这是一件很傻且没有效率的事，我们希望用户是无感知，或者弱感知的。再假设一个公司中，每天上班高峰期门禁处1分钟会过45个人，如果因为刷脸导致时间耽搁或堵塞，那还不如让员工手动打卡。因此，刷脸门禁设计时需要让系统能够高效地捕捉用户行为并配合用户，让用户付出很小的注意力就能高效完成任务，最终达到较好的用户体验。

低感知关注

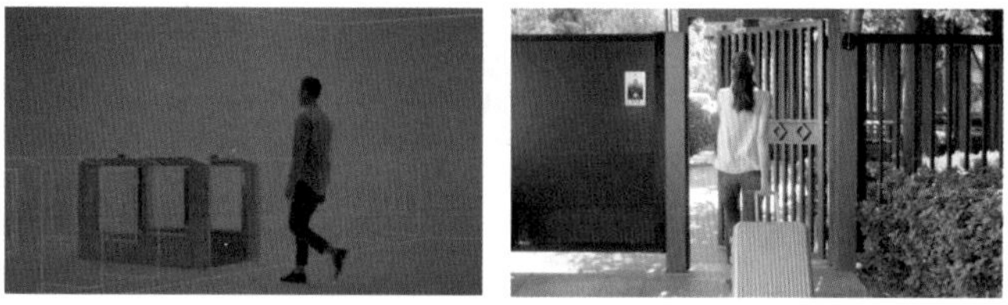

当前热门的手机人脸解锁同样是对注意力设计的高度集成。手机刷脸解锁时，用户愿意付出较小的认知去关注摄像头，但是也需要智能设备能够做出良好的配合和响应。过程中有几个问题需要注意：第一是用户对解锁时间容忍是多少。 0.1秒和0.3秒在感知上看似差距不大，但是在认知层面差异很大。因为0.3秒会让人先看到手机点亮后再解锁；而0.1秒的话，是看不见屏幕点亮，直接进入系统页面的，这就造成用户感受上的不同。为了让用户不感知到解锁的停顿，所以我们会更苛求设计减短时间；但相反，如果需要更安全谨慎的解锁，我们反而需要延长关注时间，给用户传达安全感。第二是意图问题，当手机离我太远时，即使我盯着它看，不应该解锁；闭眼睡觉时，更不应该解锁。因为这些场景下的动作，和看手机的意图是不匹配的。只有当注意力真正被目标任务占据时，系统的响应才是符合人机交互逻辑的，这样的设计也才是满足用户体验的。

协作式关注

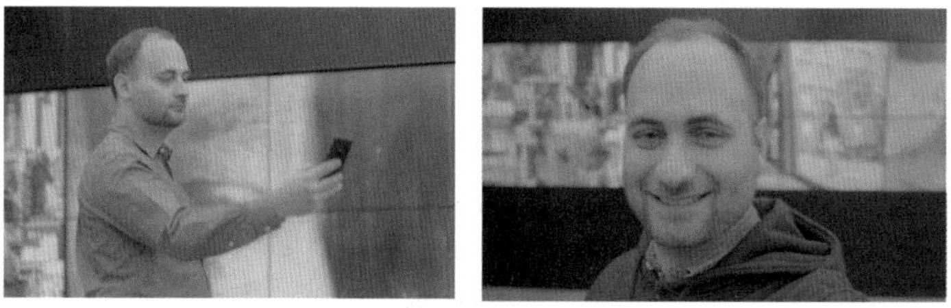

同样是刷脸，这次我们来看理财投资类产品身份验证中的人脸识别。我们设想在这样一

个更注重安全性的场景里，用户是怎么思考的？我们又需要怎么去设计用户的注意力呢？ 通过下图设计我们可以看出，为了平衡安全和体验，产品设计了相对复杂的交互任务，用户需要配合做指定动作以验证是真人在操作。整个过程可能占据用户5秒甚至更长的时间。但是，通过数据我们可以发现，用户的配合意愿很高，用户愿意为了安全性付出更多交互努力，获得安心。此时如果一味追求系统响应速度，追求一眨眼就完成，反而会让用户怀疑是不是不够安全。

高度配合式关注

2. 反馈的设计

反馈在感知型计算里是非常重要的一环。例如刚才的刷脸实名认证案例中，用户付出了较大的交互成本，产品起码需要有个反馈，让用户知道自己的任务完成进度。除此之外，如果能在任务完成的每个环节，从视觉、听觉、触觉多维度设计一些反馈，例如操作成功的声音反馈、危险动作的震动反馈、验证失败的视觉反馈等，那将给用户带来更少的出错概率和更友好的操作体验。

视觉反馈

听觉和触觉反馈

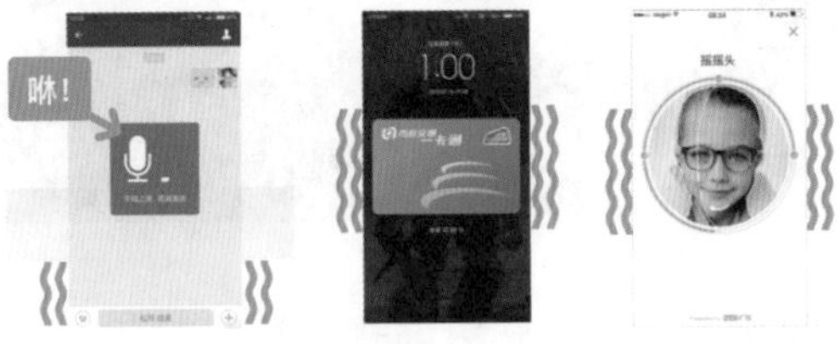

然而，反馈在设计中常被忽视，甚至一些知名的产品设计也会存在不足。例如iPhone X的解锁，我个人认为是需要完善的，现在的解锁小动画太微弱了，以至于用户会忽略到那个解锁图标，无法及时感知已经解锁成功。另一个案例就是刷脸过闸机门，我认为闸机关门的环境反馈也是不够的，用户在通过闸机门时可能会害怕被门夹到。如果有个明确的倒计时或指示灯提醒，会让用户更从容地通过闸机门。

环境反馈

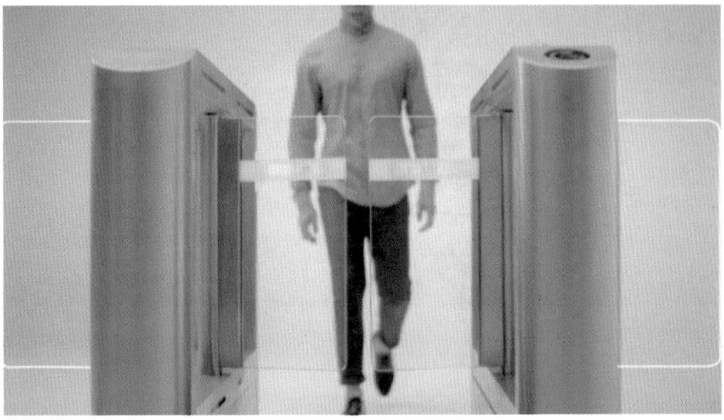

3. 操作线索的设计

最后是关于操作线索的设计。简单地说就是如何通过设计提示和操作前馈，让产品自明以减轻用户的认知负荷，更自然地去操作并完成任务。例如当系统需要采集用户身份证信息时，设计会在界面上展示身份证的人像和国徽图标，以提示用户是在拍摄人像面还是国徽面；又例如在拍摄人脸时，人脸形状的线框可以暗示出人像占比，从而省略对拍摄距离的过度提示设计。

交互线索和限制

此外，人格化将操作线索的设计提高到一个更高的维度。因为将产品赋予人格会简化用户认知和操作的心智模型，进而让用户操作变得熟悉自然。例如，现在大多的智能音箱，当被赋予一个清晰的人格化形象后，用户才能知道该以什么样的方式与其进行“对话”，否则会是一场形同陌路的“尬聊”。塑造人格化是人工智能产品面临的难题和挑战。在交互客体进入第四阶段，即设计另一个“你”的时候，产品将更关注人格化的问题，设计的力量也将会显得更为关键。

产品的人格化设计

敖翔

旷视科技（Face++），副总裁

人机交互博士，现任旷视科技（Face++）副总裁，主要负责旷视云服务及新零售相关的产品战略制定、执行与日常管理工作。在加入旷视科技之前，敖翔博士曾先后就职于微软（中国）有限公司和阿里巴巴。

09 人机共生，万物有灵

◎ 李来林

大家好，我叫李来林。我在智能物联网、人工智能领域已经深耕了五六年，包括之前在科大讯飞工作。其实我们是最早一批做人机交互及人工智能产品落地的产品经理，一直在打磨这件事。

首先自报一下家门，物灵科技是做人工智能To C消费品的一家公司，不同于其他现在一些主流的人工智能公司在做的To B项目，例如安防、银行、电信、保险等，我们是专做消费品的一家人工智能公司。我们有两条业务线，包括儿童早教类的产品（如绘本机器人Luka），以及社交类的机器人Jibo。它是一款明星社交机器人，在没有亚马逊Echo的时候就已经定义了一款机器人在家里应该是什么样的状态，应该有什么样的机械设计、工业设计和交互设计。

我们的使命或产品设计哲学，就是一直秉承着一种万物有灵的心态来看待这个世界。我们认为10后这一批智联网的原住民，他们以后会认为所有的设备都是可以进行云对话的，所有设备都是可以跟他们进行双向平等互动的。所以，我们的使命就是希望用产品和设计观去创造一个灵性世界。我们希望能创造一个跟苹果一样的品牌，当用户想到了人工智能消费品就能想到物灵，这是我们的愿景。

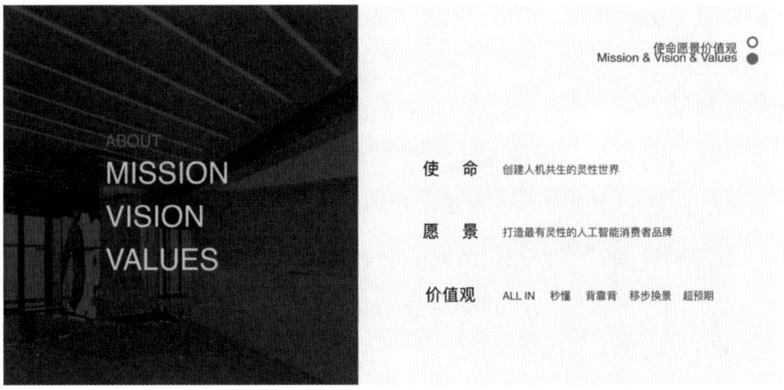

我们的创始人、合伙人都很年轻，公司是2016年成立的，但其实我们的创始人团队在AI这个领域公司已经深耕了多年，我们在这个领域有着非常扎实的设计背景和算法背景。

万物互联，万物智能

在座的各位可能都经历了这样一个十年，这是一个人类飞跃发展的十年，这十年中移动互联网也好、互联网也好，把一个个孤立的人连成了网，把所有的信息和服务进行了重塑和解构，它连接了万物、改变了万物，也提升了人们的服务效率。

这个时代其实已经到达了一个天花板。这两年万物智能的智联网兴盛起来，我们现在所有的智能设备都可以通过WiFi芯片连接手机App让它把数据传输到云端。但这样一个场景或这样一个产品的最终形态是我们想要的吗？

大家可以想象这样一个场景：当一名家庭主妇把一堆湿漉漉的衣服从洗衣机里拿出来后想打开窗帘，她可能要做的首先是把手机拿出来去打开App，但湿漉漉的双手可能无法解锁。再高级一点，她可以用声控的方式去操控窗帘，但这在我们产品设计哲学中是不佳的。

我们希望的是，家里多个传感器在发现主妇有隐性需求的时候，主动地判断她当前的模式可能是要去晾衣服，然后去跟她说：主人，外面天气不错，你要不要去晾衣服？这才是我们希望达到的万物智能的时代。

我们把之前做的机器人分为三类：

第一类，跟人相关的机器人，就是我们所说的可穿戴设备。

第二类，跑在路上的机器人，可以是我们的汽车。

第三类，在家里的机器人。

物灵的主要关注点在第三类，我们想让服务家里的机器人多一点。为什么我们当初有这样的考虑呢？因为可穿戴设备一直都无法脱离手机独立运行，我们管它叫卫星设备。它可能受限于独立计算能力以及屏占比，无法给用户带来良性的交互模式。

而在一些垂直的领域里，例如说你运动的时候可以戴一个手环，但是我们认为这个场景不足以覆盖我们想给用户带来的人性的交互。例如说开车的场景，当无人驾驶技术没有达到用户可以脱离双手就去操控的时候，你在车里永远是一个精神高度集中的状态。而我们认为在家里的状态是最自然、最有温度的，你对机器人的容错率更高，对机器人会更有耐心。所以我们选择在家庭这个场景里去制造产品，用我们的Ling UI去赋能现在所有的家具设备，为它们带来升级。

Ling UI

那Ling UI到底是什么呢？我希望所有的设计师都能够记住这张图，它可能对你未来很有用。这是在我们制造了这么多产品后，总结的所有智能设备应该具备的21种人格属性，我们希望给每一个产品带来更多的角色感，赋予它世界观和独特的属性。

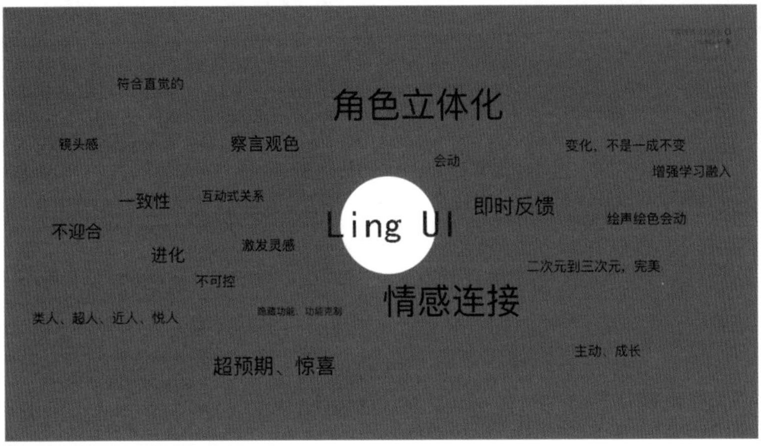

在用户跟产品进行交互的过程当中，会有一个统一的互动关系。不像之前的设备，你问它是男的还是女的，它一会儿说是男的，一会儿说是女的。你问它喜欢吃甜还是吃辣，它一会儿喜欢吃甜，一会儿喜欢吃辣。你问的时候，回答都是不统一的。而我们就是要改变这样的状态，我们希望通过Ling UI，通过21条设计准则让用户和设备产生一种情感连接。

所以我们希望设备被用户买去之后，不仅仅是一个仆人和主人的关系。我们希望它跟所有的用户成为一个伙伴的关系，通过这种伙伴的关系，去更多跟用户产生交互，在云端产生更多的数据。在AI里面我们都有一个非常想达到的模型，就是产品、算法、数据。我们希望通过这种交互模式达到正向的循环，让用户认为这个设备是有生命的、有个性的，是为你而服务的。

所以，我们改变了传统交互方式，我们更希望用户在使用产品的过程当中不断去习惯产品。人在不断地物化，而我们的产品在不断地“人化”。

根据上面的21条交互准则，我们组成了3个非常主要的系统。首先是情感计算系统，里面包含所有的语音识别、图像识别、自然语言理解。我们希望通过多模态的情感计算方式，知道用户的喜怒哀乐，从而给你推荐不同的场景、不同的服务。

第二个就是注意力系统。举个简单的例子，当你打开房门的一刹那，Jibo机器人会把头转过来，问你今天怎么样，上班开不开心，这就是我们所说的注意力系统。这样的系统会让用户觉得产品懂你，产品是有生命的，而不是一个冰冷冷的柱形智能音箱。你是每天都跟我交互的伙伴，这样我们产生的情感连接才会很强大。

第三个就是行为驱动系统。行为驱动是我们认为所有好的产品应该具备的模式。它有一个认知系统在里面，每天在收集你的数据，对你当前的用户画像是了解的，能根据现在你所处的状态去判断你下一步即将产生什么样的状态。通过这种方式，产生主动交互或被动交互。

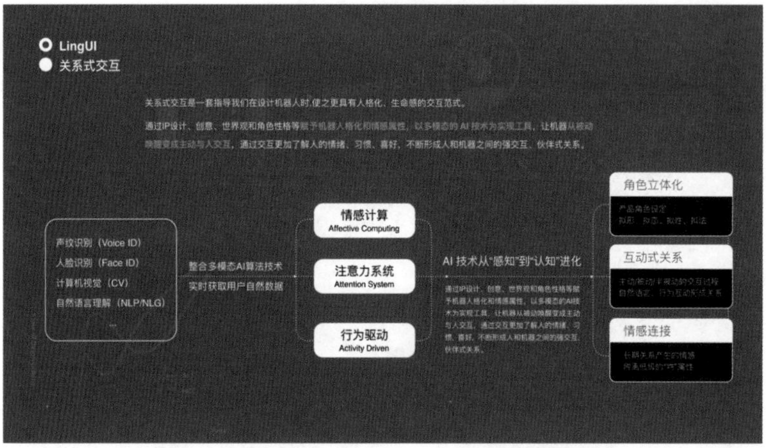

所以，我们所有的交互方式都是基于双向互动、平等互动的，从而产生人和机器的连接。这也是我们希望经过10年、20年的努力之后，给子孙后代留下的世界。

为什么我们会选择做一款Luka这样的产品？就是我们觉得已经产生了这样的交互准则、世界观和设计模式。我们更希望为智能时代的原住民带来惊喜化的体验。这样的话，其实体验是更可控的。我们经历了互联网时代、移动互联网时代，其实现在每天都很焦虑，都很信息过载。那10后的孩子会不会还像我们这样呢？我们希望不是，我们希望他们有更多丰富的个人生活，有更多个性化的服务。

Luka是一款多模态的给2～8岁孩子读绘本的机器人。看一下我们经历的时代都产生了什么产品。首先是复读机，这个是我小的时候所用过的一种设备，它是非常单向的，不停给你播。第二个是点读笔，略微带了一点双向的互动，你点它，它给你回复，相当于有了一个双向交互的过程。之后就是我们现在非常流行的故事机和语音音箱。

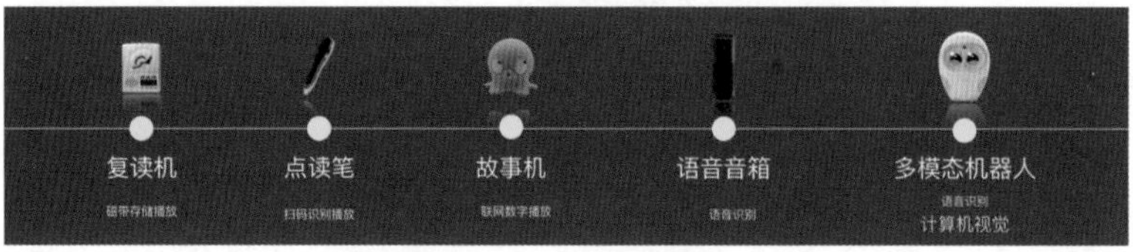

但是，语音音箱的设计者没有想到现在用户的预期是什么，他只是想将内容和服务通过新方式重新连接一遍。而我们设计的多模态情感机器人，则有非常多的传感器，包括它的头部有一个智能摄像头和可触摸的芯片，身体里还有智能陀螺仪。它用多维传感器的方式，给用户带来一个个灵性的交互瞬间。

我可以举个简单的例子。当你把Luka从桌子上拿走之后，它会说一句话：“你要带我去哪儿呀？”这其实是一个非常小的点，它就是用陀螺仪判断当前的位置发生了偏移。而且我们做用户访谈的时候，有的用户真的会跟它说“我想去团结湖”。这样一个非常小的点都能给用户带来这么多主观的体验，我们就是想通过这么一个小点带来更多的灵性交互，让用户自从用了我们的产品之后，就不想用那些冰冷冷的机器了。他们想要的是有生命、有温度、角色立体化的产品。

所以，我们公司带来的第一款主打产品就是Luka绘本机器人。我们希望它是一个看得见、看得懂、听得懂，而且能感受你当前状态的机器人，这才是我们想给子孙后代留下的产品。

大家可以看一下这是我们跟一家公司的合作成果，表示出在不同场景下用户的注意力值。可以看出，Luka读绘本的状态是48分，最高的还是妈妈给孩子读绘本。这种双向的沟通的确是机器取代不了的。

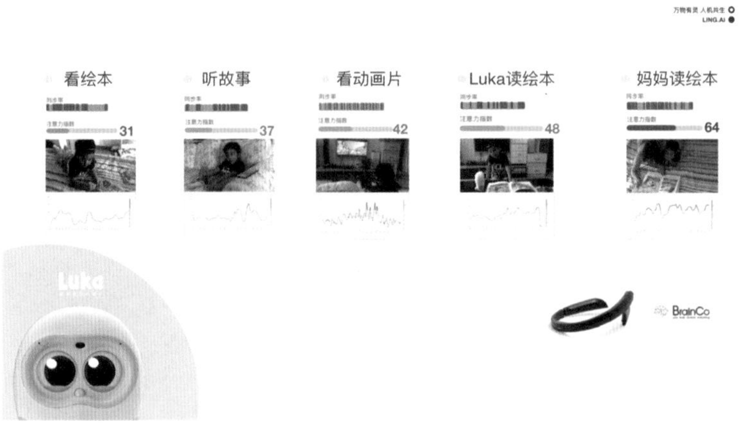

我们这个产品更想助力亲子阅读，而不是取代亲子本来有的一个关系纽带。例如说你今天比较忙，可以用Luka给孩子读绘本。当你的英语不是特别好的时候，也可以用Luka给孩子读英文绘本。当你家里是老人带孩子的时候，如果老人读得不够好，不够绘声绘色，孩子不喜欢的时候，你也可以用Luka给孩子读绘本。

为什么我们会找到读绘本这样的场景呢？我们通过大量的用户调研，得出有孩子的家里最常见的三大场景：第一，看绘本；第二，听故事；第三，玩游戏。

而在看绘本的场景里，我们发现市面上没有满足用户需求的产品。而且现在中国二胎政策放开，未来教育可能是一个会更早引爆AI领域的场景。所以，我们就找到了“陪伴+教育”这个刚需的场景。加上强大的技术，我们觉得Luka这款产品肯定会成为家里的必备品。

我们从2017年9月份左右开始售卖Luka，现在它已经陪孩子翻了5.4亿次书了。我们希望孩子在一页一页翻书的过程中，能够去理解这个世界，能够构建自己的注意力系统、语言系统，能够理解被现在这个世界或者是这个时代赋予了新奇特点的一些产品。

我们希望把孩子从之前的iPad、手机和声光电的虚拟世界当中拉回到书本的物理世界当中。iPad或者是手机在提高人们效率的时候，也给孩子带来很多的损伤，包括注意力不集中，很多孩子在很小的年纪戴上眼镜等。中国的中产阶级教育其实是跟欧洲的精英教育紧密接轨的，那边有什么消息，这边一定会接收。现在欧洲或者是美国会形成这样的学校氛围：找一个非常古老的图书馆或贵族院校，里面没有任何电子设备，孩子都是通过读书的方式来学习知识，而不是通过iPad。所以，我们也是秉承这种教育理念，让孩子回归阅读本身。

关系式交互

我们公司其实不是一家技术公司。我们不是一家通过视觉理解、自然语言理解、语音识别等人工智能技术给大家带来产品的公司，我们希望用这样的技术为用户打造一款具备关系式交互的产品。我们认为Ling UI就是通往人机共和、万物有灵世界的一把钥匙。

Luka Hero是Luka机器人的升级版。它在道具、玩法、英语学习上，会有更多的交互模式。例如你把C、A、T这三个字母放上去之后，它就会告诉你，这是cat。通过英语拼读的方式在游戏化的过程当中，让孩子学到英语。而不是天天指孩子说“学英语”。我们更希望跟孩子有一种良性的交互方式。

包括我们可以通过数据采集的方式，给用户一些指导意见。例如说孩子喜欢看某一类的绘本，我们可以给他推荐相关的绘本。通过这种云端大数据推荐的方式，帮他去养成阅读习惯。

讲故事，要有妈妈的味道。所以，我们支持父母录入自己的声音。例如说你今天非常忙，但孩子非要让你给他讲一个故事，你就可以把自己的声音录进去。这样孩子在读绘本的过程中，配音的不是我们专家级的播音员，而是你自己。这样的话，孩子对产品会有更多的期待感，会有更多的情感连接，会有更多的交互数据。

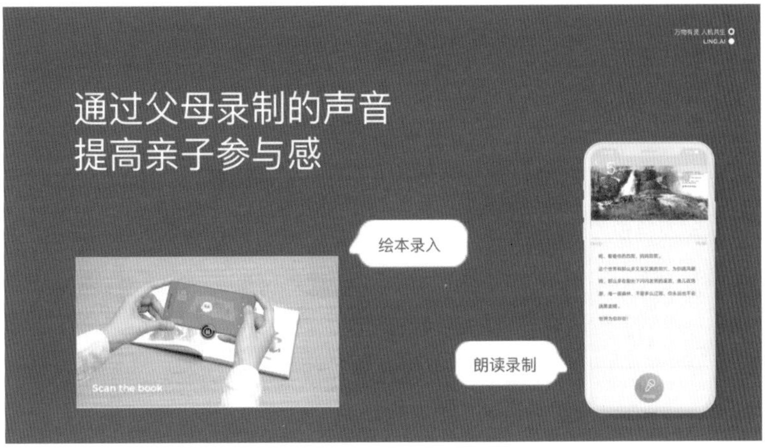

其实公司一直不提技术，我们提的永远是横竖坐标轴：一个是内容，一个是交互。所以，我们也与内容渠道商合作，让他们把非常好的内容提供给我们。产品现在已经覆盖了京东全网的2万本绘本，这样就给用户提供了大量云端内容。

剑桥也是我们的合作伙伴，我们原创了很多有玩法的道具，例如支持用手指点击的方式跟书进行交互。然后你还可以进行跟读，去练习口语。

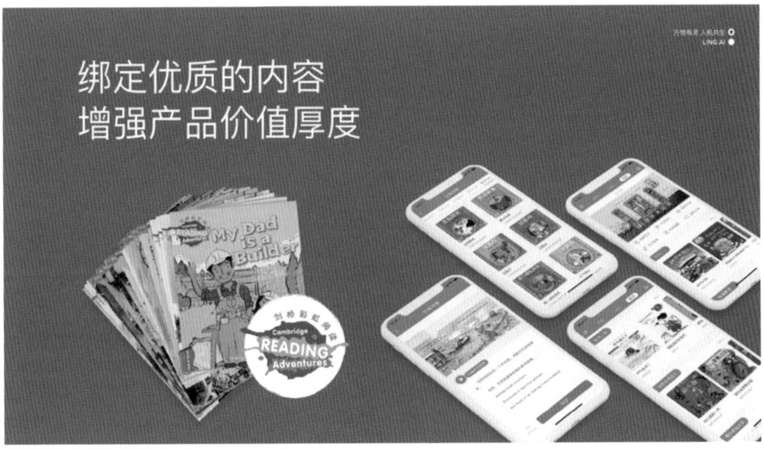

我觉得设计师在设计产品的时候，交互一定要自然，不违反人性。乔布斯轻轻一划就划开了两个时代，一个是智能手机时代，一个是移动互联网时代。我认为我们这款产品在绘本阅读领域也开启了一个时代，让所有的书可以跟你进行交互。

设计一个什么维度的产品？

接下来说一下我们公司的设计哲学。我们在做Luka的时候，会想两个非常对立的状态：

是做一个帮助读书的工具去提升效率，还是做一个引导孩子读书的工具呢？我们讨论了很久，因为之前很多设计师和产品经理都认为，我们做的事其实就是去提升人们的效率。

其实后来我们发现2～8岁的孩子是没有办法对一个工具产生情感连接的。他对工具最长的使用时间大概是一个月，而我们更多希望以跟他一起读书的这种角色代入，从而让他在玩的过程中读书。所以，这就是我们的设计哲学。我们要去做一个引导孩子读书的角色，一个跟他产生关系的伙伴。

所以我们在设计产品的时候，跟普通的硬件公司不太一样。传统的硬件公司在做设计的时候，首先可能会想我这个产品是什么样子。我们不是，我们会像写剧本一样去想这款产品应该有什么样的角色特征，有什么样的世界观，有什么样的家人，有什么样的喜好。通过这种角色设计，再去判断它应该有什么样的工艺设计，它应该是什么样子。

如果把书塞到Luka面前，它会通过传感器的判断，把眼睛上的动画往下放。这其实是通过技术实现的。但是我们希望用户在使用产品过程当中，不会想到这里面有多么复杂的智能计算技术，只是觉得这款产品真的在跟他一起读书，是他的一个伙伴。

这就是我们所说的灵性时刻，其实在产品里面会有几百个这样的灵性时刻。就像我刚才所说，你在使用它的过程当中总会发现一些小惊喜，发现一些与众不同的设计。你用过这样的产品，就不想用以前的了。

所以，我们认为打造智能产品的角色感，可能是第十种艺术。我希望设计师给自己加上一种技能，就是塑造智能产品的角色感。

是什么样的团队形成了现在Ling UI设计模式和设计哲学呢？我们是一个理性和感性并存的跨界团队。首先我们会有非常理性的UI设计师、结构设计师、人机交互设计师和工业设计师。然后我们也有非常感性的员工，他们是每天看一个小说就会流眼泪的故事编剧、原画创作者、视觉创作者和动画设计员。正是这样的团队，每天不停地头脑风暴，不停地讨论，才能够把这种幸福感传送给用户，传送给我们所有的孩子。

我们一直信仰所有的美好肯定会发生，而万物有灵的设计理想，是我们打开这个灵性世界的钥匙。它也是我们去创造人机共生的灵性世界的一把钥匙。也希望所有的设计师能够跟我们一起去升级这些产品，去打造更有温度、更有情感纽带的产品，而不是塑造一个个冰冷的智能音箱或者是智能电视。

李来林

物灵科技，AI算法&产品负责人、合伙人

先后任职中国普天、科大讯飞、竹间智能，负责AI产品设计与落地。

在长达6年的AI从业经历中，曾为中国移动、中国银行、民生银行、中信银行、爱奇艺等大型企业及互联网企业提供智能化的分析报告、战略层的规划、范围层的约束、结构层的梳理、构架层的搭建以及最终产品落地的整体解决方案。

2015年组成敏捷团队，在国内尚无智能音箱品类之时，定义了第一款智能音箱的turnkey解决方案，方案包含了语音交互引擎以及VUI交互设计。一直秉承着做有温度的VUI交互，打通生活场景，提升操控幸福感。后转攻多模态情感交互，期待通过更多维度的场景信息，使人机交互更加自然和个性化，拉近机器与人的距离。

加入物灵科技后，致力于通过多模态人工智能技术及关系式人机交互系统，打造有生命感的AI、IOT消费者品牌。

10 人工智能产品设计调研方法论

◎ 罗莎

本文将通过产品前瞻探索、交互方式探索、设计效果验证，对人工智能产品的设计与调研思路进行总结。

产品前瞻探索

让我们回顾一下过去10年时间里人工智能领域的几个典型的事件。从1997年IBM“深蓝”打败人类国际象棋冠军，到2017百度大脑“小度”在《最强大脑》以3：1完胜中国3名选手，现如今，我们不得不承认人工智能已经开始走进我们的生活，人工智能在某些垂直领域已经开始追赶甚至超过人类了。

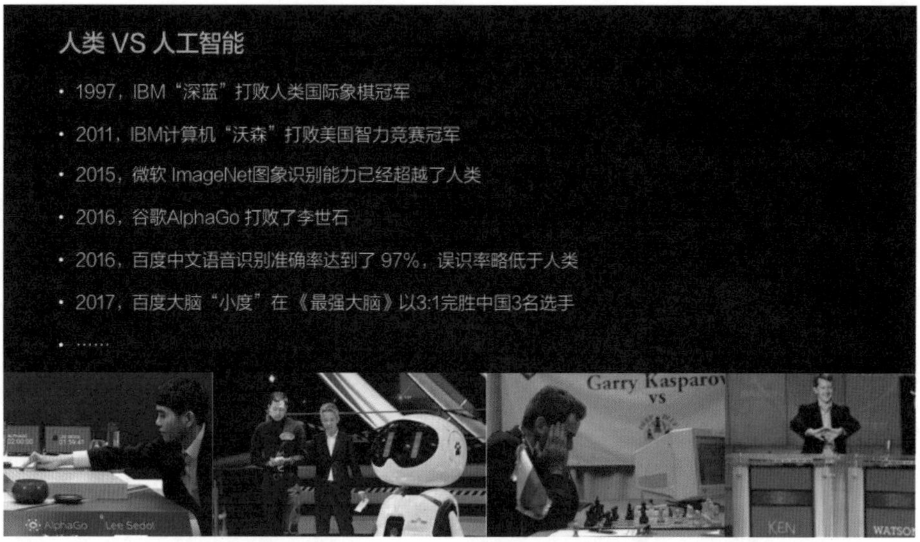

BBC基于剑桥大学研究者的数据体系，分析了365种职业的未来“被淘汰概率”。在列举的前10位我们能够看到，排名第一的电话推销员因其工作单调、重复，技术含量相对低，最容易被AI所取代。其次是打字员，由于语音识别技术的普及，甚至威胁到速记领域。“新的技术”在冲击“现有就业”的同时，也为“新的就业”开辟了道路，遇到就业的冲击，可能是一个产业升级的必然，而不一定是多么可怕的事情。那么，哪些因素在影响着传统职业被AI化呢？让我们来看看“脑机比”这个概念。

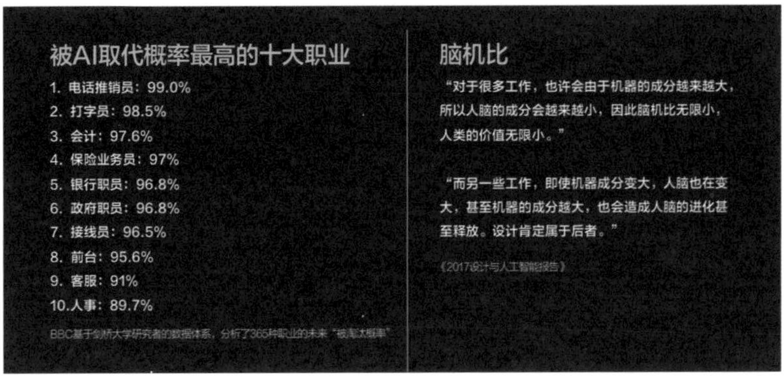

《2017设计与人工智能报告》中曾提出“脑机比”（即人脑与机器的比例）的概念。所谓“脑机比”，是指对于很多工作，也许会由于机器的成分越来越大，所以人脑的成分会越来越小，因此脑机比无限小，人类的价值无限小。而另一些工作，即使机器成分变大，但人脑成分也在变大，甚至机器的成分越大，造成人脑的进化甚至释放。对于互联网产品设计行业，肯定属于后者。在这里，我们重点要讨论的是排名第8和第9的前台与客服人员，在现有技术条件下，是否能够被AI所取代。

机场智能服务机器人的目的是为旅客提供问询、互动、指引等功能，可以高效处理旅客问题，缓解柜台问询压力，增强机场智能化特色。在这里，机器人所要承担的角色，可以理解为机场大厅的咨询服务人员。在机场环境中，人工智能有哪些机会，哪些场景中更能发挥自身的价值？首先要做的是前瞻性探索研究，其目的是为了挖掘“AI 智慧机场”的行业趋势，结合企业站位及机场环境中的痛点、机会点等提出产品决策。

这个项目的前瞻性研究用到的是“三线分析方法”，其中包括：

外部因素：从宏观研究到机场行业、机器人行业研究，再到同类国内外竞品研究，在AI机器人的大环境下，进行行业的“趋势判断”。

内部因素：从企业自身出发，通过企业优势、劣势、机会点、威胁点的分析，结合公司策略方向，给出相对明确的企业站位。

系统因素：从机场环境、旅客、工作人员三方面进行用户调查，从机场相关利益者出发，去挖掘机场环境下的痛点与机会。

最后，通过趋势判断、企业站位、痛点机会的梳理，形成产品决策。

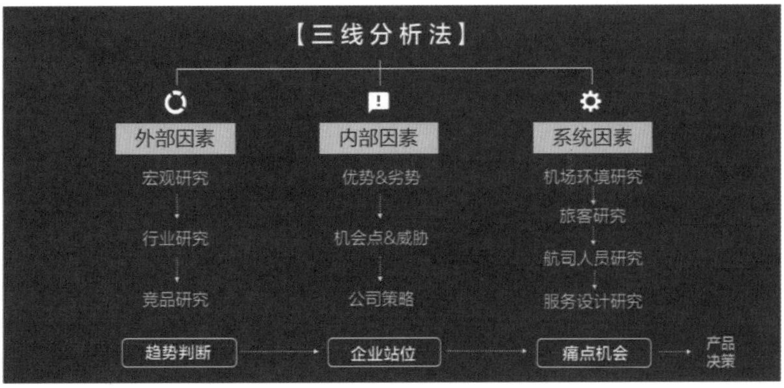

从外部因素这条线来看，宏观研究到行业研究，再到竞品研究，是一个从广义到狭义、层层递进的关系。

在趋势判断的总结环节，包括市场时机、行业状况、产业图谱、技术应用、消费心态和未来预测。

内部因素这条线以传统的SWOT分析进行展开，重点关注两个维度：机会和优势，它们是产品能够和竞品形成差异化突围点的关键因素，其次是劣势和威胁，这部分是产品一旦不关注就可能面临失败的因素。

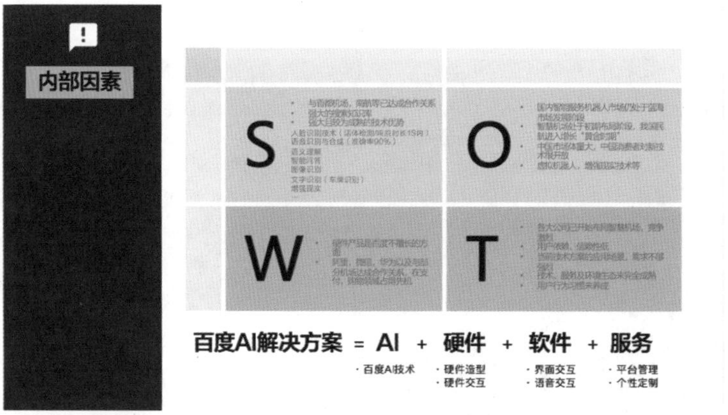

第三条线系统因素，将机场环境研究、机场旅客研究、航司人员研究融入服务设计系统内。

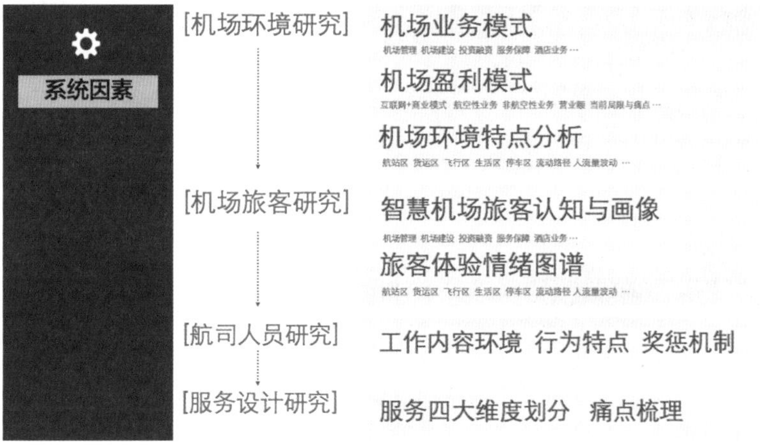

在机场旅客研究的情绪体验图谱中，通过1 000份旅客的满意度打分可以看出，旅客在机场环节中的14个关键触点中，自助打印机票的体验达到了满意度峰值，便利高效的自助设备在提升旅客的好感度。相反，机场相关服务、中转机、退改签等非主流程序触点的满意度较低，存在较多的体验提升机会点。

从服务设计角度来看，机场服务划分为物质的、非物质的、惊喜的和预期的四个象限，右上角是有缺失的部分，从AI的角度来讲，也是可能会发挥价值的区域。

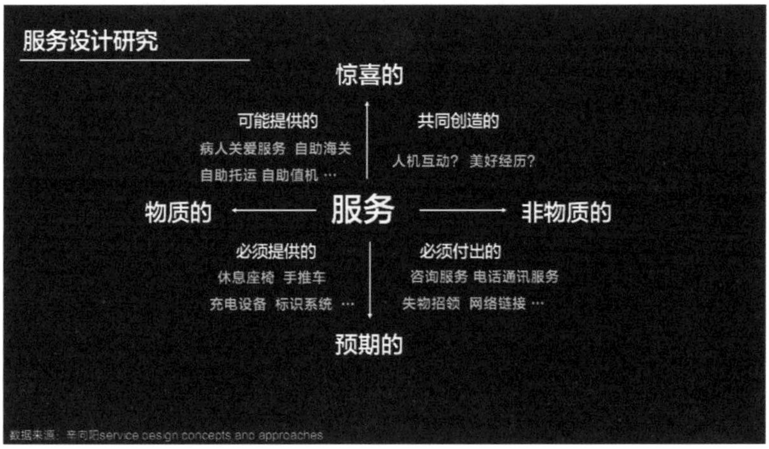

在一系列研究过程中，提炼众多机会点，通过INPD机会点可行性评估，从技术可实现程度、用户需求度、符合机场规划性、与竞品的差异性、使用频率、企业战略目标进行6个维度的权重打分，获取最大机会点。

INPD 机会点可行性评估

维度	权重	机会点：智能手推车	候机机器人	百度地图内部导引	自助值机系统	自助安检系统	排队值机人员分流系统	海关携带查询系统	自助托运系统	1小时内快速值机系统	咨询服务机器人
技术可实现程度	3	5	4	5	2	2	3	2	3	2	5
用户需求度	5	4	2	4	5	5	5	3	5	5	4
符合机场规划性	3	5	3	3	3	3	3	3	5	3	5
与竞品的差异性	3	3	4	2	2	3	2	2	2	3	4
用户使用频率	2	5	3	3	4	4	4	3	3	3	5
符合百度战略目标	3	5	2	2	4	3	4	2	3	3	5
总分		84	55	62	66	66	69	48	70	64	87

维度	机场大巴服务系统	前序航班状态/到达地天气情况查询	自助买票系统	自助行程流程信息清单打印	公众号服务系统	AR虚拟机器人	老弱病残、女士特殊安检	翻译系统	服务人员排班系统	飞机票初次旅客和常旅客标记区分	各航司信息打通，统一系统
技术可实现程度	4	4	4	5	4	4	3	4	4	5	2
用户需求度	4	2	2	2	5	3	4	4	4	2	5
符合机场规划性	4	2	2	2	4	4	4	4	3	4	3
与竞品的差异性	3	2	2	1	2	5	3	2	3	2	4
用户使用频率	4	2	2	2	5	3	2	1	3	4	4
符合百度战略目标	3	1	2	2	3	5	3	2	3	2	2
总分	70	41	44	44	74	75	63	58	65	57	66

交互方式探索

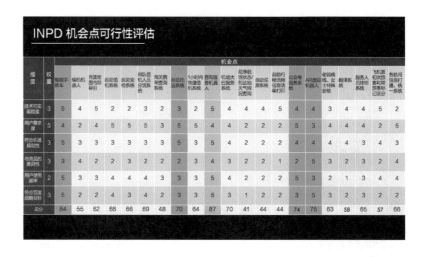

第二部分中我们重点讨论交互方式的探索。以往我们关注的交互设计，更多提及的是界面交互方式。AI时代的到来，增加了硬件产品的人机交互、语音交互以及AR、VR交互等。未来的AI产品一定更靠近用户的自然行为，回归人类本能的体验，拉开人与设备的物理空间。

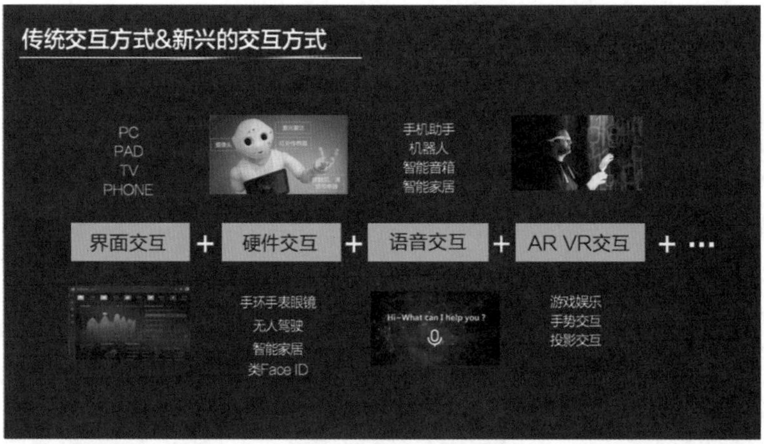

首先看一下硬件产品的人机交互。现有市场的语音服务机器人中，双屏幕形式是主流。但是，通过调研我们可以发现，用户的视线绝大部分聚焦于核心屏幕，而不是机器人的表情屏，低头关注核心界面，使用体验非常糟糕。信息显示屏的高度并不符合人机工学。因此，前期在屏幕定义和设计时，我们取消掉传统的双屏幕，以表情与界面合二为一的形式，选取更适合的人机高度。

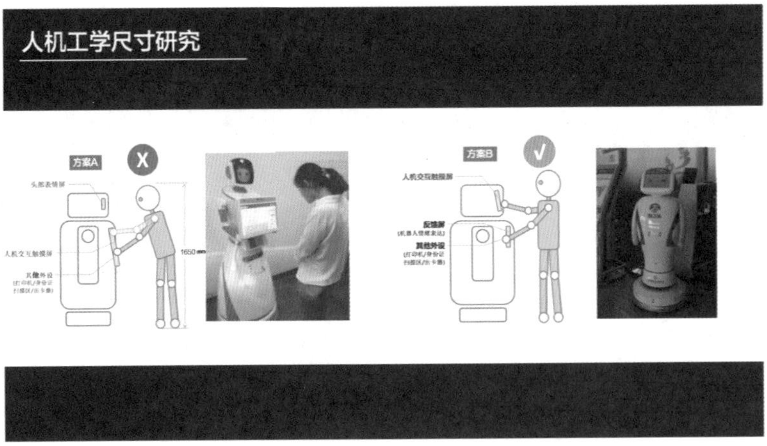

关于具体的人机尺寸信息，更多来源于国际标准尺寸数据。但是，国标数据并不能解决所有问题。在定义屏幕尺寸与人机社交距离时，我们往往会面临一个选择，屏幕多大尺寸合适？人机社交距离多远合理？这里涉及人际距离学理论。人际交往有亲密、个人、社交、公众四种社交距离。家用机器人更适用于前两种尺寸，而商务机器人更适合社交尺寸。

人际距离学理论

人际交往的四种距离			
亲密	15~45厘米	亲密朋友	家用机器人
个人	45~75厘米 75~120厘米	熟悉的朋友 个人可支配距离	家用机器人
社交	120~210厘米 210~360厘米	工作场合和公共场所 正式的公务距离	商务桌面机器人 商务立式机器人
公众	360~750厘米 750厘米以上	讲课演讲距离 大堂发言电影放映距离	NA

数据来源备注：美国人类学家爱德华·霍尔博士提出的个体空间划为四种距离

从人际交往的四种距离大致可推算出不同场景下的家用机器人和商务机器人的社交距离，由此来衡量具体屏幕的尺寸大小，就5.5寸、7.9寸、13.3寸三种。其中，5.5寸更适用于家用桌面机器人，受制于尺寸范围的限制，内容和语音更适用于切换的模式；而7.9寸更适用于商务桌面机器人，社交距离在75~210厘米，在屏幕信息呈现上，可以考虑内容与语音共存的形式。本次的机场服务机器人项目，选定的是13.3寸的内容与语音共存的展示方式，选择该尺寸主要由于人与立式机器的对话距离通常在45~120厘米之间，介于社交距离。同时，界定120~210厘米间的机器人“搭讪”距离，可以看到这个距离和人际理论距离存在一定的偏差，这是因为在项目案例中，受制于技术条件机器人不能与距离70厘米外的用户进行沟通，而现实环境中机场空间宽阔，可适当拉宽社交距离。因此，我们需要考虑对话环境噪音、人脸识别精准度等因素，来进行具体的尺寸距离校准。

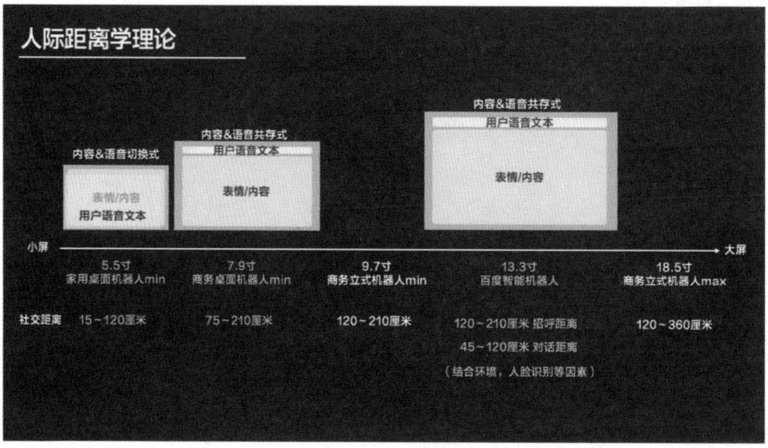

前面提到的是人机交互中的一点思考，接着再看一下服务机器人项目中最重要的语音交互环节。近几年，智能音箱市场愈发火爆，备受大家的关注，但是我们往往发现，大家刚刚入手音箱时，每天都要忍不住跟它闲聊几句，但是当产品购买三个月以上的时候，基本上就被闲置在某个角落了。这是什么原因呢?

单一从语音维度来分析，传统界面交互设计与语音交互设计在信息结构上有着巨大的差异。界面交互可被我们清晰感知，所见即所得的交互操作控件、文字、图形引导着不同场景下的操作路径。而语音交互的信息结构是不可见的，它没有可被感知的边界与路径。语音的呼起可能在任意时间、任意场景下发生，话题不确定，语言组织的措辞变化多端。语音信息结构存在不稳定性和不可控感。

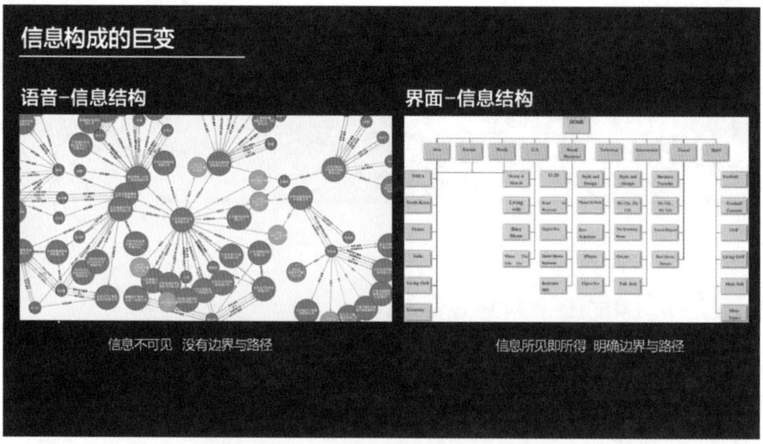

当然，我们也不得不承认语音具备天然优势。语音是更自然的符合人类本能的交互方式，现阶段语音产品的解决方式更多是伴随式场景，可以很好地解放我们的双手，但受制于语言的复杂性，技术门槛较高，应用场景有限，信息获取成本还处于比较高的状况。

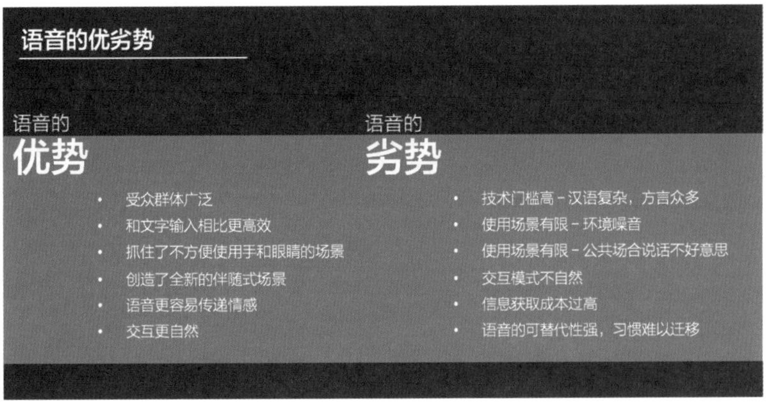

目前的语音技术能力主要包含了四个方面：语音唤醒、语音识别、语义理解和语音合成。

（1）语音唤醒指在待机状态下，用户说出特定的语音指令（唤醒词）使设备进入工作状态或完成某一操作，当前更多应用于手机、可穿戴设备、车载设备、智能家居等。当前的语音唤醒技术可以做到唤醒正确率95%，办公环境下误报率24小时一次。在唤醒方式上，最常见的两种形式有"一呼一答式"和"唤醒词+命令词"。

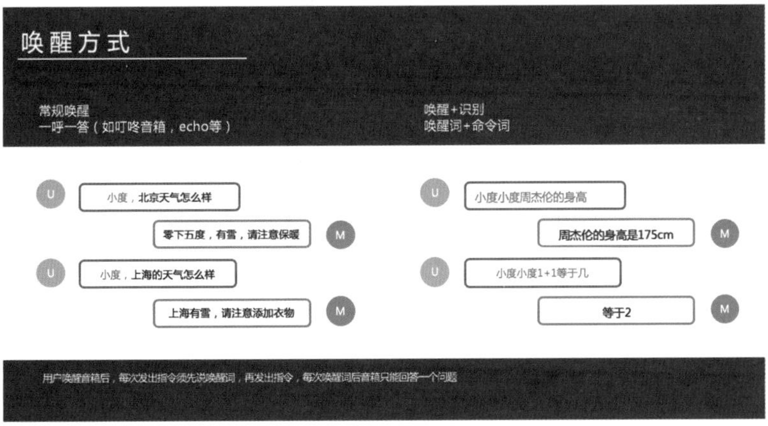

无论哪种方式，均和人类语言表达方式的行为习惯差异较大，因此，多轮对话（一次唤醒，一个任务，多轮交互）和连续对话（一次唤醒，多个任务，无须唤醒）是目前解决该问题的常用手段。在唤醒方式中，一个很重要的交互操作是"唤醒词"的设计，在唤醒原则上，需要注意以下四点：①易唤醒；②低误唤醒；③品牌性；④易记易读性。

（2）语音识别在当前技术条件下可达到97%的精准度，它的技术包含麦克风阵列波束形成、语言增强、回声消除和生源定位。所谓的声源定位是通过测量人发出的声音对声音进行定位，从而确定讲话人的方位。例如，小度智能音箱为圆柱体，内部采用了高灵敏度的环麦设计，搭配主动降噪、波束成形和远近场拾音技术，5米内可轻松语音唤醒。同时高灵敏度全频喇叭配合声波反射锥设计，能够很好地实现360°无死角听觉体验。

（3）语义理解是指机器能够结合上下文，自然地理解用户的需求，并能给出正确以及人性化的反馈。在下图的案例中，我们可以看到，小度机器人与用户关于询问天气的对话中，机器人说到“上海也有雪”，这个“也”字就是语义理解能力。

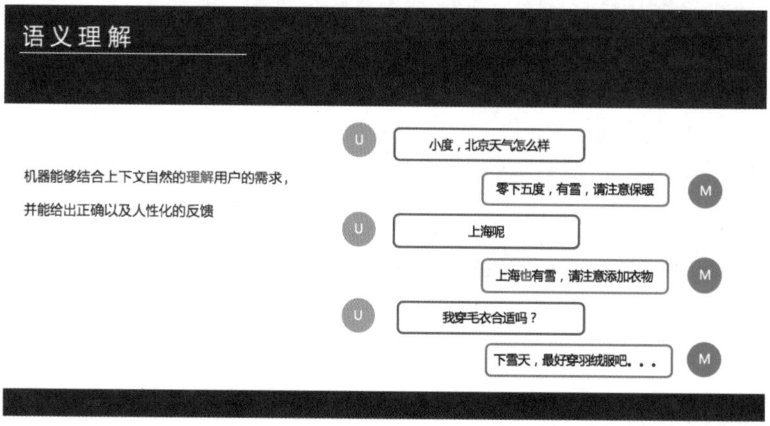

（4）语音合成是通过机械的、电子的方法产生人造语音的技术。语音合成的关键点是真人音色模拟、一致性、流畅性、稳定和有情感。通过一定的语音录入，经过前后端的文本分析和参数预测，我们同样可以实现让机器人模拟自己的音色，去搭建更多有趣好玩的语音交互场景。主流场景中，针对大众群体而言，女声更具有亲和力和服务意识，更符合用户的心理预期，因此大多数产品的语音音色选择女性音色。

接着我们继续了解几种常见的语音交互设计方法。人工智能是类人行为、类人思考，它是研究、开发用于模拟、延伸和拓展人类的智能理论。其中，无意识原则、响应度、容错性是保证语音体验的基础。

1）无意识原则

现实的案例中，我们是否“破坏”了用户的使用习惯？我们经常看到用户不得不低头凑近话筒，字正腔圆地大声说话；我们也看到和智能音箱的对话过程中，用户由于忘记了调起唤醒词，而造成对话尴尬。

对轮对话技术在一定程度上可以缓解反复说出唤醒词的尴尬，毋庸置疑的是，这种手段还受制于现阶段技术条件的影响，更多应用于短时间内具体的场景之下。

在机场服务机器人的案例中，我们采用了另外一种解决方式——距离在75厘米内注视屏幕后采用自动人脸识别，无须唤醒词直接对话的方式。人类在对话时，通常会看着对方的面部，然后发起对话行为，这种方式更接近人类对话的模式。

2）响应度

响应度在语音体验中至关重要。现实世界没有“延时”的概念，在虚拟的界面世界里，我们经常遇到加载等网络原因造成的“延时”。然而界面的“延时”是有可见性的，语音交互的“延时”是不可见难以被感知的，用户无法感知到底发生了什么。

例如在对话场景中，现实世界里1秒是人类对话中可以有的最长间隔。用户的对话习惯迁移到语音产品交互里，间隔时间过长，用户就会产生怀疑，失去耐心。当反馈时间过长，用户第一反应是重复询问，这就会打乱整个对话节奏。

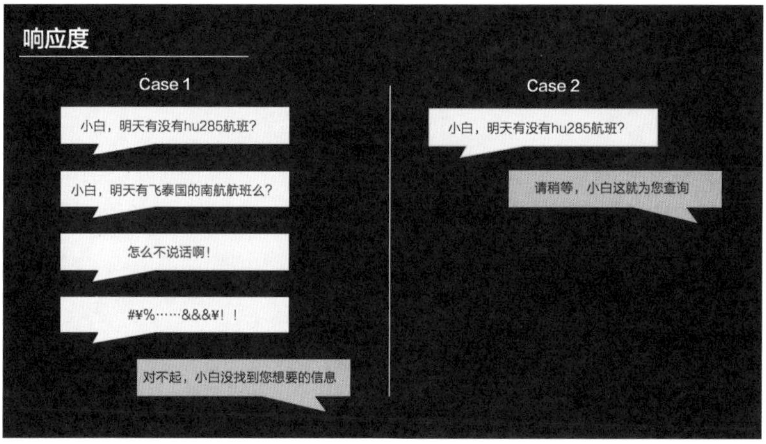

除基础要求外，语音交互的高阶要求有情感性、趣味性、预见性等。

情感性是指在情感的维度里，设计师的同理心往往很重要，应该把自己想象成富有情感性的机器人。以下面这轮对话为例。

用户：我想听一首安静的曲子。

音箱：好哒!

这个案例看上去没有什么问题，如果增加上感情的维度，再打磨一下呢?

用户：我想听一首安静的曲子。

音箱：好的，小度陪你静静听音乐。

同样的一个案例，传递给用户的感受已经截然不同了，这就是“情感”的力量。

趣味性的前提是拒绝枯燥。让我们看一下这个案例，每次唤起小度音箱的时候，需要采用什么样的策略，什么样的体验更佳。

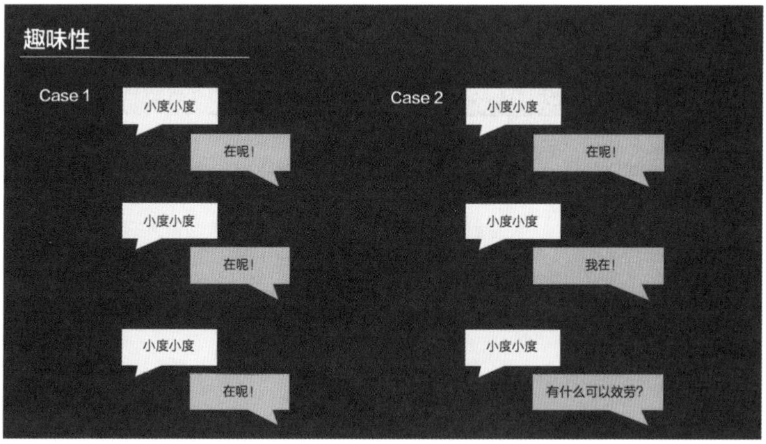

不同的应答方式不仅让智能音箱的体验更“智能”，也更加人性化和趣味化。

同样，在语音对话过程中，增加“小彩蛋”也能给用户带来趣味性。例如，当你对小度音箱说“谢谢”的时候，会意外发现蔡康永会以小度老师的身份出席，来回答：“这句话对你而言只是你的教养所在，但是对小度而言却意义重大。”每次回答的对话策略都进行差异化处理。蔡康永娓娓道来的语调和略带哲理性的回答，都给小度智能音箱带来了很多可玩性和趣味性。

预见性是感知人工“智能”的途径之一。在机场服务机器人的项目中，通过人脸识别技术识别不同的角色，给予个性化的服务，以达到从“群体服务”到“垂直类服务”再到“个体服务”的目的。例如人脸识别到VIP客户会自动打招呼，预判并提供相关服务。

语音交互设计过程中，单纯考虑基础要求和高阶要求还不足够，要实现用户的转化行为，还需要考虑足够的动机、完成转化的能力以及触发转化的因素。

这里引用Fogg的行为模型（Fogg's Behavior Model），该模型提到，要实现一次用户转化行为，需要有三个要素：

（1）给用户足够的动机（Motivation）；

（2）用户有能力完成转化（Ability）；

（3）需要有触发用户转化的因素（Trigger）。

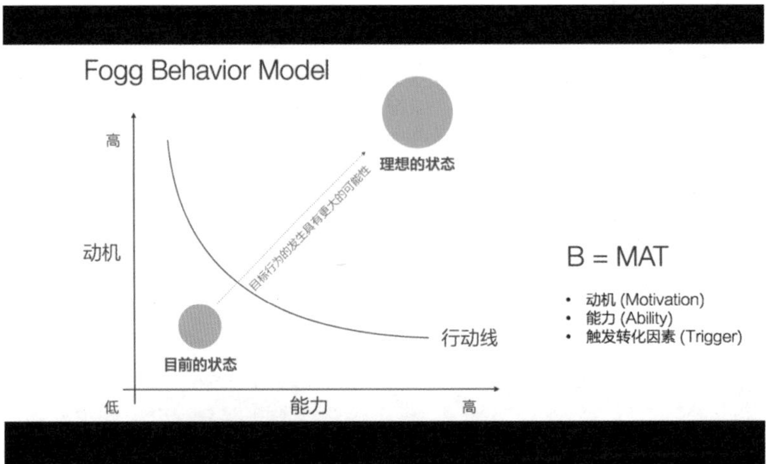

数据来源：Fogg 's Behavior Model 耶鲁大学教师 Fogg 2009 论文 http://bjfogg.com/fbm_files/page4_1.pdf

这三个要素必须同时满足时才会形成一次有效的转化，否则就不会发生。从这三个因素来进行分析，不难发现语音交互对三者因素的要求较高，关键环节的体验缺失与不满足，都会降低语音产品的整体体验评价，出现可替代性过强的情况。

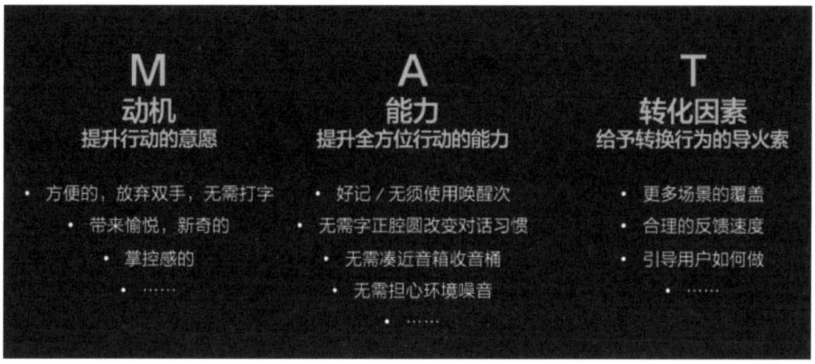

设计效果验证

人工智能类产品还处于蓝海市场，在设计阶段，设计师需要绕过用户对前瞻性产品难以表达的问题，去挖掘用户的心智模型，绕过开发者思维，平衡技术与体验的关系。在设计效果验证阶段，相对于传统互联网产品，AI产品侧重以下几点：

更侧重“场景还原”；

对标现有解决方案，通过同理心原则进行产品模拟测试；

注重核心场景、核心用户群的同时，关注更多边界场景与用户个性化；

受硬件条件制约，需要更可靠、严谨的设计依据来支撑迭代产品功能；

设计评估方法论与传统界面互联网产品是通用的。

人脸识别闸机的案例中，我们需要模拟真实用户使用场景，通过不同的屏幕角度来进行对标测试，还原用户的真实场景。在具体的研究方法论上，我们同样使用传统的可用性测试方法，采用有效性指标与效率指标来进行产品效果验证。下图为测试环境。

在机场智能机器人项目中，同样面临一个难题：没有用户反馈渠道，如何在产品上线初期，获取用户的真实使用体验来进行效果验证呢？ 此时我们需要在真实的使用场景中，搭建一个测试环境，通过监控摄像机进行录像和拍照，保持用户对话的真实场景，设计师在不被

用户觉察的位置进行观察记录。在观察记录的同时，可以同期对比机场服务咨询员的数据，将机器人数据与咨询员数据进行对比，包括每小时的服务次数、每组对话的平均耗时、问题解决完成度等。当跟踪用户观察任务结束后，同样可以进行用户拦截、进一步访谈、获取满意度与需求度的调查分析。

最后，再看一下“同理心原则”在AI产品设计中的作用。人类行为模式是指受制于环境的影响，环境作用于个体需求，个体需求随之产生了具体的行为反应，行为反应进一步适应、改造或创造环境，从而形成了人类行为模式的闭环。

AI行为模式则是指感应器将信息输入给AI产品，产品模拟类人行为，经过反复的模型训练和机器学习，逐步提升数据的积累，逐步提升AI产品的体验。在这里的关键环节是如何让机器输出类人行为，单纯从设计师的角度而言，我们更多采用同理心法为AI产品提供行为准则。

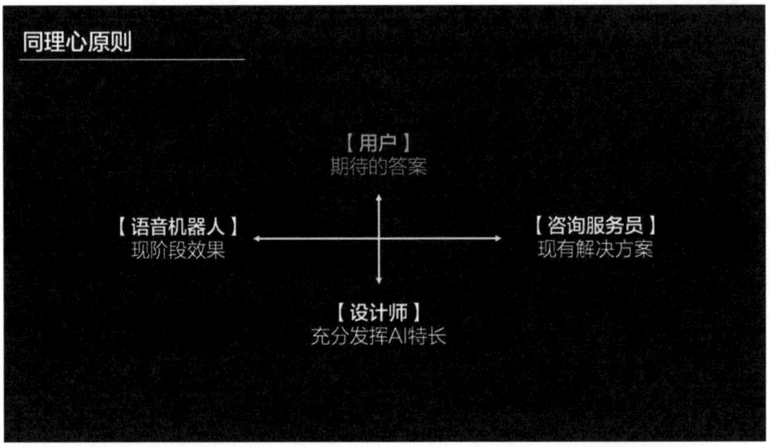

语音机器人现阶段的效果与咨询服务员存在着差异，在现有技术条件的制约下，从同理心的角度搭建用户的“期待答案”，同时平衡技术条件，去充分发挥AI的特长，这也成了设计师的工作挑战。

从人工智能的发展来看，现在的人工智能尤其是机器学习、深度学习的算法还确实处在非常初级的阶段，还有很多提升的空间。从设计师的角度来讲，还有太远的路要走，人工智能需要我们的探索和创造。

罗莎

百度，体验评测团队负责人

7年互联网设计与用户研究经验，百度体验评测团队负责人，香港理工大学交互设计硕士，《设计方法卡牌》作者，《语音交互体验蓝皮书》联合作者，《重新定义用户体验》联合作者。拥有多项AI专利，发表多篇行业文章。

第2章 设计生活

01 当设计遇见“温暖”：创造数字时代下的人文体验

◎ 汤雪君

今天的主题是当设计遇见“温暖”，因为设计这件事已经在过去几年被大家讲得非常广泛了，也变得非常冰冷。酒店本身就是一个非常重服务场景的空间，我们想通过创造数字时代下的人文体验来创造温暖。

很多人不知道亚朵这个名字实际来自于中缅边境的一个小村庄，它就叫亚朵村。这是创办人创业的时候，偶然邂逅的一个村庄。这个村庄很像桃花源，那边的人非常质朴、简单、快乐，他们可能并没拥有很好的东西，但是他们对生活都充满着希望，每个人脸上都带着笑容。创办人意识到能不能这样的体验和感受带到城市里面去，能不能在一个酒店或者是住宿空间场景里面营造这样子的氛围，所以他就用亚朵作为酒店品牌的名字。

左上角这一张照片是当时的亚朵村，今年其实再进亚朵村的时候有一些改变了，但是当地的人民一样还是生活得非常简单和质朴。

右上角这张照片是当地的小朋友，他们是傈僳族。傈僳族有当地自己的语言，他们唱的儿歌、使用的文字其实都跟我们不太一样。

左下角这张是怒江的照片，右下角这个是当地的一个教堂，当地人是信奉天主教的。

创办人希望用亚朵这个名字作为酒店的精神和灵魂，所以很多品牌可能有非常缤纷或者是花哨的品牌精神，而亚朵非常简单，我们就讲三个词：人文、温暖和有趣。

ATOUR
亚朵

人文

温暖

有趣

当我们讲人文的时候，我们更希望是有故事、有当地特色的。所以，在酒店我们也会把所谓的人文注入空间和服务的流程体验里面。

温暖是非常重要的一个环节，住酒店的时候，大家都希望它不要像家，但是却要像家一样温暖和舒适，这也是我们一直在努力尝试创造的。它是一种不过分、不做作，非常自然像贴心好朋友一样的服务和相处。

有趣其实是打破所谓传统住宿的领域或空间，包括一些服务设计。

这三个词是品牌的初衷，也是我们所有服务体验设计里面很重要的元素。

亚朵现在的品牌有2个主要的路线：

（1）本身的亚朵品牌。它的设计、颜色以及所使用的材质都属于有呼吸感的，都是代表着亚朵这个品牌的理念。

亚朵品牌

（2）轻居品牌。你会看到这个品牌在颜色、设计上稍微大胆一点，它属于年轻族群，同时空间也会大一点，甚至有共创空间的感觉。

亚朵轻居品牌

在过去两年，亚朵被大家熟知的是我们做了很多IP合作，这也回到我刚才讲的品牌元素之一有趣，其实我们希望打破大家现有对所谓住宿领域的想象，创造很多不同的体验。

亚朵IP合作

例如，我们跟上海的SMG做了一个戏剧式、沉浸式的酒店。我们也跟虎扑做了一个篮球主题的酒店，整个大堂可以打半场篮球，店长是前篮球国手，我们都开玩笑说，如果去住店的话可以跟他单挑，如果你的三分球比他厉害，当晚免房费。在2017年4月份我们做了一个音乐主题酒店，也是一个所谓的音乐沉浸式的体验。也跟知乎、网易严选做了所谓的新零售场景的酒店体验，在酒店里面所有你看到的、摸到的、吃到的东西都可以采购，直接扫二维码酒店就可以帮你送到家里去。我们也跟吴晓波频道合作了所谓的知识社群的酒店体验。

入住酒店的体验其实非常传统的，大家都知道你在出发前要预订，可能要上网搜索；到酒店要入住登记，即Check in的环节；登记完以后，我们叫In house，也就是说你进入到酒店里面；然后是In room，进入到房间里面。In house可能包含你用餐、健身、SPA和所有的服务，这些我们都叫In house。最后就是结账，即Check out。Check out完了以后，在互联网时代我们多了一个环节“会员授权”，它是一个闭环的状态。

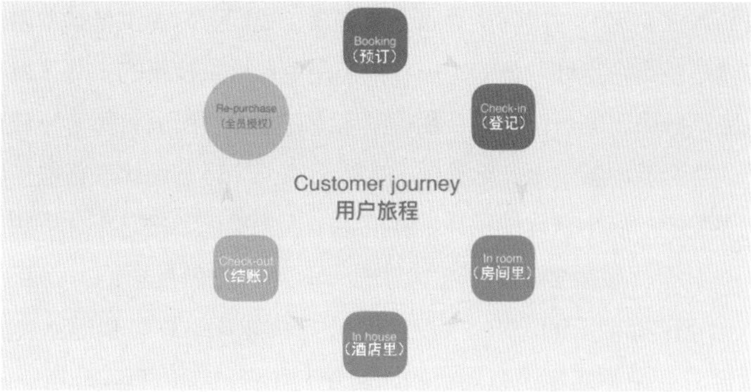

当你结账之后，我们已经累计了你的许多数据，例如是否喜欢荞麦枕，是否喜欢太软的枕头。当你下次入住的时候，服务人员就已经把枕头准备好了。其实这就是服务体验的一个循环。

上述是一个传统的服务流程，所有的酒店都是这样去思考的。但是亚朵把刚才讲的简单的环节进行了细化和拆分。其实这里根本放不下，我们有上百个触点，我今天想挑几个比较重要的触点讲，尤其是特别能展现亚朵人文、温暖、有趣这三部分品牌调性的触点。

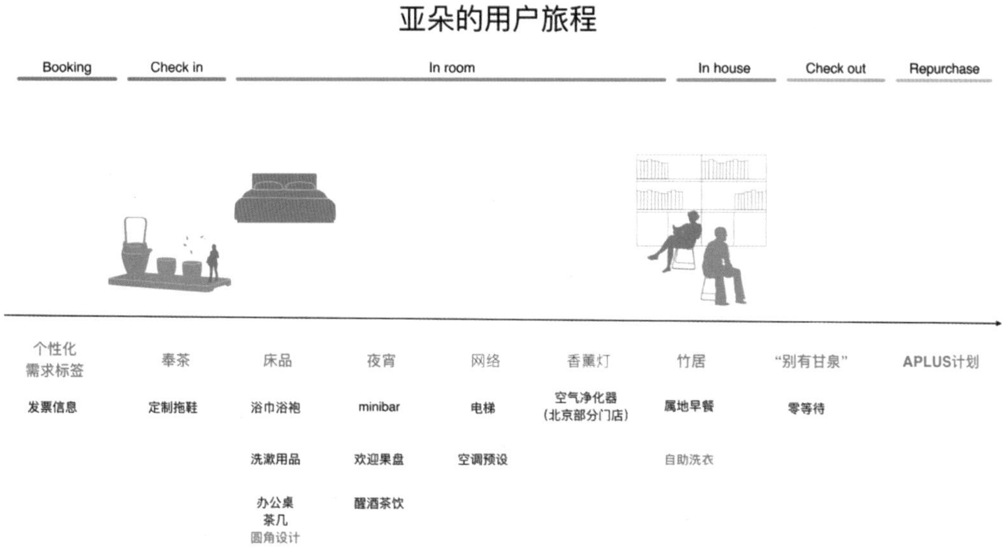

当用户入住的时候，我们有一个比较知名的服务，就是“奉茶”。除了奉茶之外，对于会员是有定制的拖鞋，甚至在门卡上会有一些巧思。我们发现在过往的数据或者是服务流程里面，大家都是结账的时候拿发票，但是实际上那时大家会比较急迫去做下一件事情，所以我们把发票流程放到第一个环节，也就是说当你登记的时候，就可以开发票了。所以，虽然这看起来是一条直线，但却是一个闭环的状态。

在空间设计里面怎么样强调温暖？所有的酒店空间里面，不管是桌子、椅子，还是墙面设计都是圆角，用户可能没有看到或者是马上意识到。但是实际上圆角的设计确实会让人感到温暖，尤其是当他带家人、小孩入住的话，也提高了安全性。

我们还增加了一个很重要的环节。我们发现亚朵50%~60%的用户都是商务客人，他们基本都是晚上八九点入住，这个时候到了酒店会非常累，我们可以提供什么？后来我们就想了一个新的服务，也就是夜宵。当你入住的时候，我们是免费提供夜宵的。除了夜宵之外，还有醒酒的饮料以及女生不舒服时的一些茶饮，我们都考虑在里面。所以，每个环节其实非常细，都可以继续再分解。整个流程感觉上非常简单，实际上每一个环节都代表着很多数字、很多用户的反馈，甚至代表我们门店小伙伴的反馈，我们会一直去打磨，把它细化到每一个触点上。

接下来我想挑几个比较重要的触点跟大家分享，第一个就是登记。在亚朵App上，用户可以针对他这次出行选择相应的需求。因为你的出行需求不一样，我们就会提供不一样的服务。例如说绝大部分亚朵酒店是没有浴缸的，但是有小孩的父母其实非常需要浴缸，那我们就会专门提供给小朋友用的浴缸，可能会分成0～3岁、3～6岁的不同类型。所有的服务体验都是来自于非常细节的累计。

老实说，现在每个人去酒店登记的时候，应该不会超过3分钟，因为基本上你拿了卡就可以进房间了。但是我们想做一件事情颠覆它，我希望用户可以停留得久一点，多一点接触到用户，才能了解用户的需求。

所以，我们在整个服务体验里面增加了一个环节，叫奉茶。奉茶其实也是一种温暖的展现，奉一杯茶，让你感觉回到家，是洗尘的概念。这个茶也代表着味觉、触觉，因为冬天是热茶，夏天是冰茶或酸梅汤。

所以，在服务体验的过程当中，我们其实会把五感注入进去。用户因为这样也会多停留一阵，前台服务人员可能会说：你搭机还顺利吗？是来谈商务吗？需不需要介绍餐厅？这样就开始有对话了。否则大家会发现登记是非常快速的，没有跟门店有任何的接触。

进到房间后，内部环境比较简约，非常质朴。我们其实没有过多花哨的东西，酒店的房间是非常干净的。同样，我们在房间里面有很多巧思，希望你可以多停留，希望你可以觉得它是一个比较舒适的家。例如说有一个茶席，甚至在房间里面放一些书，这些书会根据时间、月份去做调整。像书这种东西也是触感，很多现代人都不太看书了，但是如果这本书呈现在房间里面，就会多那么一点点人文感。

In room
触觉优化

圆角设计
浴巾浴袍

来到酒店其实最重要的是睡觉，我们也发现实际上睡眠是特别困扰现代人的一件事情。除了窗帘要完全屏蔽外面的光之外，透过数据还能发现用户有很多需求，例如说他睡前希望喝一杯热牛奶，希望可以有香薰、香精，甚至是可以有所谓的盐枕。我们在酒店里面甚至提供了五种以上不同的枕头，让用户可以自行选择。

In room
床品

普兰特全系
“安然入睡”

所以，所有的服务就是为了让消费者一夜好眠。当他这次跟门店的小伙伴讲要荞麦枕，下次入住的时候荞麦枕就会准备好。这次说睡前希望有一杯热牛奶，下次入住的时候热牛奶也会准备好，所以这其实是一个闭环的服务体验流程。

在传统的酒店我们进到大堂空间除了登记台之外，可能只会放几个桌子、椅子在旁边，让大家谈公事，没有其他的服务。亚朵希望增加人文的部分，所以在大堂空间做了一个24

小时流动的图书馆。亚朵有一个专门的团队叫“第一美差”，他们的工作就是看书并写上评语，让用户在入住或者是等待客人的时候，可以抽出一本书看看、翻翻，甚至可以带走到异地归还，其实这也是一个闭环的服务体验。

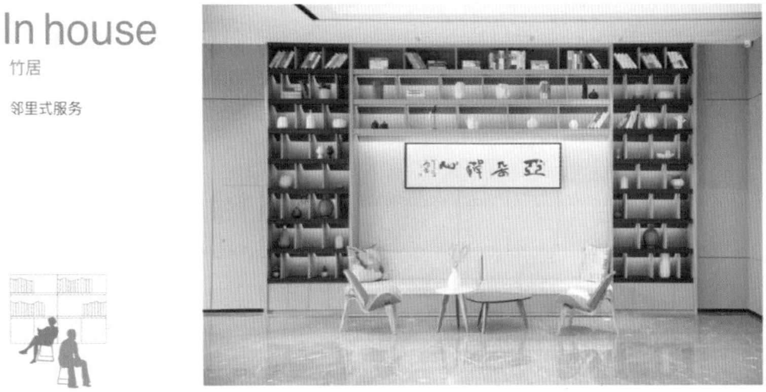

还有一个很重要的就是早餐。我们发现商务客人的需求其实非常明确，他很晚来登记、睡觉，早上很早要离开，因为他要赶到下一个地方。我们发现他没有时间在酒店坐下来好好享受早餐。于是一线员工自己创新提出了一个服务，就叫“吕蒙路早”，当客人赶路的时候，我们帮他准备了一个早餐盒，让他在路上可以使用。其实这也增加了服务体验的环节，为整个流程和感受加分。

我们的服务更多是个性化的。透过所有体验的设计甚至数据的反馈，一直去调整服务，调整到我们对用户的好实际上就是他真的想要的好，这就是亚朵在做的事情。我们也发现新时代的用户有越来越多不同的需求，例如说一个人在五年前入住亚朵的时候他是单身商务客；现在入住亚朵他是带着小孩，用户所有的东西都是动态的。所以，我们整个后台和服务体验其实都是一直在动态地去调整、打磨和迭代。

这是我们整个服务体验的框架，在宾客循环的环节里面增加了服务和情感的设计，透过五感、空间、视觉、材质，甚至我们刚才讲的奉茶，提供个性化服务，最后回归到亚朵的品牌，就是人文、温暖、有趣。

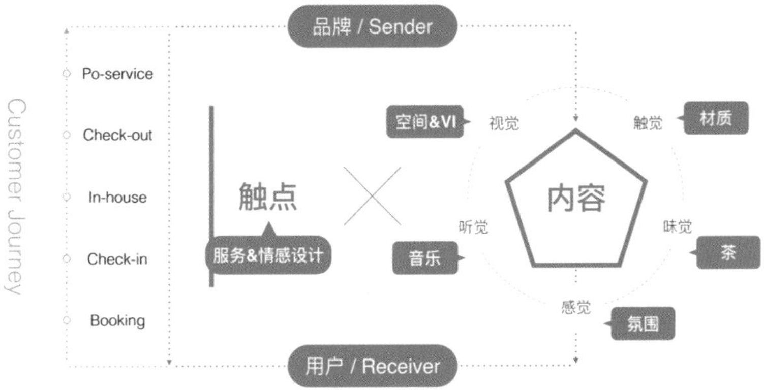

最后总结一下，我觉得安藤忠雄的这句话和亚朵在做的事情有关：“我们生活在一个数字时代，人心是无法在数字时代扎根的。”而亚朵其实想做的就是让人心可以有扎根的地方。

汤雪君

亚朵，品牌副总裁

资深互联网人，曾任职去哪儿网。长期关注品牌、设计与生活美学。热爱旅行，足迹遍及五大洲，五年前移居多伦多，现担任亚朵品牌副总裁，暂居上海，穿梭于台北、上海与多伦多之间。最骄傲的称谓是瑜伽老师。

02 如何打造一个全局化的服务体验

◎ 姚昱盛

我今天演讲的主题是“如何打造一个全局化的服务体验”。大家可以看一下这张背景图片，是关于海底捞的服务体验。想必海底捞的服务大家并不陌生，都体验过，他们的服务是非常有特点的，也是让我们这些顾客真正记忆犹新的。

例如，当用户在进店前等候的时候，海底捞会提供很多贴心的服务，如针对男士的免费擦鞋，针对女士的美甲，包括在进店之后的点餐、等餐、用餐及离店，整个过程中其实有很多体验触点产生。海底捞非常善于在这些触点上设计一些体验的惊喜。比方说当用户在用餐的时候，他们会提供一块热腾腾的毛巾，也会给用户做一些按摩，经常让用户感受到小小的惊喜。

UI时代到全局化服务体验1.0

服务体验设计是有一个演变过程的，最早并没有服务体验设计。看下面这张图，从体验设计的变革来看，最早是UI时代，这时大家更多聚焦在用户的界面，包括最早的PC网站；到后面是移动端的App，再到后面是可穿戴设备，这些更多是聚焦在界面设计方面，整个范围相对来说会比较窄。

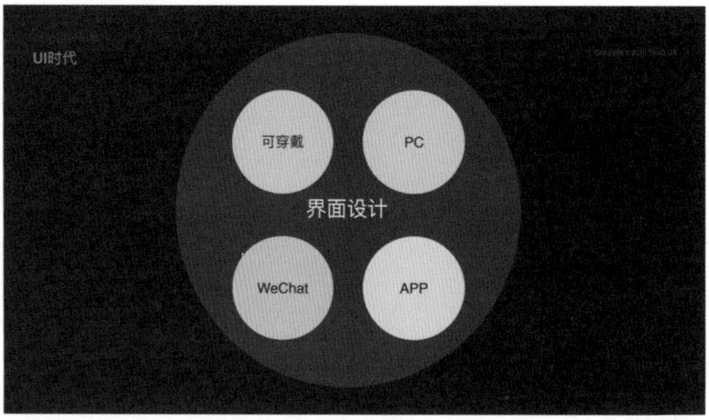

经过不断的演变，体验设计进入到了一个服务体验时代，我把它叫作全局化服务体验1.0。在这个时代更多体现的是全渠道和全触点，包括刚才说的PC网站、App、可穿戴设备，同时还有线下的网点、传统媒体以及服务于用户的服务专员。

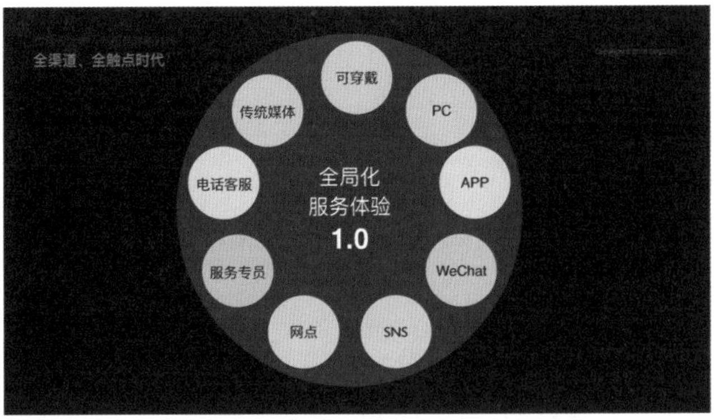

所以，我们在做服务体验整体规划的时候，应该有一个更加全面的格局。如果在规划时有一个渠道或触点出现问题了，整个品牌和体验的体系都会受到影响甚至垮塌。

基于这样的理念，我们要去围绕品牌规划出一个全渠道和全触点的体验生态。一个渠道、一个触点是很难满足千千万万用户在各种业务场景下和消费场景下的诉求的，哪怕是同一个用户，在不同的人生阶段和不同的生命周期，诉求也是不一样的。所以，我们要围绕品牌构建起全渠道、全触点的体验生态圈，这样可以更好地满足客户的诉求。

改变正在持续

改变正在持续，很多因素都会影响到服务体验设计。首先我们从宏观层面来看，包括像汽车、地产、零售等领域的改变，都会影响到服务体验的设计。

以汽车领域为例，现在很多汽车制造商正在逐步转变为城市的智慧出行服务商，像汽车金融、汽车消费、无人汽车、共享汽车这些新的概念，也在不断地改变汽车这个行业。

在地产领域，很多传统的地产开发商正在转变为城市的服务商。就拿办公地产这个领域来看，从2015年起，We Work、裸心社和氪空间这些品牌的崛起都在推动着整个办公地产的变革。联合办公、共创空间这些新的业态，也得到逐步的发展。

而在零售消费领域，很多传统的零售商也正在转变为零售体验的服务商，像现在非常火的新零售、无人店铺、生活集成店铺，这些新的概念改变着传统的零售服务体验。

纵观这三个领域，我们会发现有一个共同点，就是从产品向服务的转变。

我们再看一下用户方面，消费者、用户也在不断地变化，尤其是85后、90后的年轻客群（小太阳族群），甚至是00后的消费者，相较80后、70后有他们的特点。所以，我们在做产品和服务设计的时候，要牢牢扣住他们的诉求、痛点和特点。

接下来这张图是新鲜出炉的，是唐硕对于00后做的最新研究。大家可以看一下这些关键词，它们非常真实地反映了年轻客群的特点，这些词也完全超出了我们对于传统用户、传统消费者的认知和看法。

从宏观的产业改变到消费者、用户的改变，设计这一块儿该如何应对？

我想介绍一下小罐茶的案例。应该说小罐茶是当下比较火的IP，也是极具变革意味的产品和品牌，它改变了茶的装法、喝法和卖法，也颠覆了整个茶行业品牌与用户的零售对话模式。

从它整个设计来看，也是有特点的。例如说在当初项目设计中，基于用户在各种场景下的诉求，将原本彼此独立的设计门类进行了有机整合。例如当顾客进到门店，会有一个数字屏，把不同茶叶的产地、研发过程进行数字化的展现，为用户带来非常好的五感体验。

小罐茶的产品和包装也非常有特点。为什么叫小罐茶？因为是以罐来承载茶叶的，相比传统茶叶袋装的方式，罐装非常有特色，整个外观的设计和材质也非常不错。因为它是罐装，解决了小白用户不懂每次喝多少茶的痛点问题。

当顾客打开产品展台的时候，会有一个物理的交互设计，而当顾客在展台前面的时候，正上方有一个数字屏，也会与顾客发生动态的交互。

对于空间设计，我们会围绕核心的场景进行主要服务流程的设计，也会围绕消费者、顾客的动线进行服务的设计。

在行为方面，我们也会围绕核心的服务人员角色如销售员、导购员来进行具体角色的定义。针对这些角色，会有一整套的行为准则，包括行为举止、话术等都有一套标准，叫DOS系统（服务手册），它可以非常细地把各种场景下的服务规范定义好。

这里的品牌传达设计包含了两块：线下和线上的。线下包括整个空间的品牌传达设计，线上包括整个流程设计。

就像我刚才所说的，未来的设计是没有边界的，或者边界将会不断地被交融和打破。未来的设计一定会围绕品牌和人，将这些本来是彼此独立的设计门类进行有机整合，这是一个趋势。

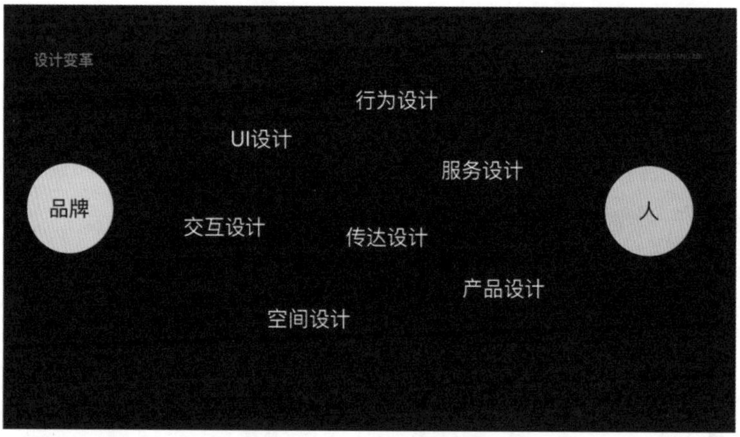

全局化服务体验2.0

回顾刚才所说的全局化服务体验1.0，它更多是关于渠道和触点。再结合刚才所说的设计门类（代表了这样几个要素：产品和服务、人和行为、信息和传达、渠道和触点），就构成了全局化服务体验2.0的概念，这也是唐硕体验咨询的核心框架。

相较解决了渠道问题的服务体验1.0，服务体验2.0更多是解决了渠道和渠道间的问题。因为有时候渠道和渠道之间联系会断，所以服务体验2.0更多是无缝化的概念。基于这样的框架，产出服务的流程、蓝图和体系。

接下来我通过唐硕的项目来解读我们是怎么做无缝化、全局化的服务体验的。

以林肯之道的项目为例，它的特点是通过无缝化的场景设计来打造一个机制化的平台体验。在这个项目中，用户可以先在官网进行预约，数据会进入到4S店后台的数据库。当用户进入到4S店之后，他就可以享受非常人性化、个性化、定制化的服务。接下来我想通过一个两分钟的视频进行深入介绍，请扫码观看。

吴先生通过线上渠道进行车型的选择，包括颜色和样式，然后再预约试乘试驾。进店之后会有不同的角色服务他，这些角色的行为举止也是通过刚才所说的DOS系统来进行的。在这个过程中也会有很多角色通过数字化的手段来完成业务，最后还有一个非常具有仪式感的定制化的交车服务。这就是基于用户全流程服务体系的设计。

全局化服务体验3.0：系统化、商业化

服务体验2.0的框架更多偏向于体验层，如果说未来要规划一个更加全局、宏观的服务体验3.0，我觉得它应该更加系统和立体。

以下图为例，体验层下面还会有系统层和机制层，也是通过下面两层逐层支持体验。我们可以看到，系统层更多是关于流程、数据和IT，机制层关于人员、组织和产品，这样一个全生命周期的管理，才是长效机制管理的框架。

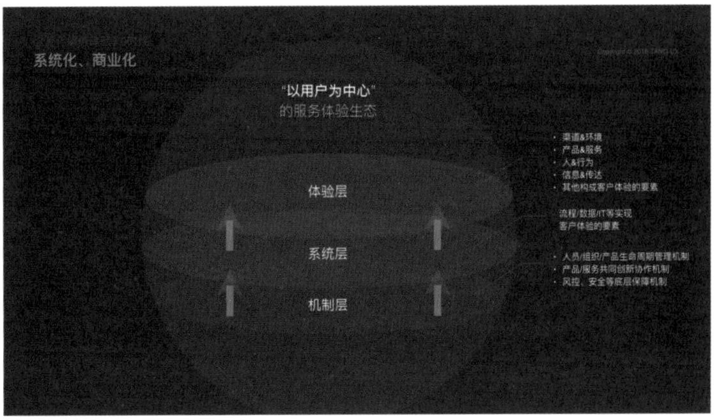

基于这个框架，我们形成了以用户为中心的体验服务生态，这个生态相对来说是更加全局的概念，既包括了客户体验，也包括了商业和员工的体验。我们看这张图，一般比较多关注的是上面这一层，往往我们对于下面这一层是忽略的，包括商业和员工的体验，以及产品、运营、组织架构和企业文化。如果把这一块儿做好的话，其实反过来会影响上面这一层，会反哺上面这一层的体验。

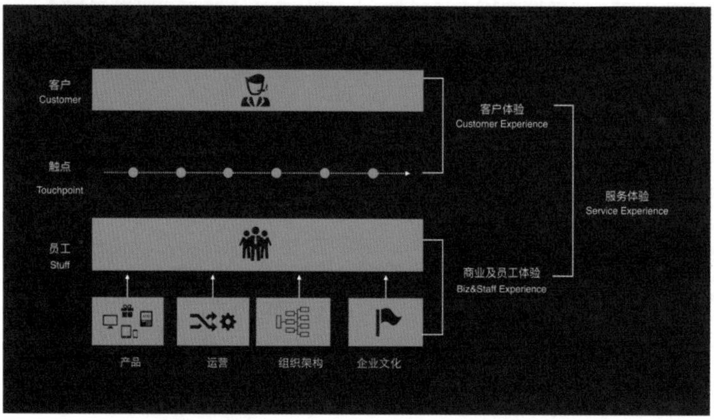

服务体验演变过程

最后，我再说一下整个服务体验的演变过程。从最早的界面设计时代到全局化服务体验1.0，强调全渠道、全触点，再到全局化服务体验2.0，强调无缝化的全渠道的体验融合，再到服务体验3.0的系统化、商业化。

这背后是有一个商业逻辑和商业目标的。在界面设计这个阶段，更多是解决一个产品的问题。在服务体验1.0的时候，更多是解决渠道的问题，是O2O。再到服务体验2.0的时候，是解决了渠道和渠道间的断点问题，例如线上和线下，往往有很多断点，就算同样是线上的，PC和App之间也会有很多断点。而服务体验3.0是解决系统化的问题。整个演变过程的背后还有以用户为中心的思维来进行整体的支撑。

最后，我想给大家一些建议：

（1）我们要有一个全局化的视野来进行服务体验设计。

（2）定制化落地。因为大家来自于各行各业，所以我们在做服务体验设计的时候，也要根据我们实际的业务来进行定制。

（3）统一化执行。因为服务体验设计不只是某一个人或者是某一个部门的事情，应该是关乎整个集团、企业的。所以，应该是自上而下地推行，进行统一化的执行。

姚昱盛

唐硕体验咨询，合伙人 & 董事总经理

拥有超过14年产品体验设计、体验策略规划及咨询工作经验，超过10年团队与项目管理经验。作为用户体验专家，善于运用体验思维主导全渠道全客户触点体验规划。擅长新零售、金融、移动互联网领域体验策略规划及企业整体体验长效管理机制规划。作为首席体验咨询顾问曾主导建行手机银行体验重构、平安银行数字化转型等项目。加入唐硕前，曾任职于eBay，阿里巴巴，平安集团、IBM、埃森哲等企业。

03 与社区一起设计Airbnb——重新定义旅行的意义

◎ Vivian Wang

在进入主题之前，我想先跟大家分享一个故事。几年前，其实在我加入Airbnb之前，我有机会放了一个大长假。所以我就一个人去挪威玩了10天，也是我第一次独自旅游。当时去挪威主要也是被网上各种美图打动，我当时最想去的一个地方就是这里，它叫Pulpit Rock，你可以花2～3小时登顶，在上面可以完全没有任何障碍地看到整个挪威的风景。所以我当时整个旅行其实都是围绕着这个地方去办的，第一站也是这里。

其实看到这张照片的时候，我就想象说我到那之后要拍什么样的照片，要带回来什么样的纪念。不过这个是“卖家秀”，我到那的时候正好下雨，所以我看到的景象是这样的，跟想象的完全不一样。这个其实并不是最糟的，因为当时下雨，我爬山的时候又在照相，我的手机就被雨给弄坏了。

所以我在一个完全陌生的环境里丢失了我唯一可以跟熟悉环境有连接的东西，就只能完全依赖自己去跟当地人沟通，通过自己的一些探索去了解这个城市。

后来我读了一本书叫《旅行的艺术》，里面讲了一句话，当时让我感触很深刻。它是说很多时候在家里其实我们很难真正了解自己，真正获得成长，是因为在家里我们周围的环境都是固定的，这在某种程度上也限制了我们自己。所以，作者认为旅行是让我们真正获得成长、真正更好地认知自己的这样一个途径。

当时我丢失了手机，也就丢失了唯一可以让我和既有环境获得联系的连接点。现在回想起来，当时印象其实非常深刻。在旅行之中，我们其实就在不断地寻找如何获得沉浸感。

不过当我们没有离开熟悉的人，或者跟团去旅游，或者住进一些熟悉的环境里面，其实也跟我们自己在家一样，还是有一点走不出熟悉的环境，也很难得到成长。所以后来我加入Airbnb之后，更深刻地认识到其实Airbnb的使命就是让全世界每一个人到每一个地方之后，都可以有更多融入当地生活的机会，让你体验到真实的旅行环境。

今天我会跟大家分享一下，Airbnb在为这种新的旅行目的设计的时候，我们有哪些总结。我们会与房东、房客一起去设计。中间过程也是可以有很多不同种类的，以下有三个案例。

家

我想讲的第一个例子就是我们的主业务——我们的房子、房源。大家也知道我们是2008年的时候首次和大家见面，然后那个时候我们其实只有16个房源，在旧金山这一个地方。所以当时的整个网站，也就是为最多能到100多个房源这样一个体系而设计的。

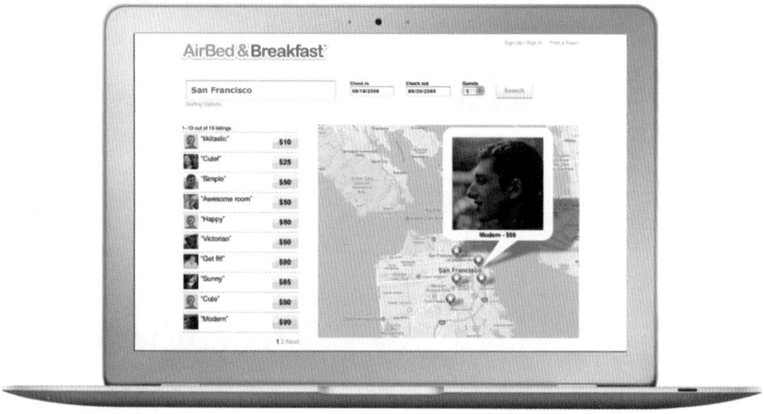

大家可以看到这些不同房子的名称，也就是几个字，所以只要一个列表就能很快找到你想居住的房子。10年间我们的房源越来越多，但是我们网站的整个框架没有改变太多，只是从当时的16个房源，不断地增长到来自世界各地191个国家的500万套房源。

所以在我们的网站上你可以找到很多房子，但是很难找到适合你的那个房子。这就像你家里有500万件衣服，都挂在衣橱里，但很难找到那件真正适合你穿的衣服。

为了解决这个问题，我们一开始上线了很多比较简单、比较快速的产品。例如说在房源展示页上会跟你讲这个房子快被订完了，非常抢手，所以你赶快订。这其实是一种方法，可以促进用户预定的这动力。但是它其实没有解决用户需要找到合适的房子这个根本的问题。

然后我们就花了一些时间，去回顾这10年来的增长中间到底发生了什么事情。从2008年上线的时候，我们其实就有三个不同的房源种类：独立房间、共享房间和整套房子。所以当时我们预想所有的房源都能套到这几个分类里面，但其实房东的想象力已经远远超过了这几个框架。所以我们当时花了很多时间，从底层去改变房源的规划结构，从三个扩张到了更多的种类。这些更多的房源种类，也能让房东更好地展现他们的创造力。

这里我举例几个例子。这是上海一个在徐家汇的房子源，只要17美元一晚。它就是共享空间中的一个沙发。

或者是这种你可以享受独立的卧室、卫生间，但可能要跟房东去共享一些公共的空间。

这是整套房子，你可以不用跟房东分享任何东西，这段时间你是这个房子的主人。

度假屋是我们新增加的一种，这种很多是在海滩边、在滑雪的地方。

然后也有很多非常独特、有自己风格的房子，例如说这个树屋，它在森林之中；或者是在沙漠里，可以有一套自己的小阁楼。

而这个是我最喜欢的一个外形是狗狗的房子，它在平台可以找得到。

所以房东有他们自己的创造力，是等着我们去发现的。我们自己在定义房子应该是什么样子的时候，只是第一步。所以作为设计师不光要有自己的愿景，更要去看到整个社区的创新点在什么地方。

故事

我要分享的第二点是故事。故事这个产品其实是在中国土生土长的，它是旅行者分享真实经历的一个灵感平台。可以看到很多来自中国的旅行者去世界各地后的一些独特分享。

迄今有上万篇来自用户的真实分享，包括他们的一些旅行趣事、旅行推荐，像这些全部都是用户自己在平台上去创造的。

但这个也不是我们最开始的模式。我们最开始想要快速上线、迭代一些产品，会请一些知名、有影响力的人来平台去分享一些他们旅行的游记。但我们很快发现，在向真实用户去做访谈的时候，很多人都会反映说这些照片给他们带来的感觉是比较假。他们其实不知道背后真正发生了什么事情，所以不能真正相信这些人的推荐那么，什么样的故事是他们愿意去写、去分享的？有什么样的工具可以让他们更好地分享？或者读什么样的故事是可以让用户更有动力，想要去旅行的？

所以当时在做访谈的时候，我们采取了很多方法，例如说焦点小组、一对一地聊，或者是请我们的房客去写日记。最后我们想到了一个办法，在旧金山邀请了一名专业的摄影师为游客拍照，但是作为交换我们会跟随这些游客几个小时，真正在他们旅行之中不断地去问问题，跟他们聊背后的故事。

这个调研的回复率特别高，也体现了专业摄影在旅行中的一个刚需。在这个过程之中，我们遇到了两位来旧金山玩的游客。这是当时我们跟拍的一些照片。如果你不认识他们的话，其实这个照片对你来说没有太大的意义。在我们跟他们聊天的过程中，会更多地发现他们背后的故事。

他们是一对刚刚结婚的甜蜜小夫妻，他们结婚的故事也很有意思。当时是这个女生在明尼苏达州上学，男生在北京，所以他们两个异地恋谈了很久。这个女生有一天就写了一张明信片去向那个男生求婚，然后在旧金山的这次旅行，其实是他们两个人的蜜月。

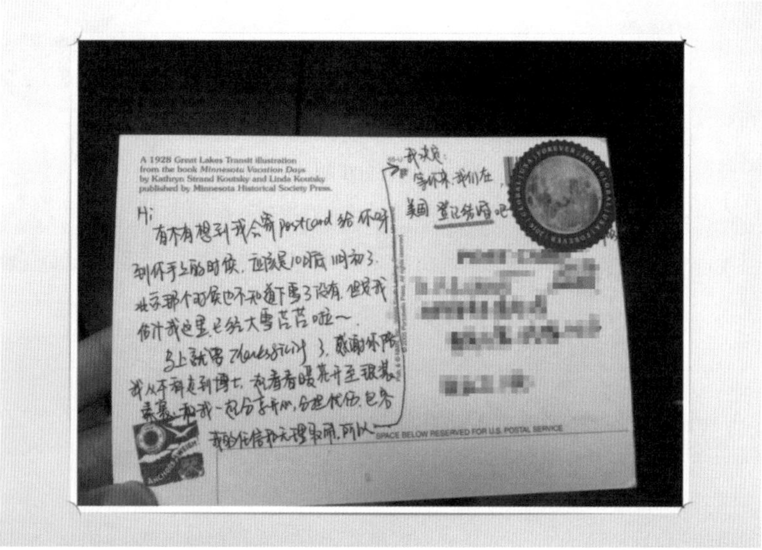

所以知道了这个故事之后，你与他们之间就产生了一些联系，你真正知道了背后的故事是什么。这些情节也可以更好地让你去接受一个新的观点，或是一个新的旅行的推荐。

有这样的一个情感上的关联，也可以帮助我们更好地去为社区服务。所以做这个的时候其实让我们学到了一点，就是用户研究其实是工作之中不可缺少的一步。但是用户研究不是为了做而做，而应该发挥想象力，做出一些创新，真正走到用户地最自然的环境之中，去找到一些新的灵感。

体验

我想分享的第三点是体验。体验在旅行中是不可缺少的，只有在线下活动中，才可以真正接触到当地人、当地文化。

刚开始我们做这个项目的时候，其实有找到一位具体的旅行者。所以当时的整个目标，就是怎么能为这位旅行者设计最适合他的体验。所以这个也呼应了我们在Airbnb经常会讲的一句话，就是我们宁愿有100个人非常热爱我们的产品，也不愿让1 000、10 000个人用了就走。而为他量身打造的这个体验，灵感是来自于旧金山很多不同的人。

所以从中我们学到一点，就是人才是体验的关键。在我们的社区之中，其实就有很多有自己风格、技能的人。所以从这个例子开始，我们上线了这样的一个体验产品，来实现完整的旅行平台。

平台上还有很多内容涉及艺术，例如说这是在韩国的一个体验，它可以带你认识一个老奶奶，她在用手去绣很多非常精美的艺术品。这些艺术，其实在我们的生活中都被慢慢遗忘了，所以我们需要有这些人。现在我们做的更多是为他们建造一个平台，让他们去展现自己的故事。

所以说了这些之后，我觉得在整个Airbnb的设计之中，我们其实是不断地从社区之中去发现民众的一些创新点，来作为我们下一个产品的灵感。同时我们更希望能走进很多房东、房客真实的生活之中，去发现他们背后的故事，来营造我们的产品。有了这些产品，当我再去挪威的时候，或许就有很多点可以让我更加容易地融入挪威的生活了。

Vivian Wang

Airbnb，设计经理

Vivian于2015年底加入Airbnb，是Airbnb中国团队的第一名设计师，现任Airbnb中国的设计负责人，与团队共同为中国旅行者及房东打造产品。加入Airbnb之前，Vivian曾任Facebook资深产品设计师，4年中分别为Messenger、Facebook Home和News Feed主导产品设计。原毕业于卡内基梅隆大学设计学院。

04 人工智能助力IP化的服务创新

◎ 赵静

我今天给大家分享的是人工智能助力IP化的服务创新。既然讲到创新，想给大家分享一下近年来我们看到的一些创新趋势。我们总结出4个方面的因素会影响创新：商业模式、社会文化、生活方式、技术趋势。在我们看来，创新不是看因果性，更多是看相关性。创新其实跟人工智能的算法有一定相似的地方。

我们有一个“趋势种子”的理论，我们会在不同的领域里观察出现了哪些趋势种子。这些趋势种子其实也是由一些小的趋势种子汇聚而成的。不同方面的趋势种子汇聚在一起，相互交融、相互作用，就会呈现出一个新的主题。通常来说，我们会用这样的方法来洞察影响创新的趋势主题。

新商业模式

首先想给大家分享一下我们从2017年开始关注到的一些商业模式里的趋势种子。第 一个是零售IP化。它主要有两种做法：

第一种，很多零售品牌借助超级IP赋能自己的产品，然后借助这些IP自带的粉丝和流量帮助他们实现销售的转化，这是主流的做法。

第二种，很多的创业公司通过打造自己的IP、内容，衍生到相应的产品当中去。

事实上我后面会给大家讲，还可能有第三种做法。第二个趋势种子是价值付费。为什么会涌现这种现象？从本质上来讲，是因为现在的90后、95后包括00后等新生代的用户增多起来，他们从小生活的经济条件相对较好，因此他们会有较大的财务自主权，会按照自己的兴趣爱好进行买单。

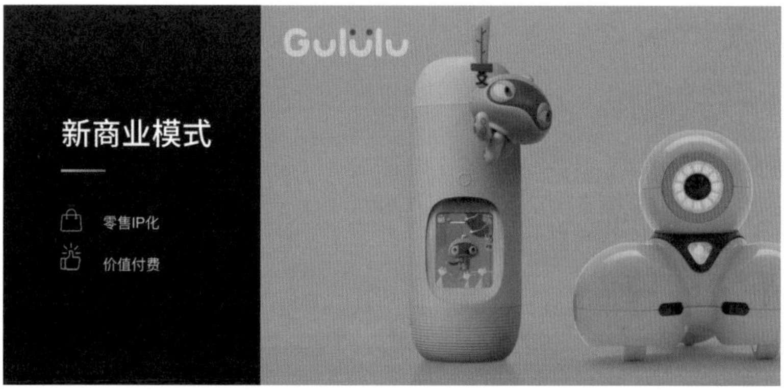

新社会文化

再看一下社会文化。第一个趋势是网红，网红经济在国内非常火热，它背后是每个人心中都有想成为意见领袖的欲望。而且现在各种的平台如头条、抖音等，其背后机器学习的技术也让我们每一个人成为网红的难度变低。从2018年开始我们发现现在又涌现出一些新的网红现象，例如正能量网红。用户会更加关注那些表达个性的、传递社会正能量的网红。此外，教育领域、医学领域中也有越来越多传递正能量的网红出现。

第二个趋势是个人即品牌，其背后核心是个人人设化。以“凯叔讲故事”的创始人凯叔为例，他是在借助个人的形象打造IP，把个人人设进行了品牌化。我们这个时代其实是一个人人都想成为意见领袖的时代，而且因为各种技术、商业模式和生活方式的推动，可以说春秋战国时代的百家争鸣，在我们这个时代以这样的方式又进行了重现。

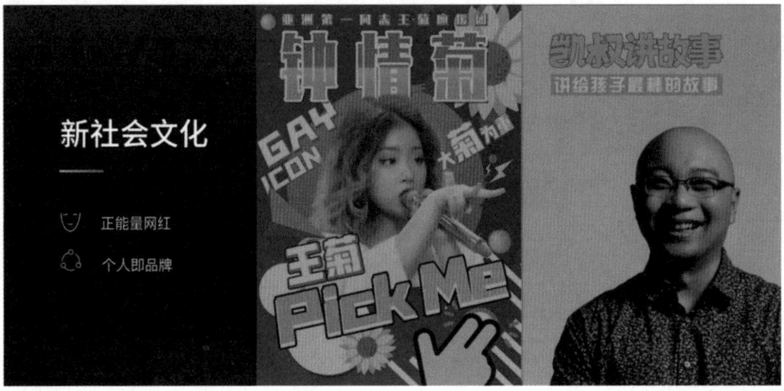

新生活方式

第三我讲一下生活方式。如果我们从一个人的角度来看，为什么会发生生活方式的变化？其实很多时候是跟家庭人口结构的变化有很大关系。目前在国内我们看到两个非常明显的人口趋势：

第一是二胎，也有消息说三胎也快放开了，我们有理由相信未来家庭会往更多人口结构的方向发展。

但也有和它相反的趋势，那就是单身潮。2017年我们看到一个数据，说中国的单身人口有2亿人，而且这个数据还在不断增加。

这两种人口现象似乎是两级化的发展，但其背后都有同样的需求，这就是陪伴。对于多人口的家庭我们会发现，陪伴可能更多体现在对孩子的教育，对于个人而言，更多需要朋友的陪伴，解决孤独的问题。

新技术趋势

2018年最新的技术话题其实不是人工智能而是区块链。但是区块链其实是解决数据安全包括实现去中心化目的的底层技术，我们认为区块链的发展相对来说会慢一点，因为这个技术会打破很多的利益链条。所以这里还是把人工智能作为第一个趋势种子。人工智能从2016年Alpha Go打败李世石开始爆发，全国各种人工智能创业公司铺天盖地涌现出来，我们也是在那个时间节点和美国的一个人工智能公司认识的，后来就一拍即合开发了imsense。

第二个技术的趋势，是往数据个性化。我们也接触了很多国内的厂商，看到了不管在教育领域、车联网领域还是零售领域，其实大家都在思考我们怎么用人工智能技术在垂直化的场景里推出一些个性化的应用。

刚才讲了这么多领域的趋势种子，我想回顾一下。商业模式里出现了零售IP化和价值付费。在社会文化中，人人都想成为网红、意见领袖，大家开始有意识打造自己的个人人设品牌。在生活方式里，因为人口的变化出现两极化的发展，涌现出大量的陪伴、辅助或者助手式服务的需求。而现在各种基于大数据的人工智能技术能够解决语音或者图像上的复杂问题。

影响未来3~5年内的创新

事实上这些不同的趋势种子汇聚在一起的时候，我们发现有一个新的时代正在到来，这个时代是“人人皆IP，IP为人人”。这是什么意思？人人皆IP，就是我们每个人以后都有可能打造自己的IP，每个人都有可能成为意见领袖。IP为人人，是说你会发现我们现在需要的是个性化的服务，不再需要千篇一律的产品和服务。尤其像95后、00后这样一些新生代的消费者出现之后，他们更加愿意为个性化的服务买单。在这样一个时代里，我们认为打造一个IP化的人设服务会成为一个创新的重点。

这个怎么理解？例如小米音箱“小爱同学”，它本身就是一个IP。但你会发现它很厉害的一点是，小爱同学现在已经用在游戏领域了。我们相信未来小爱同学有可能会拍电视剧、拍时尚大片，或者给另外的品牌做代言，这些都有可能，这些都是IP化人设未来可能衍生出来的一些服务。

IP化服务到底怎么打造？首先需要有一个人物设定，它需要有一个独特的名字，相当于自己的品牌名。基于这样的人物设定，赋予它特色的语音、表情、动作，而IP最重要的是你要提供特别的价值。这些价值哪里来？就是你创造的服务，你给用户提供的产品。

我们会发现，像《恋与制作人》为什么这么受欢迎？因为里面的虚拟男友在不同的时间段会有发展。我记得上次我们研究员做了一个研究，里面的虚拟男友会根据恋爱的不同阶段，给女友不同的反馈。其实从另外一个角度来讲，就是说IP化的人设需要一个发展路径。

我们认为在不同的领域里，人工智能技术可以做以下支持。

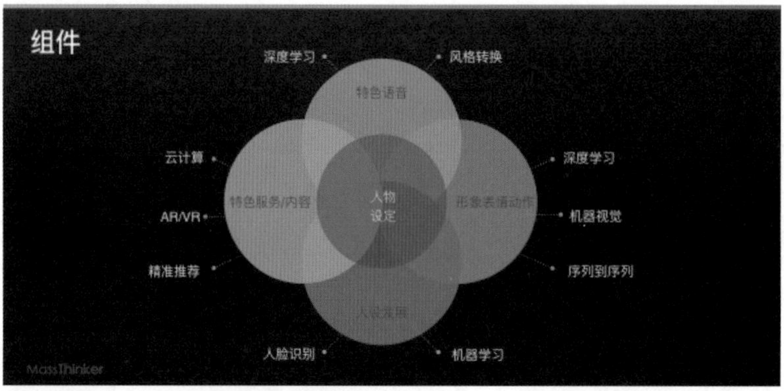

人工智能如何助力IP化人设服务创新

分享两个我们以前和intel、麦肯锡合作的案例。

先讲一下我们和intel合作的案例，这个项目其实时间还有点久，是2014年实施的。那时候我们还不知道什么是人工智能技术，对方给了我们一些语音识别、实时翻译等各种各样的技术，需要我们帮他们做PC创新的体验。当时intel的PC市场份额已经在不断下降，其实大家也能理解，现在除了To B的PC卖得比较好一点，To C的PC应该是没有什么市场了。

当时我们做这个项目的时候，其实是帮PC找到它未来还有可能存活的市场空间是什么样的地方，它还能发展的机会是什么。当时我们定义了这样9个领域，这9个领域今天如果再看的话，还是有一定的代表性。例如在线教育、空气污染和移动生活，这些都是一些主流的领域。

在不同的领域里，我们会定义关键的场景，以及在这些场景里技术可以有什么样的用法。一些数据显示，在线教育在中国市场的不断发展，即使在今天，在线教育仍然是非常火、非常巨大的市场。因为intel不会做一些具体的创新应用，所以我们给它构建了一个商业地图，从中它可以知道去用什么样的外界技术和什么样的在线教育平台合作。

给大家看个非常有趣的概念设计。计算机通过两个摄影头识别人脸，而且可以检测到人面部的表情变化。此外，它还可以去背景和识别手势。

我们当时做了一个这样的应用，小朋友可以选择系统里的一个超人，然后同步自己的表情、动作、手势，还可以跟其他的小朋友在这个平台里竞赛，参与各种活动，获得相应的一些积分。父母可以根据积分去给他换取乐高玩具等产品。当时做完这个概念设计之后，intel对全球大概9 000名用户进行了测试，最终这个应用的好评率在98%以上。

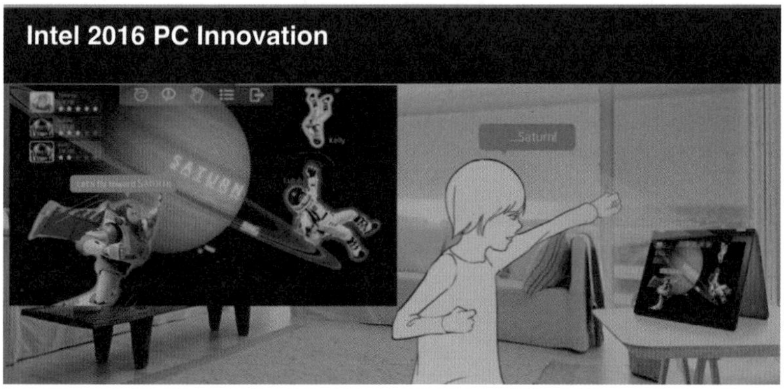

这是intel2016年11月在微信公众号发布的一个应用。如果大家今天有用iPhone X就会熟

悉它的功能，基于你的表情动作，实现动画人物的同步变化。不敢说这种创新我们是第一个提出的，但很高兴它终于把我们的概念实现出来了。

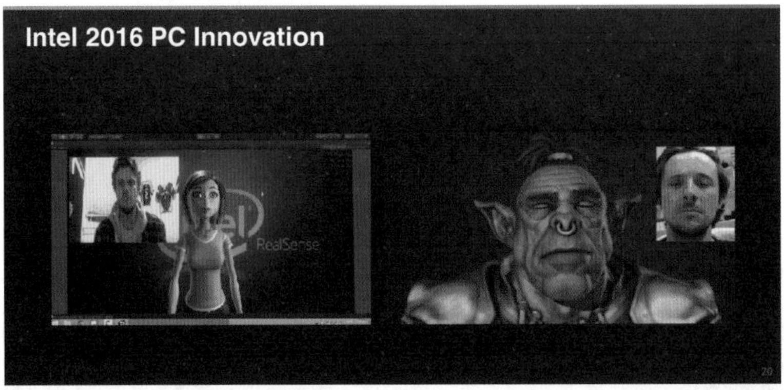

我们在2017年和麦肯锡合作了新零售背景下全渠道购物体验的项目。当时合作了两个领域，一个是运动领域，另外是消费电子领域。我们认为未来的全渠道体验有三个东西是非常重要的：

（1）全渠道全场景出发。其实这一点和京东的想法挺像的，就是无界零售。未来在任何一个地方，你的所作所为都有可能是一个触点。怎么在触点上让用户产生购买的欲望，怎么转化用户，这成为一个很重要的点。

（2）社交植入购物体验。我们发现，在中国的很多用户里，他们需要有一些社交的属性帮助他们购物，因为很多用户非常喜欢在购物的过程中和朋友进行交流，让他们提一些建议，然后再决定买不买这个东西。

（3）人工智能个性化服务。大家觉得人工智能似乎是一个高端的技术，其实你们真正了解之后，它就是一个很基本的技术，未来一定会在各个行业进行应用。

在未来的零售发展趋势里，我们认为两个核心关键词非常重要：娱乐和辅助。我们当时用到了大量的研究方法，做了大量的分析工作。

我接下来给大家讲的是运动领域的案例，当时是和耐克一起做的。其实讲到运动，大家可能都会有一点体验，就是在中国其实很多时候运动具有社交属性、消费属性、娱乐属性，它其实是很复杂的用户不一定要非常精确地看一些数据，他其实更多希望通过一些娱乐化的方式激励自己运动。

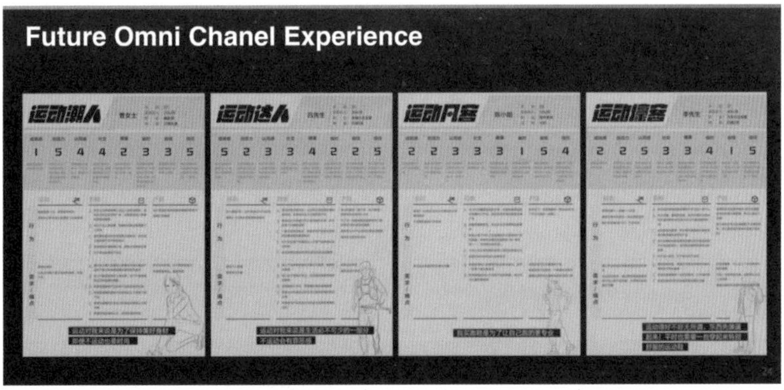

我们针对不同的人物角色，提出了的概念。当时一个概念叫运动俱乐部，主题是人工智能教练。我们为什么会产生这样的概念？

很多人其实需要激励，如果有社交的因素在里面，他能够参与到一些跟朋友的活动里来，才可能保持持续性的运动。

人工智能教练最大的不同点，是不再是一个简单的像siri一样的语音助手，更多打造成一个IP化的形象。很多人其实很想和语音助手进行交流，但交流的时候老是发生一些障碍，就会打击用户的积极性。

我们当时想如果有一个比较有趣的形象，能够让用户更愿意跟人工智能教练进行沟通，那么这背后算法就可以更长期地搜集用户的数据，从而给出一些精准推荐，例如推荐用户可以参加什么样的赛事，可以跟什么样一些玩家一起参加运动等，最终我们做成了这样的一个概念设计。

未来有哪些可能性

未来有人工智能技术帮助我们每个人打造自己的IP形象。例如我们每个人都可能利用现成的一些图像，打造自己的表情、动作等，创造一个自己的IP。

包括前面讲到每一个人需要的服务其实是不一样的，未来在零售里有可能出现各种各样的助手，它会给每个人提供不一样的服务，它跟每个人说话的方式是不一样的，表情是不一样的。

而人工智能技术还可以帮我们辅助创造一些内容。给大家举一个例子，序列到序列的算法是一个最新的科研成果，它可以通过用户的语言方式，产生不同的图像。未来如果我们数据足够多，基于我们自己天马行空的描述，就可以创造出一个属于自己的独特IP形象。

Style Transfer算法则能够将不同的图像风格赋予新的内容。未来深度学习可以帮助我们做很多内容创造的事。

所以，未来每个人都有可能有自己的IP，而且我们有理由相信，各大公司也一定会为用户提供更加个性化的服务。人作为情感的载体，需要交流和陪伴，所以未来IP化的服务会成为一个非常好的创新方向。

赵静

MassThinker用户体验咨询公司，
联合创始人

用户体验咨询公司MassThinker以及人工智能技术服务公司MEScience的联合创始人。她曾受三星SDC邀请，为三星全球手机事业部SVP等高层进行中国手机市场演讲，她连续12年担任三星中国地区消费者洞察及设计创新项目顾问，她曾受邀成为韩国现代汽车设计2014年为中国市场开发的车型评审，也曾组织过iF中国设计大奖赛。主要咨询领域：消费者洞察、创新产品战略、消费体验创新咨询。

05 以智能厨具为例的设计驱动型产品设计

◎ 郭文祺

我来分享一下设计驱动型产品如何带来流量和价值。因为现在大家做产品，不管是实体产品还是虚拟产品，都需要流量，都希望能够创造价值。

纯米，让生活更有温度

讲到设计驱动型产品就不得不谈到什么样的公司才能做出设计驱动型产品。首先看一下我们公司，我们现在有一些产品在小米的平台上销售，包括三台电饭煲、一台电磁炉，很多人会觉得我们就是一家家电公司。

但我们有1/3的人是做IT智能产品的，也就是实体产品如手机或笔记本、平板等；还有1/3的人是做传统家电的；剩下1/3的人是做互联网产品的。

我们重新定义家电产品的时候，绝对不是从传统的角度定义出来的，我们对于IT、智能、电子控制必须要很熟悉，同时我们要延伸的服务也离不开软件。所以，基于我们是一家这样的公司，才能够在定义产品的时候有不一样的方式。

让年轻人开始自己做饭

我们希望让年轻人自己开始做饭，因为我们也关注到现在的年轻人大部分都不太会做饭。大家怎么解决吃饭的问题？订外卖吗？但我们到底在外卖食品中吃了什么，可能也不知道，就傻傻地去吃。就算教年轻人自己来烹饪，如果你让他们用传统菜谱一页一页地翻，没有几个人有耐心学下去。

我们希望App的智能烹饪能够让不会做饭的人学会做饭，让想做饭的人轻松做饭，让会做饭的人可以做得更好。对自己在做饭这件事上有一个更高的主导权，是我们的一个想法。

我们有三款电饭煲产品，App已经有超过600道菜的菜谱，就是说这三台电饭煲除了做米饭还可以做600多种不一样的菜出来，包括汤类、甜品、蛋糕等，但它们相对来说还是封闭型的烹饪设备。那下一步我们该做什么呢？

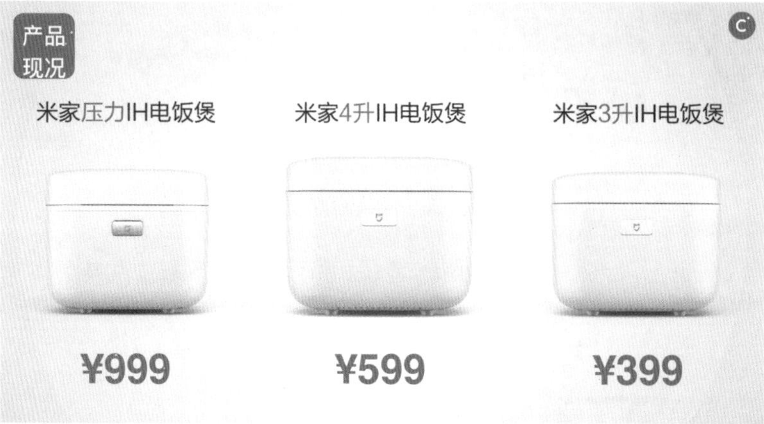

米家电磁炉

产品既然是封闭的，那就要找一个相对更开放的方式。我们准备做电磁炉，但当我们提出这个想法的时候，行内的人都炸翻了，为什么呢？因为电磁炉老实说不太酷，而且从市场销售数据来看所有的小家电都在增长，电磁炉是唯一一个在下滑的。

我们也看到市场上美的、苏泊尔、九阳的电磁炉产品占了超过一半以上的份额，也就是说这已是一个红海市场，我们进来势必会碰到非常激烈的竞争。如果我把每一台电磁炉的商标都遮掉，你们分得清哪一台是哪一家的吗？分不出来，因为市场品牌集中度很高，同质化也非常严重，每台产品都没有太大的差异。它们都是方形的，控制面板都在前面。那大家怎么竞争呢？面板越做越大，开始送锅、送铲、送配件，然后价格也非常低，每台99～199元这样一个价位。这是那时候电磁炉市场的一个状况。

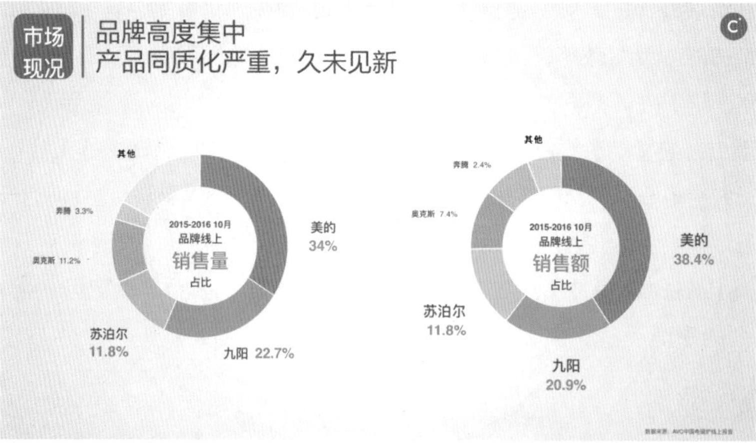

从传统市场角度看到的都是限制，但从设计的角度看到的是机会。为什么说是机会？因为产品如果都没有变化，只要你有一个变化的话，你在市场上就可能会掀起一波涟漪了，这是从设计角度看到的机会。

设计的重点并不是在设计，而是在我们观察到的用户需求。我们要从产品中找到用户根本上、操作上、使用上的痛点，进而去创造产品的价值。我们从几个维度来看这个产品。

1）核心加热功能的提升

我们第一个设计的切入点是核心加热功能的提升。电磁炉是用来烹饪、加热的，所以我们在重新定义这样一个产品的时候，看的是最核心的用户拿它来做什么，它本身有没有痛点。理想的烹饪状态除了大火爆炒之外，我们有时候也希望是小火慢炖，但如果我们有使用电磁炉的经验，应该会知道弄到最小火它还是会经常溢锅。这是因为功率不够小，大部分电磁炉最小的功率在1 000～2 100W，再小一点大概是800W，这时转到最小火它还是持续地在滚、在冒泡泡。

这就是我们发现的一个很根本的问题。所以我们在加热上做了哪些创新呢？我们做了低功率、可持续加热的双频功能。一般市面上的电磁炉在做小火力的时候不是变频，它只有一档加热，所以做小火力时可能是加热三秒停三秒。所以，我们在使用电磁炉的时候经常会听到嗡嗡的声音突然停下来，这就是通过间歇的加热去达到小火，其实不能真正满足我们在烹饪上面的需求。

所以，我们持续做低功率，它最低可以做到200W，这时汤不会凉，你不会看到泡泡，它是一个保温的状态。这是我们从核心加热功能上做的改变。

那低温可以做什么？当功率低除了可以慢慢炖之外，最近非常流行低温烹饪或分子料理，例如当我做温泉蛋的时候我可以慢慢煮50分钟，可以让它蛋清熟但蛋黄还是汤汤水水的。

低温三文鱼也是50℃煮30分钟，口感是不会太熟也不会太生，因为有人不习惯吃生鱼片。还有比较高档的低温煮牛肉，60℃慢慢煮，它会保持很稀的状态，一般还会过一下锅把它煎好，外面焦、里面嫩的那种。

2）更加精准的温度控制

既然是烹饪，那么在提升加热功能之后，第二步就是控制温度。

通常我们理想的烹饪状况是火候控制好、油烟少，但实际上是糊锅多、油烟多。为什么呢？就是超过了它应该有的适当的烹饪温度这时如何精准地识别锅内的温度，到达了某一个烹饪温度后能够让它停止或进入到下一步的烹饪，就很重要。

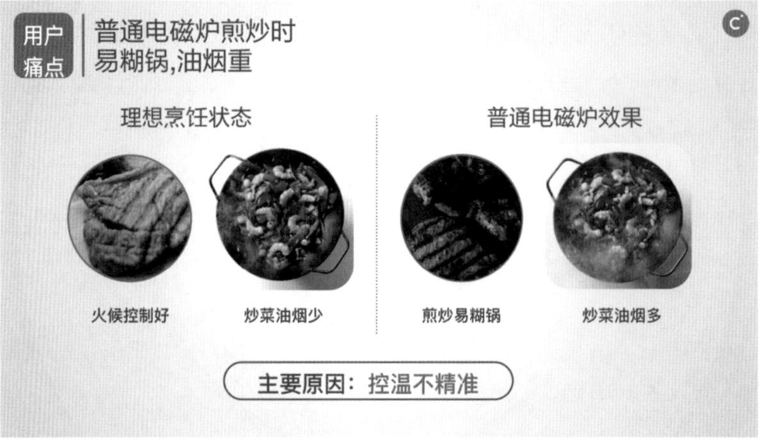

我们来看看一般电磁炉在测温上是怎么实现的。右边是传统的电磁炉，它们通常都有一个感温探头，但它常是在微晶面板下面。锅子干烧的时候在很短的时间内温度会升高，感温探头就判定是干烧，断电源。这基本上是一个安全机制，但它测温的精准度有±20℃的偏差。

我们新的设计把感温探头露出来，这样能够很精准地测到锅底的温度，进而能够去推算出锅内的温度。这个温差是±3℃。所以，在做智能烹饪的时候，温度的掌握是非常重要的。

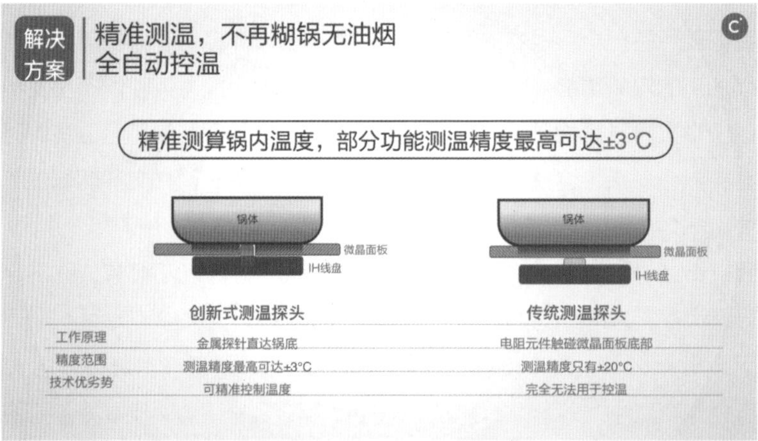

这个是我们实验的数据，黄色线条是实际锅内温度的变化，蓝色线条是传统电磁炉温度传感器的温度变化。可见升温的时候它刚起来一点就又下去了，但我们做的传感器的温度变化与实际情况是紧紧跟随的。

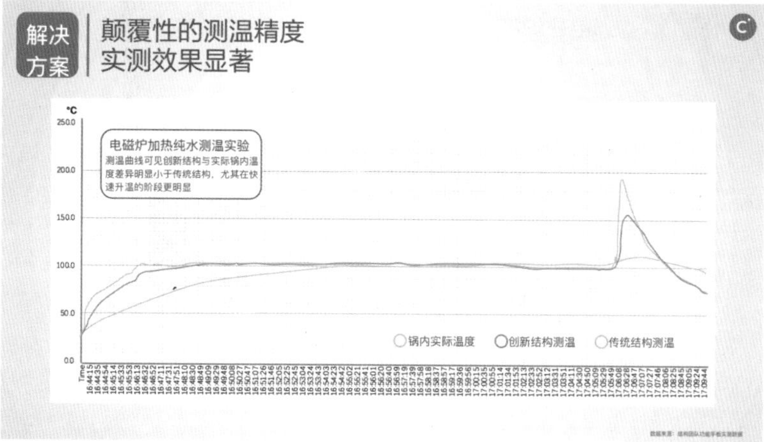

所以，在锅内烹饪温度变化的时候我们能够真正透过设备实时掌握。这个传感器是具有弹性的，这就能保证锅底跟它紧密接触。

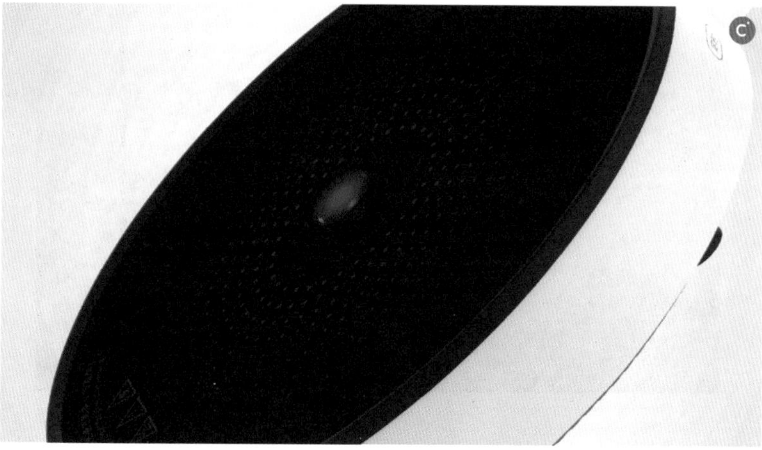

3）更符合用户需求的产品形态

从核心的功能考虑完之后，第三步我们要去思考这个产品的架构到底是不是基于最合适的状态。其实电磁炉大家都用过，如果是在一般普通的家庭里，电磁炉肯定是个烹饪的辅具，因为你有燃气灶等，平常用电磁炉可能是吃火锅或做一些辅助性的烹饪。如果说是单身族或学生党，电磁炉可能是他们唯一的加热工具。还有因为居住空间的关系可能也没有那么大的空间可以一直把这个设备摆在那儿，所以都有一个共同的需求是收纳。传统电磁炉长方形的形态其实相对来说是比较占空间的，对收纳来讲不是那么方便，这是我们第一点的观察。

第二点，我们看到传统电磁炉是长方形的，但它底下线圈盘是圆形的，锅具也是圆形的这样一来，如果烹饪时锅放错了位置，很抱歉，下面的线圈盘不会跟着锅走，加热就不均匀。假设我在煮一锅汤，这边熟得快，那边还是生的。

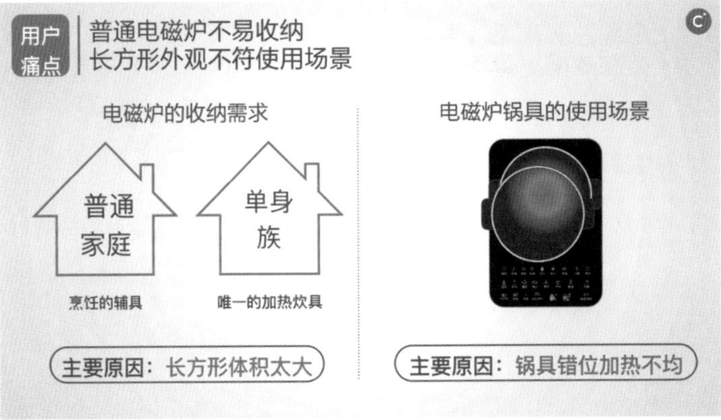

那我们怎样解决这个问题呢？第一点，我们把电磁炉做得更小。用户大多数不用的时候，是把电磁炉收纳起来的，而不是一直摆在外面；第二点，也是考虑到锅具跟电磁炉之间的关系，我们把电磁炉做成圆形的。可以看下面这张图，这里有一个硅胶圈的设计，它能够帮助用户把锅固定在电磁炉加热面板上。

大家也会问，这能够符合大部分锅的尺寸吗？这个电磁炉直径是26厘米，一般能够在电磁炉使用的锅直径大概是20厘米，所以它可以保证一般的锅具都可以放上去。对于一些尺寸比较特殊的锅，可以把这个硅胶圈拆下来，也不会妨碍锅具的摆放。

下一张图是锅具跟电磁炉摆在一起的整体效果，大家看看是不是更和谐？

4）更符合操作逻辑的硬件交互

谈完了外观，我们要考虑操作。现在的电磁炉都有好多按键，这么好用吗？我们来看看现在一般市场上电磁炉的状态。首先电磁炉标的都是几瓦、几百瓦，但一般人对于几瓦、几百瓦没什么概念。我们在看菜谱的时候，它也不会告诉你要用几瓦。它只告诉你用多大的火力，或者煮到什么样的温度。这样的交互和信息其实是不对等的，跟用户的需求不符。

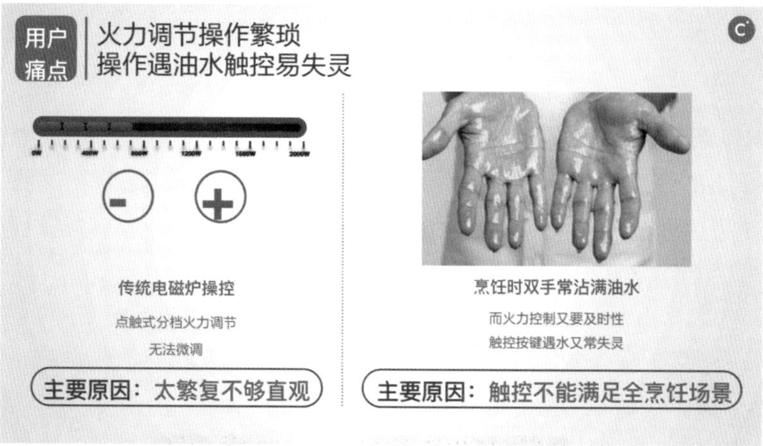

再加上操控的时候，是一个档一个档地按，操作界面太过繁复，不够直观。回想到燃气灶的这个操作，转多大就是多大的火，我还能看到火的大小，这是很直观的。

此外，以前按键式的操控，为了凸显差异化或者是所谓的科技感，很多都变成了触控按键。但是当我们在烹饪的时候，通常双手会很油腻。大家知道触控有一个非常致命的缺点，就是有油水的时候触控会失灵。设想我在煮面的时候，里面的汤水溢出来了，我要把电磁炉关掉。但是溢出来的汤水又烫，触控又失灵，关不了怎么办？我只能拔电源。这是一个很好的体验吗？其实它存在着很大的问题。

所以，我们把传统的旋钮带进电磁炉，因为电磁炉不外乎就是控制火力。我们的火力总共有100档，慢慢转的时候，它是一档一档地跳；快转的时候，是几十档几十档地跳。然后旋钮上面有9个灯，它们会跟着火力大小做改变。

那前面也提到，当我烹饪的时候，水溢出来怎么样去关火。传统电磁炉在这样极端的状况下是很难控制的。我们的产品就可以直接把火旋低，就跟使用燃气灶一样。我们还设了另外一个键，只要按压这个键，就直接暂停加热，能够很及时地解决这些比较极端的状况。

这是产品的外观，它直接有一个旋钮。那大家看到还有一个功能键，还有一个定时键。它们是什么意思呢？

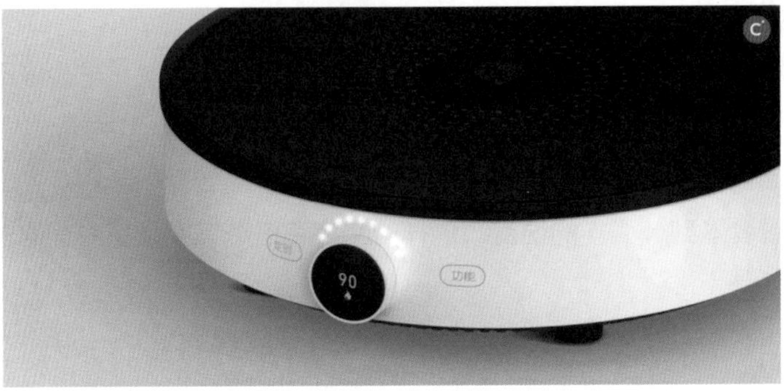

5）跳脱传统硬件限制的烹饪体验

这一点要讲的是我们如何跳脱传统硬件限制的烹饪体验。图中的操作界面大家不陌生吧，大部分电磁炉的功能就是这么多，大概有20个按键。但是有多少功能是你用得上的？其实很多你一辈子都用不到。

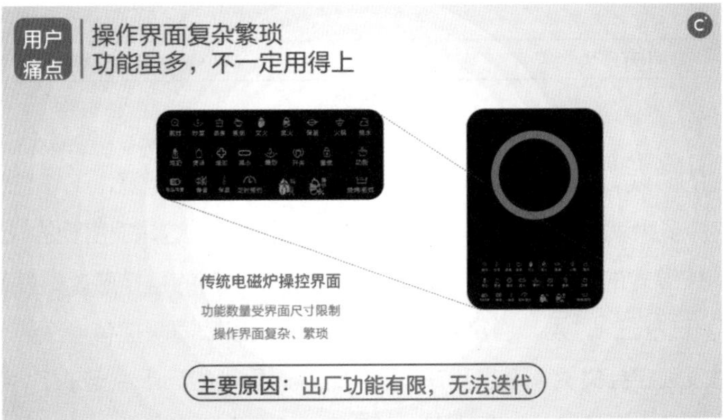

我们定义智能产品的时候，其实有一个很好的对比产品，那就是智能手机。就算大家用的是同一个品牌的智能手机，每个人用的App会一样吗？都不一样。所谓的智能家电最起码要做到这个，用户要哪些功能不应该是厂家定义，而是可以去选择自己需要哪些功能。厂家只要提供各种选项即可。

刚才看到有一个功能键，当我按功能键的时候，默认出厂设置，会有8个基本的烹饪模式。为什么是8个呢？一般人的记忆点8个就是上限了，超过之后就比较难记忆。然后这8个模式可以在App上自己去置换，如果我用这台电磁炉只煮泡面，那只要找到煮泡面的模式放上去，可以把其他的功能统统删掉。我的电磁炉只适合我来用，跟别人的都不一样。我觉得这是最起码的智能产品，它要足客户真正的需求，让用户可以自己重新去定义。

在我们的这一款电磁炉上面现在有超过100多种的烹饪模式，如火锅、蒸煮、汤锅、炒菜、煎炸等，这是最基本的烹饪模式。同时，我们也有非常多的菜谱。它绝对不是说我把一个传统纸质的菜谱变成电子版就算了。我们这些所有的菜谱都能够介入设备，用户只要依着菜谱的提示去准备好所需食材，然后跟着提示步骤放进去。它对加热的控制、时间的控制，甚至中途可能需要再加料的提示，都会非常准确。用户只要照着提示做，保证能够成功。

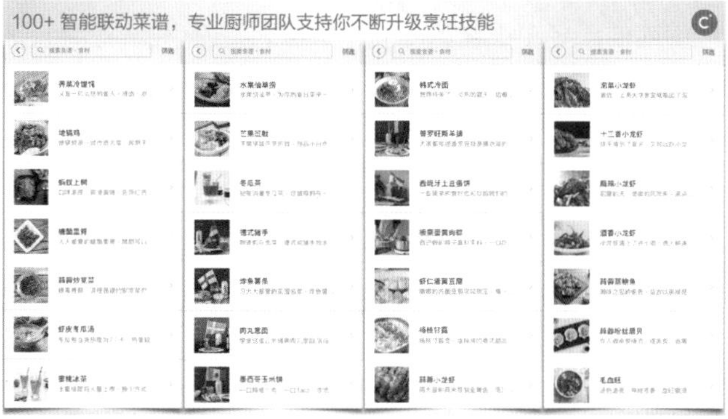

这只是我们帮助年轻人烹饪的第一步，建立自信心，你必须要能够做出来。要是他想做但是每一次做的都糊掉了，那他也没有太多的信心能够再做下去。那这是一个渐进式的，我们前面提到希望不会做菜的人会做菜，会做菜的人能够做得更好，甚至拥有更多的自主权。自主权是什么？当你掌握了某个菜品的做法之后，你甚至可以通过这样的设备烹饪导出你独有的加热曲线，跟朋友分享或发布在网络上和大家一起来分享。

也就是说，只要妈妈家里有一台这样的设备，她导出自己做饭的加热曲线，在外地工作的孩子就能够重现出来。有了五星级大厨的加热曲线，只要你的食材跟他是一样的，也能够在你的家里面呈现出来大厨级的菜品。参数化跟这些加热曲线，其实是未来这种智能产品、智能烹饪能够带给大家的一个价值。

我们在这一台电磁炉上，还做了一个创举。前面有讲到它有非常多的模式，可以让用户自己来选择。那如果没有一个是用户喜欢的，或者没有一个满足用户的需求，我们还开放了一个入口，叫用户的自定义。它包括两个维度：

（1）按照火力，我要多少的火力煮多久。

（2）按照温度，维持多长的时间，结束烹饪。

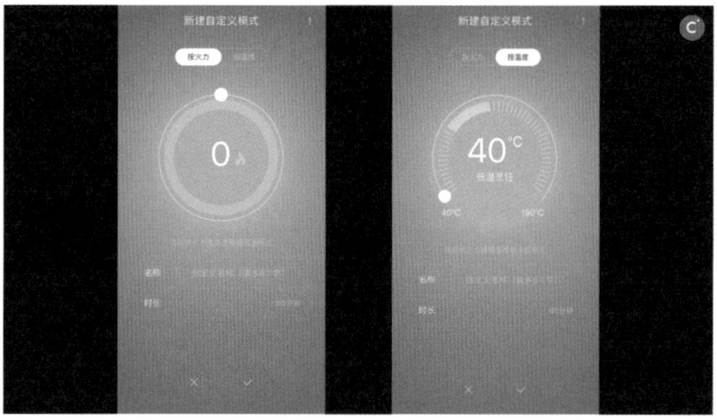

这是什么样的场景呢？例如我每天早上都习惯喝200毫升85℃的牛奶，那我就可以设置并定义一个热牛奶档。每天早上起来不用再调整温度，只要转到这个功能按开始，就可以忙别的事情。时间到了之后再通知我，加热过程完成了。

这是我们在后台上面看到的一些功能。我们都会觉得烧水是一个非常低级的需求，不是一个很复杂的需求。没有一家电磁炉厂把烧水放到他们的设备功能上，但是我们从后台数据看到烧水是所有功能里面使用频率排名第一的，这真的蛮讶异的，这跟我们以前所理解的用户需求完全是不一样的。

从后台数据也会看到自定义功能的名字，它们都很有意思。像“水煮前任”，这名用户可能跟前任的关系不太好；还有一个“爆炒室友”，可能是用户很痛恨他的室友。我们还看到一些很温馨的，如“爱老婆模式”“老婆大人的洗脚水”等。没有一家厂商会出这些功能，但是这些功能唯有对建立它的人来讲才有意义，这是真正的智能产品。

我们的题目是什么？设计驱动型的产品如何带来流量加持。真正的干货是什么呢？千万不要说因为要设计驱动，那设计师就当老大。在这个前提下，设计师必须要有一个很全面的思维，不只是关注外观。我们前面分享的那5点全部都是基于用户的需求。

所以，设计师必须成熟到同时顾虑市场的状况、成本的状况、交互的情形。当你在定义产品的时候，必须考虑产品最关键的核心价值，它的外观、交互以及跟后续透过智能延伸出来更深一步的价值，我觉得这个才是设计驱动型产品的核心绝对不是盲目地推崇设计，而是设计必须成熟到能够关乎每一个环节并把它们整合，导出一个成功的产品来。

郭文祺

小米生态链–纯米科技，
研发设计副总裁

纯米科技研发设计副总裁、合伙人。曾任和硕设计上海负责人、华硕电脑设计主管。华硕时期主导全球第一台上网本的定义与设计，定义PC新物种，影响当时全球的PC市场发展；和硕时期为全球500强电子企业包括HP、Dell、Intel、Lenovo、Fujitsu、Cisco、Sony等提供市场分析、战略制定、概念设计等专业咨询服务；也为非IT产业提供完整的设计服务，客户有九阳、海尔、苏泊尔、公牛、松下、震旦、方太……拥有超过15年多样的产品设计的经验。2016年5月正式加入纯米团队，从设计及用户需求出发主导产品定义、研发设计米家电磁炉，成为国内第一台黄牛哄抬售价的电磁炉。毕业于意大利米兰DOMUS设计学院。

06 设计思维驱动公共服务创新：以“仁”为本的公共空间服务设计

◎ 李盛弘

本文内容涵盖了社会创新项目设计过程、习得与一些实战经验，并深度解读了上海图书馆创·新空间的设计案例，分享了团队是如何运用设计思维的方法来解决问题的。整体包括了以用户与馆员的视角一同重新定义关键问题、头脑风暴、使用者访谈、找寻全球与本土的灵感启发点、类比案例解析等，了解真正的挑战。最终希望能在空间与服务设计上体现设计理念，成为未来建设图书馆新空间甚至其他公共服务时的借鉴。

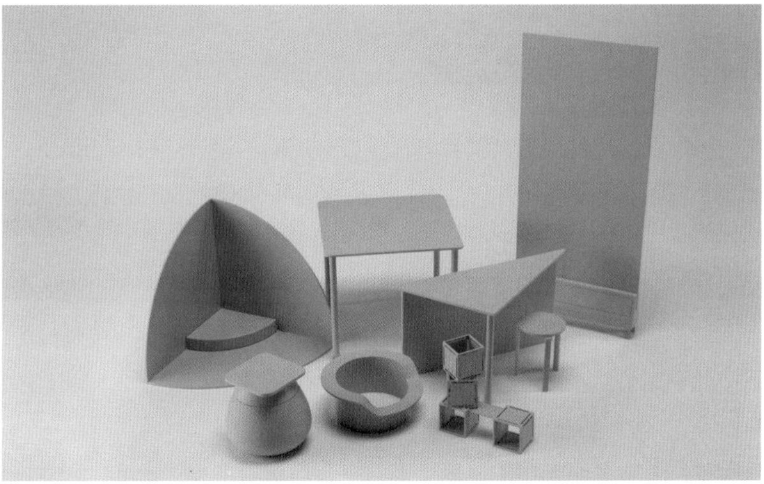

上海图书馆创·新空间的家具设计

项目初衷

我每周六会与上海视觉艺术学院的设计系学生在上海图书馆创·新空间一同学习设计、体验设计。四年过去了，身为一位设计师，我总是对日常生活有着细微观察。同时，自己也是上海图书馆创·新空间的用户，准确说应该是“极端用户”。设计师与极端用户的双重角色，让我不得不思考这样一个问题：如何重新设计上海图书馆创·新空间的用户体验？从设计提案、团队讨论到不断修正，从对于结果的期望到规划，再到设计与执行的过程，前后大约用了一年的时间，才有了这个初步的服务设计与空间规划方案。

创·新空间2013年5月对外开放，在运营的这几年中，上海图书馆读者服务中心始终在倾听用户的声音，从用户的需求出发调整文献配置，增设软件品种，改进活动内容。同时，我们希望能得到读者对空间的使用体验反馈，让用户参与图书馆的空间改造。

与上海图书馆创·新空间团队一同分享调研结果

清晰化价值主张定位与目标人群

项目的定位与想要吸引的目标人群都同样重要，后续的设计与产出都是从这个价值主张（Value Proposition）出发而展开的。可以有许多不同种类的设计执行方式，但是都需要围绕一个清楚的价值主张定位。针对此项目，上海图书馆创·新空间是想要吸引一般大众？还是想要吸引设计师和创客？或是想要吸引亲子族群？一种是偏向大而全的定位，一种是针对性的定位。两种不同类型的定位，对应着不同的设计方式，显而易见会造成不同的设计结果。我们可以把此种定位比喻成一种中心思想，其余的行为、行动和表现都是围绕着这个中心思想设计的。

价值主张也不是一种非黑即白的概念，而是一段涵盖式的描述区间。如果延续使用上述的例子，我们可以把“大而全”与“针对性”两种粗略的定位方向放在一条水平线的两端，每一个间隔可以再细化区分。例如在大而全的基础下，我们更希望能针对亲子族群方面设计。甚至可以精确到亲子族群中的小孩，例如小学任何一年级的孩童。这个视觉化工具帮助我们在思考定位时，不是局限在定义一个点，而是定义一段有意义的区间。

上海图书馆创·新空间针对孩童与亲子所设计的讲故事角落与社交区域

图书馆转型面临的挑战

设计在求新求变的同时，如何由设计帮助传统行业转型（transform）？这是一个巨大与模糊的问题。回答此问题前，我们必须要非常了解自身（产业）的长板、短板，认识自己（产业），才能重新定义这个问题，进而找到切入点。图书馆是一个传统产业，随着电子书、共创空间、咖啡店的兴起，图书馆与传统书店的定位发生了变化。这些变化不只是空间设计与产品设计等这些具体实物上的改变，服务与组织架构上等无形的改变也是其中之一。设计的角色更为重要，全面性渗透到传统产业之外，重新建构新的适应能力也尤为重要。

创新需要承受相对较大的风险，但是我们总是可以从细微的改变做起。我自己也很钦佩上海图书馆创·新空间对于改变现状的动力、对于接受新事物的开放心态、对于设计师与设计的信任、对于探索未知领域的勇气、对于馆员的培养、对于读者与其他使用者的关怀。转型不难，难的是能建立起具备转型的充分条件与状态（condition）。这让我联想到IDEO公司文化中的一个价值是Ask for forgiveness not for permission，字面上的翻译是“请求事后的原谅，而不是事前的许可”。背后的意义则是鼓励我们去创新、去犯错，而不是在框架中遵守规则。无论是个人公司还是传统产业，打造一个适合创新的环境非常艰难。我认为转型成功与否的关键因素在于创新文化的积累。转型是创新文化的一个产出结果。

导引互动式学习交流

这个项目有趣的地方是使用“共同创作”（co-creation）的方式。我们和用户共同创作外，也和馆员们一同讨论、协作完成初步的设计方案。工作坊（workshop）的方式是大家能想象的形式之一，但是其目的更多是希望教导设计思维的方法论以及应该具备何种正确的心态，而非只是解决单一的问题。其中我们使用了一套线上的共享资源“为图书馆而设计”（Design Thinking For Libraries），这套教材是由IDEO和比尔及梅琳达·茨基金会（Bill & Melinda Gates Foundation）共同研发的材料，附有许多实际图书馆案例，帮助用户学习。

上海图书馆/上海科学技术情报研究所副馆（所）长周德明教授分享图书馆转型与愿景

其中利用工作坊解决的设计挑战是如何重新设计上海图书馆创·新空间的亲子角落？该过程中我们有目的性地分组，每组的组员包含家中有小孩的家长、刚刚毕业的年轻学生与设计师。大家利用集体的智慧，相互影响与补充。如此碰撞出来的结果，可以更加包容与多元。图书馆馆员也参加了同样的工作坊，尝试从馆员的视角来了解这个挑战。

许多人会误解：“利用引导互动式的设计方法，是否就是把设计的重责推给了用户、团队？”其实恰巧相反， 设计师需要带领团队进入到设计过程中，因此设计师的责任更加重大，需要思考如何设计具有触发性（provocative）的问题，激发大家脑力激荡想出一些点子。导引的过程是需要设计师事前精心规划的。

与上海图书馆创·新空间团队一同参与设计思维工作坊，共同解决设计挑战

人本设计（Human Centre Design）与仁本设计（Humanity-Centre Design）

人本设计（Human Centre Design）已经包含在所有的设计命题当中了，是一个必要的条件。未来的设计项目中，更需要的是设计师与团队在乎用户（Design with Care）。例如，在图书馆创·新空间的询问台设计中，为了能让小朋友和馆员间能有足够的互动，能有视线上的交流，我们用最简易的方式，将询问台高度降低。询问台在空间中的设置也是“仁本设计”的体现，原先的设置点是在入口处，馆员的视野局限在出入口而非空间整体。新的规划是在创·新空间的中心处，能让馆员们眼观四面、耳听八方，真正成为空间的一个守护者。我们不希望让馆员集中在询问台的狭小区块中，而是让馆员能真正融入空间，拉近与读者的距离。我想创·新空间所提倡的“创新”不只是空间，而是“人”，每个人都能具备“仁”心与“仁”爱的精神。

上海图书馆创·新空间的询问台设计与场景

上海图书馆创·新空间的俯视图，圆形部分为询问台位置

“仁”这个字也很有意义，有两个“人”，表示需要关心到更多人与族群。以“仁”为本，代表的不仅是一种同理心的态度，更是一种尊重的表现。因为关心、因为在乎，所以在设计用户与消费者的体验、服务时能更加细心、体贴。还记得第一次到日本茑屋电器（Tsutaya Electrics）参访时，除了被书店内的环境设计、动线规划打动外，另一个小点也特别触动我。当我向书店店员询问协助找寻一本书的时候，她迅速地去仓库找，回来的时候给了我两本同样的书，一本是全新未拆的新书，一本则是已经拆封的样书。拆封的样书可以让我当下试读，如果我希望购买，则能直接拿全新未拆的新书去前台买单。如果我不喜欢，可以同时把这两本书交还给店员。茑屋电器、茑屋书店不只是设计看得见的硬件设备，例如空间、建筑、产品等，还同时在乎看不见的软件设计，例如无微不至的服务、

完善的客户体验等。这正是“仁”本设计最佳的写照。

“仁”本设计不只注重于“服务”素养的提升，同时顾及“专业”素养。茑屋电器、茑屋书店的店员们，除了能具备同理心，能提供最好的店内体验外，若自身不具备专业知识，也很难让顾客满足。若顾客问的问题店员不懂或当下无法回答，体验自然会受影响。茑屋书店的店员、导购都是有细分专业的，有摄影行家介绍摄影相关的问题，也有对于烹饪有研究的导购会解说一些美食类的问题。在仁本设计的例子中，设计师真正做到了关心和在乎顾客，让用户感受到了温暖。而此温暖是需要从建立信任感开始，“专业”素养即是产生稳定信任感的关键因素之一。

场景下的设计（Design in Context）考量

一个具体的设计解决方案需要满足天时、地利、人和。天时是指事件发生的时间点、时代，地利是为事件在哪里发生的，人和就是指事件想要吸引的目标用户群体。说穿了其实就是场景设计的一种体现。也因为这些因素都是随着时间转移而变化，解决方案也是随之改变的，是一种动态的排列组合。此时，场景下的设计考量因素，对于设计师来说就变得非常关键。也因为如此，我觉得创 · 新空间的项目，只是一个开端，更重要的是能否培养创 · 新空间团队具备设计创新能力，在面对未知挑战时，能够充分展现创新能力。

我的理解是场景设计也可以解读成情境设计（Scenario Design），这是一种可以帮助设计师全面思考的设计方法。在不同的情境中去考虑设计，可以帮助设计师或是用户触发不同场景下的真正需求。例如，一提及下雨天的场景，你可能会联想到是否需要携带雨具、雨伞、雨鞋甚至是塞车。说到图书馆的环境，你可能会直觉地联想到安静、阅读、知识交流和学习的场域。场景其实是一种很自然、很直觉的思考方式，往往需要从丰富的日常生活中观察与学习。

项目近况

此项目获得了欧洲产品设计奖（European Product Design Award）金奖、意大利设计大奖（A’ Design Award & Competition）、美国工业设计优秀奖（IDEA）、IDA国际设计大奖等诸多国际设计奖项。且此作品获得了欧洲文化协会（European Cultural Centre）和GAA基金会的赞助，在2018年5月受邀赴威尼斯设计周（Venice Design Week）展开为期半年的展览，7月份受邀在北京国际体验设计大会（IXDC）上分享，10月份会在上海图书馆创 · 新空间展出。更多资料请参考下方网站：

- 项目网站：
http://shenghunglee.wixsite.com/design/shanghailibraryinnovationspace
- 为图书馆而设计（Design Thinking for Libraries）设计思维材料：
http://designthinkingforlibraries.com/

李盛弘

IDEO，设计师

李盛弘是一名来自IDEO上海的设计师、上海视觉艺术学院副教授，也是一名创客。擅长从各种领域汲取丰富的灵感和视角，开展跨专业团队协作，共同为客户开创新的价值。李盛弘的背景是工业设计和电机工程，他热衷于研究设计及技术的实践运用，及其带来的社会影响力。近来，李盛弘还与美国工业师协会（IDSA）合作打造IDSA在亚洲市场的战略、服务和用户体验，并牵头把初步合作框架编制成了他近期出版的《IDSA亚洲蓝图》一书，为企业和社会创造系统影响力。

第3章 团队管理及用户研究

01 团队的崛起：设计激励团队合作

◎ Torkel Mellingen

世界已经改变

从我们的祖先聚在一起商量“只要团结就一定能消灭那头猛犸象”，到如今把人类送上月球已成为久远的历史，我们可以看到人类的成就和辉煌是通力协作的成果。只是随着时间的推移，合作的方式发生了巨大的改变，它随着科技进步、工具优化而改变，而且它即将再一次改变。

我的团队一直在深入研究塑造最佳团队的因素，包括团队的技术支持以及在未来技术如何打造最佳团队合作。没有人比大型企业更能直观地感受到团队合作的变化，因为大型企业正在经历被规模较小、经营灵活的初创公司所超越的局面，这是因为大型企业和初创公司的运作方式截然不同。

我在大型企业和创业公司都工作过，实际上这两种公司都生产同样的产品，但我可以告诉你，这两种类型的公司之间有十分惊人的体验差异。

大型企业通常都是等级森严的，最高层制定战略，下级部门划分职责，一级级下去，直到这些职责具体分配到某个执行者。为了实施高层制定出的大战略，当你把工作交给手下的员工并继续跟进工作时，你会发现每一位员工都很清楚自己的工作职责。同时，所有方法都有各自的固定流程，甚至连评估方法都有模板。然而对于敏捷团队来说，情况就大不相同了。

当初创公司面临机遇或挑战时，你挺身而出，积极接触那些你认为能够抓住机遇或者解决公司难题的人；然而一旦越过了那根线，你就自动退离了原先的团队，和新接触的人组队。让我们大致看下，使得这些敏捷团队成功的因素以及它们的需求。

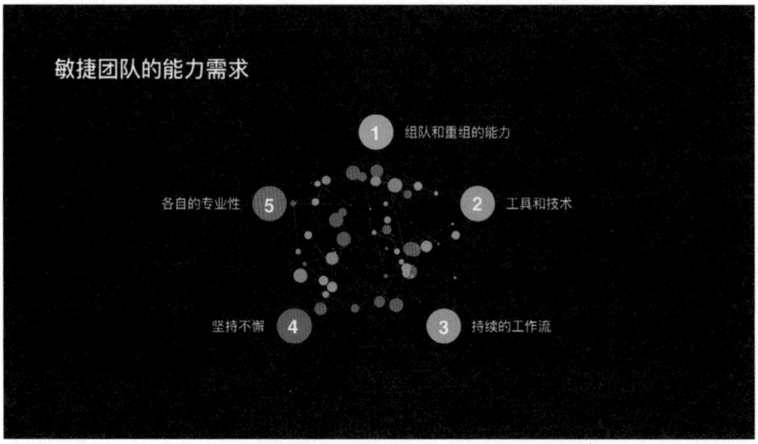

毫无疑问，第一点就是我之前提到过的组队和重组的能力。第二点，共事的人并不是决定成功的唯一因素，决定工作好坏的唯一因素是工具和技术。自从11年前人们开始使用智能手机以来，我们开始将这些智能手机应用于工作中，我们似乎更喜欢使用手机里的应用和服务，而不是企业所提供的工具或软件。企业现在依旧困扰于这一现象，但是初创公司已经习惯了这一现象，不必过分考虑解决方案的工具。

第三点是持续工作流。说回每位工作执行者，自从计算机问世以来，个人的工作流程已经得到了高度优化，复制、粘贴、拖放，这些都能使工作效率大大提高。但是对于团队生产力来说，情况就完全不同了，事实上每一点都不一样。

举个例子，让我先问大家一些问题。有多少人工作的组织或公司有白板？有多少人曾用手机拍过公司白板的照片，以便之后查阅？有多少人曾向某人承诺会把会议上拍的照片发给他，但是因为忘记了而没有发？对于一个聚集了无数精英的团队来说，团队协作十分重要，而且团队的成功取决于该团队的产出，这就导致了激烈的思想斗争，因为有些事项非常容易忘记。

第四点是持久性，这一点可以概括为团队的知识库。为什么这么说呢？因为这是团队的集体记忆，是团队成员随着时间的流逝所积累起来的，可能是在他们合作攻克难题时所积累的。而且，在团队引进新成员时这一点变得格外重要。

第五点涉及敏捷团队的本质。敏捷团队是由一批拥有不同观点、背景、职业的人所集合而成的，为了攻克难题，他们共同努力寻找解决方案。这些成员缺一不可，涵盖了所有需要考虑的角度，这些不同的角度都是为了验证解决方案的成功。在初创公司里，找到合适的合作对象非常容易，所有人都认识彼此，团队存在信任。然而，在大型企业，这将会变得困难。

我团队中的设计师遍布全球，他们是一群工业设计师、视觉设计师、用户体验设计师、用户研究员、设计主管，我和设计经理们一起，尽最大能力安排大家各自的合作对象和工作职责。但是，如果我们是一个完全灵活的团队，这些设计师就能够自主寻找合作对象并做好之后的工作。这是我们的工业设计团队，所有120位设计师中有10位在这个团队。

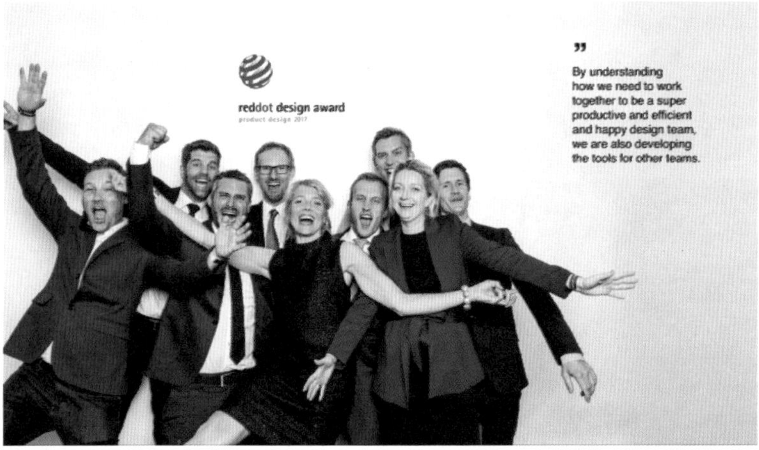

虽然我没有告诉他们，但是我觉得他们的工作比其他团队要简单得多。这是因为经过团队成员数年来的通力协作，他们彼此信任，知道彼此的优势；他们在需要帮助时，可以轻易

找到合适的求助对象。经过了数年的合作经历，他们拥有团队的集体记忆，这使得他们能够多方面合作之外，还有利于产品管理。

我们做了什么？

我们设计产品和服务有三个原则，在这三个原则后面隐藏着对团队根深蒂固的信念。我认为没有人能比深泽直人更完美地解释出来这些原则的真谛，因为他经常说“设计需要融入人类行为中去，设计本身就存在于行为当中。”这就类似设计是无形的，这也是为什么我们称它为“隐形设计原则”。这三个原则是我们要创造出能够帮助团队集中注意力的产品；我们要承担更全面的责任来满足新的团队合作要求；我们要激励团队成员去真正接触彼此，互相分享，拥有一致的团队目标。让我们更深入地了解一下根据这三个原则所设计的产品。

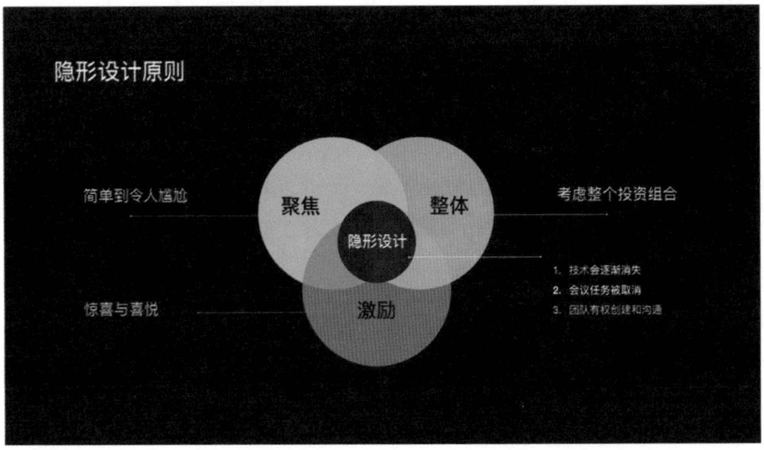

这是Webex Board，我们在设计时想象了以下场景：你走进会议室，因为家里有一台iPad或者平板计算机，所以你觉得这块板十分熟悉，你会想：我好像知道怎么使用它，它只不过比我的平板计算机大了点而已。这就是为什么我们称它为“团队平板”，这块板的边框装有摄像头，嵌入了很多电子扩音器，还有一支白板笔，而这正是团队所需要的，你可以在团队会议中把它挂在墙上。

真正让我们感到惊讶的是，会议室中的这块板显得异常简洁。因为当你身处其中，站在团队面前时，你真的不想和高科技打交道，那时候无论你在做什么，每个人都在关注着你。这和你使用智能手机的情形截然不同，没人会关注你，你能在空闲时间处理所有的琐事。

我们认为，一旦你需要在团队中处理技术问题，你就是在分散团队的注意力，同时也错过了合作的机会。每个人都见过他们的孩子玩iPad，我们测试了此产品的便捷性，我们认为将这种便捷性融入企业是非常正确的。

第二点是创造整体的体验，真正触及复杂合作的核心。我认为合作是工作中最复杂的事情之一，因为你必须使用很多的工具来与团队保持同步，例如电子邮件、信息、文件共享、会议、图表、执行项目、版本管理等，这些事情很容易忘记。

Cisco多年来一直致力于为会议室提供工具。大多数的团队一进会议室，第一件事就是把他们的内容贴在墙上，第二件事是在白板上表达想法并互相评论，第三是基于语音或者视频的会议。我们很容易就能想到，如果这时候一个通过语音发言的人想讨论写在白板上的事项，就会混乱。所以我们做了很多来走出现有的舒适区，以期提供一个完整的解决方案真正完善团队的工作流程。

第三是创造一些有吸引力的东西，真正使得团队达成合作。团队选择各自的工具，基准就是团队自身设置的最佳体验。我们需要说服个人和团队，这是他们理想的每日工作之地，再结合简洁化工具和整体协作方法，就是我们得到的结果。

接下来会发生什么？

你问我们解决了这一问题吗？还没有，这是一个长期的过程。那接下来该怎么做呢？

我觉得我们现在做的就是连接一些要点。我们一直在研究适用于团队的最佳产品，可现在是人工智能时代，人们已经完全沉浸在这种模式中。未来几年，将会出现更简单的改进过后的人工智能产品应用于我们的日常生活和工作领域，也适用于团队合作。初始阶段，简便化产品能提高生产力，但从长远来看，我们还在研究其他对团队有益的东西。

这是我们做的一个研究，关于团队的虚拟助理。制作这样的一个虚拟助理需要大量复杂的技术，但如果我们以一种循序渐进的方式来研究，就能创造出一个为团队提供价值的虚拟助手。

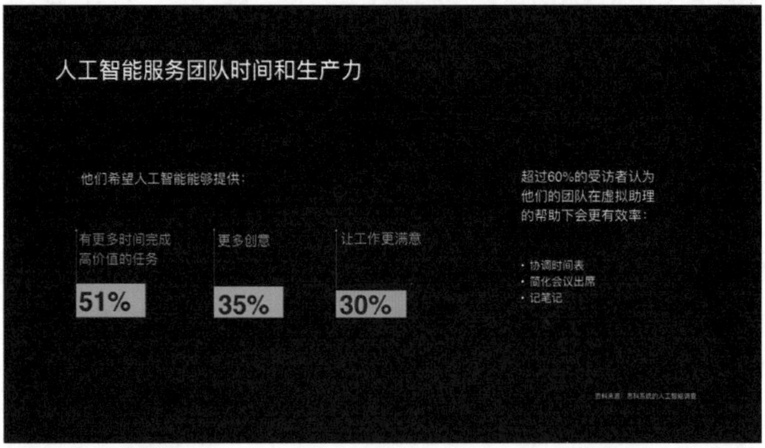

我们来看看具体是怎么样的。

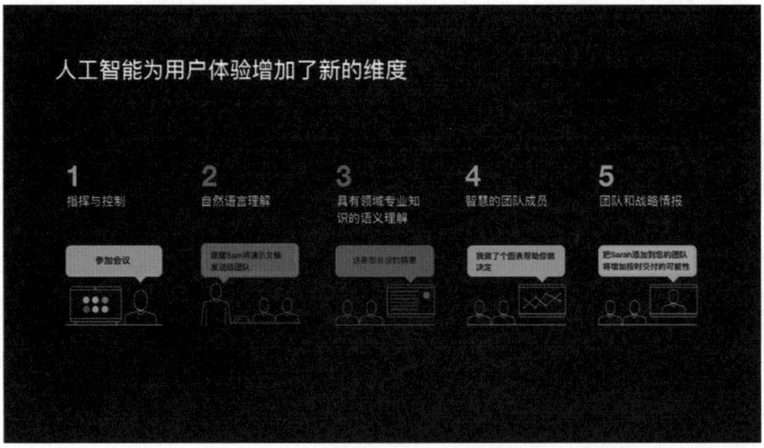

第一点当然是让它做一些关于命令和控制的小事情，你只要告诉系统“加入会议”，就能看见参加会议的其他人；之后，我们需要将它融入自然语言的理解，虚拟助手就可以理解更为复杂的指令，例如“提醒山姆在会议结束后发送演示文稿”。之后就渐渐变得有趣了，因为我们能让虚拟助理理解团队的工作内容、会议的讨论内容以及提供会议摘要，这些更加印证了团队需要记忆储存库。

第四点就是，虚拟助理以虚拟成员的身份加入团队。我们都知道计算机的能力和人类很不一样，加入进来后，其提供的观点可能会非常有用。如提供团队信息图标、统计数据并根据团队需求来生成这些内容，这样就能让你的团队或者其他团队做出正确的战略决策。

第五点是让虚拟助理成为团队的导师，从团队视角中走出来，帮助团队决策。例如，如果你邀请安娜加入团队，你就能解决这个复杂的问题；如果让查尔斯加入团队，你就能按时完成工作。

作为一个设计师，这种想法既令人畏惧又十分有趣，如果你听过史蒂夫 · 乔布斯的演讲，你会发现把要点连接起来十分重要。我不确定哪些点该连接在这里，因为我们现在还没有所需要的工具，但是能够逐步创造出这些工具已经足够令人激动了。乔布斯的原话是“你无法把点滴与未来联系，只能通过回顾才能看见。所以你必须相信点滴能串联未来，你必须有信念。”

我们相信，我们的研究成果是组成敏捷团队的核心部分。除此之外，我希望在前进的过程中能够研究出如何打造智能体验。

Torkel Mellingen

思科，设计副总裁

Torkel Mellingen 是思科系统合作产品设计副总裁，致力于帮助人们更好地共同工作的经验、产品和服务。他致力于让用户体验让人们停下来欣赏，不管是通过它的存在或者一个简单的授权用户界面来让用户停止欣赏的体验。2004年加入Tandberg 时，Torkel开始设计合作产品。当思科收购Tandberg时，他帮助创建了思科的新设计语言。他于2014年加入Acano，这是一家总部位于英国的合作创业公司，领导着应用程序和会议室产品的设计和营销。 2016年，他重新加入思科收购了思科 ，在那里，他将自己的设计思维带到思科 Spark Board 和新的思科Spark应用中，获得了他的团队的第19个红点设计大奖，这次是最好的。

02 利用设计思维进行商业创新，驱动组织与业务变革

◎ 杨葳

今天分享的更多是基于我20年在埃森哲从事企业战略制定的经验，包括在管理模式上如何改变、运营模式上如何改变，以及当服务设计在很多领域不断渗透的情况下，如何通过服务设计帮助企业达成更好的绩效。

趋势：客户对于体验的期望现已超越行业边界

设计从原来只是注重产品，更多关注产品的工业设计，发展到了体验设计。例如说我们去了解客户历程，通过客户历程重新把所有的触点抓住，然后跟客户更多地交互，能够赢得用户的忠诚度。这也是我们下一个设计的发展方向。

最终，设计由外向里发展，即从企业的商业模式、运营模式设计向内发展，从一些固化的外部形态设计逐渐走向人的意识形态的设计。

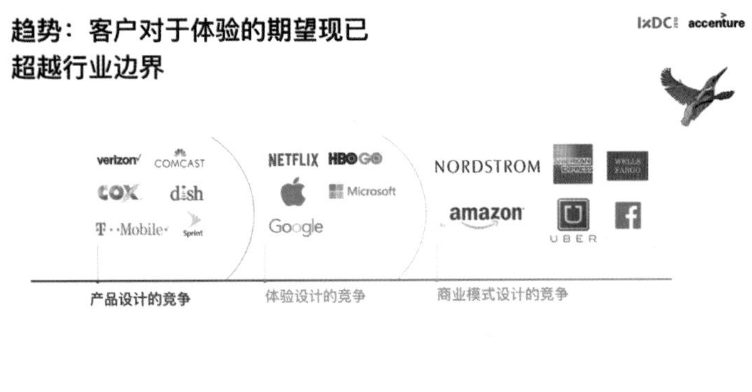

在竞争中，原来很多企业是在同质的范围里进行产品设计。如今产品不管是从外形上还是体验上、价格上，若能给客户带来更多的愉悦感，设计也能够有更多的竞争力。

例如说NETFLIX或者HBO等，他们更多的是在客户的历程、交互体验上做设计，通过这样一个参与过程的设计，赢得客户，运营客户，这是第二种竞争方式。

那么我们再看Uber，它通过发掘大家在出行上的便利要求，重新把这个痛点和目前数字化的技术连接起来，创造了新的商业模式。这能为企业带来更大的价值，也是更高层次的商业角度的设计。

小米实际上也是在默默耕耘，从产品的设计逐渐走到了生态的设计，并且通过生态，在逐渐演化它的一些商业模式。

体验成了所有企业差异化竞争的重要阵地

在今天这种数字化的时代，我们自己也在不断改进。我们收购了一家企业，叫Fjord。它实际上就是通过服务设计，在前端更好地和客户进行交互，提高客户的忠诚度，帮助企业获得更多的营收。同时，它的这种服务设计也会渗透到企业内部管理和人员管理的领域。它在每一年都会发布一些趋势性的报告，从中看到，未来会从行为和人性来指导客户体验的关系，设计在这里面扮演着更多的角色。

服务设计已经渗透到了员工体验的设计，尤其是在一些人才竞争比较激烈的欧美市场，员工体验的设计已经成为很多企业吸引人才、保留人才的非常重要的竞争手段。Glassdoor是一个网站，很多员工会在上面发表一些心声，对企业认同或者是报怨。

Glassdoor做了一个研究，结论是非常重视员工体验设计的企业在标准普尔中比那些不重视员工体验的整体绩效高出122%。同时，Design Management Institute也做过一个分析，表明设计驱动的公司在标准普尔中的绩效，也会比不重视设计的公司高出228%。

服务的设计其实真正渗透了从产品到企业的每一个环节，启动了企业对内设计的重新构思，促使企业用设计思维去改变整个的运营设计、管理设计以及对人员的培养。下图中间这一块，是设计产品时大家都非常重视的UX（用户体验），而一个企业在发展中真正重视的是两个方面：一个是CX（客户体验），一个是EX（员工体验）。

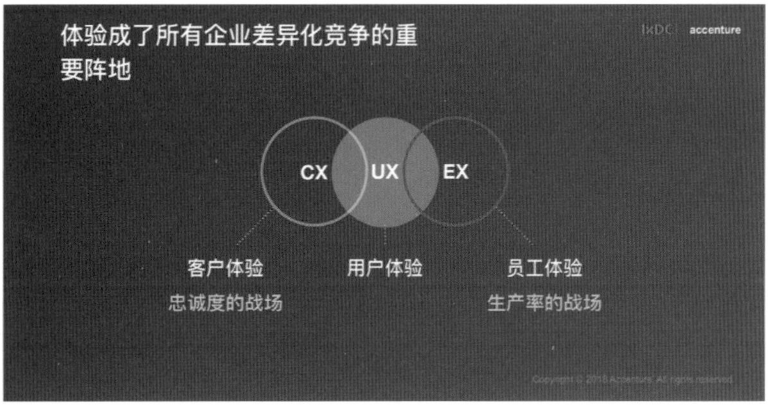

CX大家可能都很清楚，就是在整个与客户交互的过程当中，要知道客户的历程是什么，他的痛点是什么。我通过什么样的一个创新，能够去引领体验的提升，能够捕捉到客户的忠诚，捕捉到客户的流量，把产品不断地经营下去，这个是CX的设计。

那么EX我刚才也提到，很多企业当今越来越重视了。它不仅仅包含员工本身的感触，以及他在整个职业生涯中跟这家企业所有的交互历程，更多的还要把员工分成不同的角度。例如说我可能是这个企业中的领导者，那我需要什么样的关怀，我需要什么样的体验，我需要什么样的一些服务。

这三方面的设计会为整个企业带来投资回报率的实现，也就是在投资回报上面的绩效会有突破和提升。

挖掘冰山一角下的愉悦感

在整个服务设计中，冰山表面的愉悦感远远不够，在冰山下面实际上牵扯到一个企业怎么样能够去实现这样的愉悦感，它是一个更加系统化的工程。愉悦感若想通过企业运营机制的规模化、体系化展现出来，需要做到两点：

第一，重新构想整个服务历程，以及组织和运营模式。只有围绕着在冰山上面怎么样给客户带来愉悦感、怎么样给员工带来愉悦感，重新调整企业的组织、管理和运作模式，才能够真正实现这样的愉悦感。

第二，企业层面灵活的技术架构平台。很多企业采用了云技术、互联网技术、移动技术来使企业的管理更灵活，并且通过跟员工的交互达到这种愉悦感。

这是企业在管理当中两个非常重要的，能够支撑我们实现愉悦感的支柱。

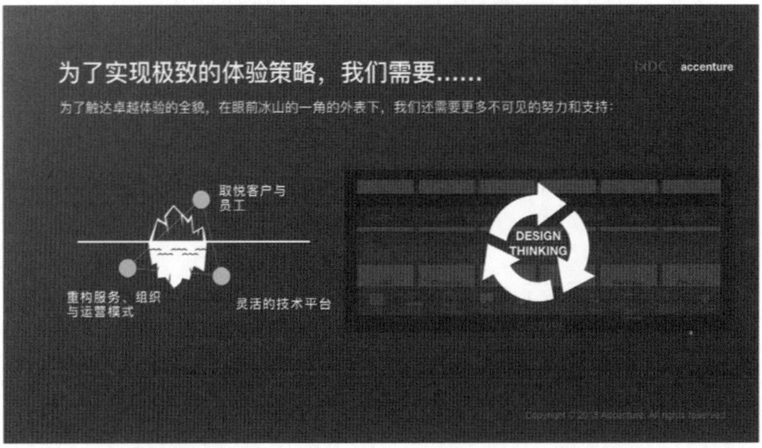

客户从知道产品、研究产品，到他真的购买这个产品、使用这个产品，以及最后再重新购买，这是一个完整的历程。那么在这个历程中，客户在每一个阶段都有他自己的诉求。那怎么样能够去挖掘这个诉求，据此构建后面整个组织以及人才结构，以及财务上面怎么能够跟上，供应链、IT、基础设施怎么能够实现这样的客户历程，实际上是非常重要的。

例如说我们设计旗舰店，以前大家更重视的是什么？是空间设计、感知设计，会更注重外观设计。但是服务设计里面，我们更在乎用户从进店到出店这么短的时间里面能否被打动，能否最后做出购买的决策，是什么东西影响到他们最终购买的决策。这是我们说的交互历程。

员工体验方面，会进行不同的细分，有些是管理层，有些是员工层。员工的历程包括他加入企业到发展、调动，最后他可能要离开。那么在这个历程中，服务设计能够帮助企业了解员工最喜欢的是什么，通过一些关键时刻的设计，获取员工的忠诚度。以上都需要我们在整个服务设计当中，通过客户、员工被服务的历程，把后台的人力、财务、供应链等内部管理串起来，才真正能够获得最终投资回报的结果。

设计思维在企业商业模式转型中的应用

为客户服务的过程当中，我们也创造了新的方法和工具。首先我们引用了服务设计的思维方式，去跟客户共同创新一些商业模式，并且在这个商业模式下，展望、发掘未来的洞察是什么，然后共同去创造，激活规模化和运营。这是我们走出来的非常重要的路径。

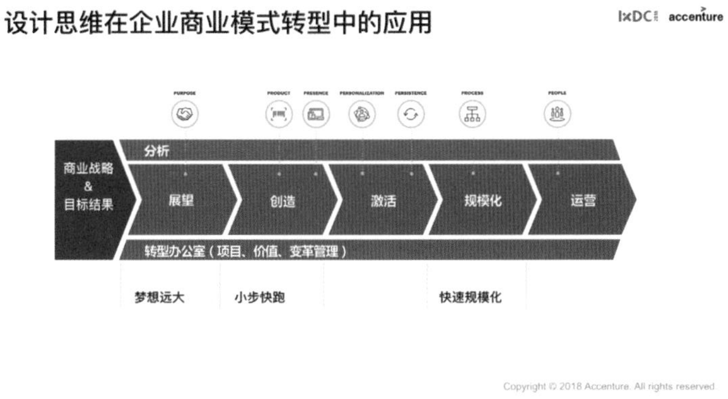

那么在这个路径之下，有这么一套工具和方法。首先要展望，去洞察痛点在什么地方，把这个痛点以及用户所需要获得的愉悦发掘出来，这是我们看到的第一步。

后面是创造，通过我们的一些工具，把愉悦的历程描绘出来，并且通过跟客户一起的交互，设计出来一个非常具体的方案。这个具体的方案还不够，怎样通过一个企业运作的机制和流程，把它规模化，真正地运作起来才是重要的。

利用设计思维工具箱，识别“关键时刻”

不管是客户的历程服务设计，还是员工的历程服务设计，我都要知道什么是关键时刻。这个关键时刻实际上能捕捉客户或者员工内心深处有情感的东西。

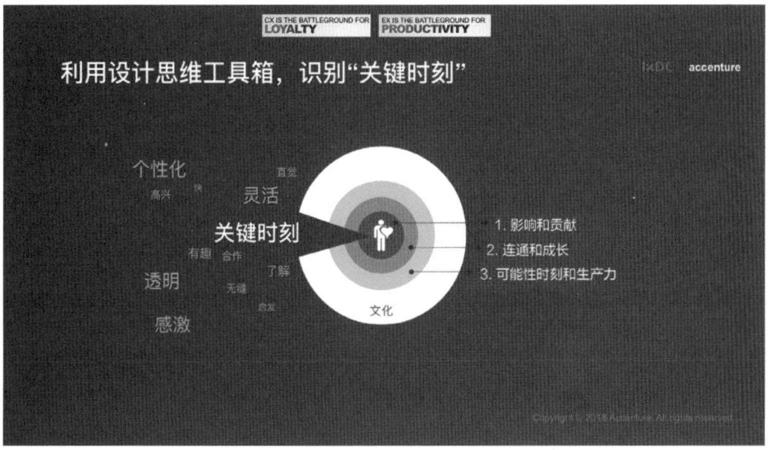

我们需要设计师在很多工具的指导下，去挖掘客户、员工的关键时刻到底存在在哪个环节，这里分成三个层面：

第一层，实际上是最核心的，能够给他们带来影响和贡献的；

第二层，通过一些连通和成长，能够给他们带来促进，是更外层的触动作用；

最外面一层，是可能性时刻和生产力。

客户端我们分成知晓、购买及获取、使用及支付、服务、增加及改变、结束。以前做品牌或营销方案时，我们第一步干什么？去做大规模的调研，统计有意义的数据，帮助我们发现这些客户是怎么想的、是怎么被细分的，不同的细分之间有什么样的区别。但是今天，这实际上已经不够了。为什么？创新意味着你先要捷足先登，你要发掘那个潜在的、没有被满足的痛点。当你已经具备了统计意义，它就不是一个创新了，它已经既成事实了。

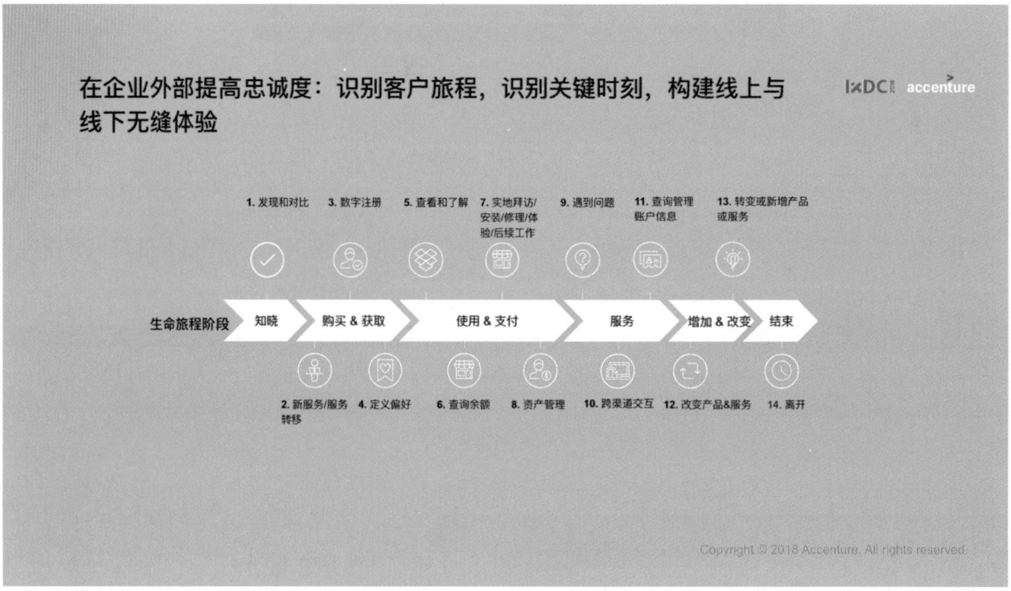

讲到员工的历程，我讲一个例子。美国硅谷的一个企业本身是做高科技的，但是它在整个的面试、选拔、招聘的过程中，一点没有显示出它是一个高科技公司。只有在招聘的过程中体现出我是一个数字化的企业，才能吸引数字化的人才。

那么在这个过程中，我们帮它进行了关键时刻的发掘，围绕关键时刻，我们设计出一个非常数字化的体验历程。例如通过一些新的数字化的手段进行面试，然后在员工上岗的过程中，由数字化界面和工具帮助他完成工作，这就大大提升了这家企业在硅谷对数字化人才吸引力。

再例如说我们给诺基亚的整个维修做出了新的设计。原来把维修手册做出来以后，你很难落实到每一个维修工人上面，因为每一个人对这个手册的理解是不一样的，他也不可能每天看着这个手册去进行维修，质量非常难控制。

那么在我们进行场景设计以后，我们把VR或者是谷歌眼镜这个东西带入进来，帮工人推送一些设计操作的动态指导。同时，它也对维修过程起到监控，能够保证整个设备的维修达到一个非常高、非常一致的水平。这对整个诺基亚的设备资产保护起到了很大作用。

所以，我们可以看到设计思维越来越渗透到企业运营的每一个环节，它更多从商业价值的角度为企业发力；那么对设计师来讲，如何能够去增加这方面的技能，是我们的一种发展通道。

把设计思维和企业运营商业思维结合在一起，才能更好地从每一个价值点的突破上面，为企业创造更多的价值。

杨葳

埃森哲，大中华区管理咨询负责人

杨葳女士是埃森哲大中华区消费品行业董事总经理、大中华区管理咨询负责人。领导和参与过埃森哲在高科技、石油化工、金属、医药和消费品领域的项目，在帮助中国大型国有企业提高运作效率、向市场化转型以及在帮助全球跨国企业开拓中国市场等方面积累了丰富的经验。她的专长主要致力于企业战略制定和企业重组业务规划，组织结构设计和优化，绩效管理体系改善，市场营销策略制定和优化，以及营销策略的制定和供应链管理的提升，消费者与渠道体验策略。她站在企业战略高度，借助设计思维解决商业领域的复杂问题，激发体验创新，达到商业目标。杨葳女士于1997年加入埃森哲公司，之前在澳大利亚国立大学获MBA学位。

03 设计领导力的建立与拓展

◎ 崔颖韧

可能很多同学都听过我之前的工作坊还有峰会，我之前比较喜欢讲干货、方法论、体系，最近一年我有一点改变风格了，我尝试讲故事。我这次讲的主题是“设计领导力的建立与拓展”，其实是讲一个比较大规模的UED为什么没有被拆掉的故事，大家可能经历过很多这种消息和新闻。例如说2013年、2014年，腾讯CDC拆散了；然后在2015年左右，携程300多人的UED拆散了；2018年腾讯ISUX以设计中心为单元拆散了，拆到产品线里去了。

我们大众点评UED现在比较另类，就是不看事业群、不看部门，只要在上海的业务，几乎所有支持的设计师都在我们这个设计部门进行统一管理。

大家可以看一下，以事业部为单元至少有4个，如平台、广告等，还有一些餐饮生态、外卖侧，UED在中间，然后我们下游是平台研发、到综研发、广告研发等。

其中是一个怎样另类的配比呢？我上游的产品部门有20个，600多人；下游的技术部门至少有4个，1200多人；我们处在中间，是唯一的一个设计部门，对接的产品总监20多个，运营总监20多个，产品总经理10几个，这要怎么玩呢？

所以，今天讲的就是一个上海用户体验部还能生存下来的故事。我从三个方面给大家解读：点、线、面。

第一，点，是指立足专业。

第二，线，主要是讲和上下游、横向部门如何协作。

第三，面，指我们自己的影响力如何以面状去扩散。

点

先来看点，还是有三大立足点：①理性设计；②数据驱动；③深入业务。

为什么是这三点呢？设计团队被拆掉有三大理由：

理由一：你不够专业。毫无疑问，我们要理性设计，要有方法，专业要足够扎实。

理由二：你的设计没有给产品带来价值，产品觉得你们的价值太弱了。我们要用数据驱动，设计发布之后有没有给产品带来价值，要去分析数据，有没有改善用户体验，都要从数据里看。

理由三：不够深入业务。这是最常见的一个理由，因为大部分的设计部门经过一段时间的建设，前两个点相对还能做到，很多知名的设计团队被拆掉的理由其实都是最后一个，就是你不够深入业务，不够深入行业，你和我们配合紧密度不够，对产品的参与度不够。所以，请让我的产品负责人来管。

设计团队如何存活下来，如何施展自己的影响力，这三个点是最基础的。

我们看一下如何理性设计。首先理性设计是要和设计师讲专业，设计师会问怎么样是专业的呢？你凭什么说我不专业呢？

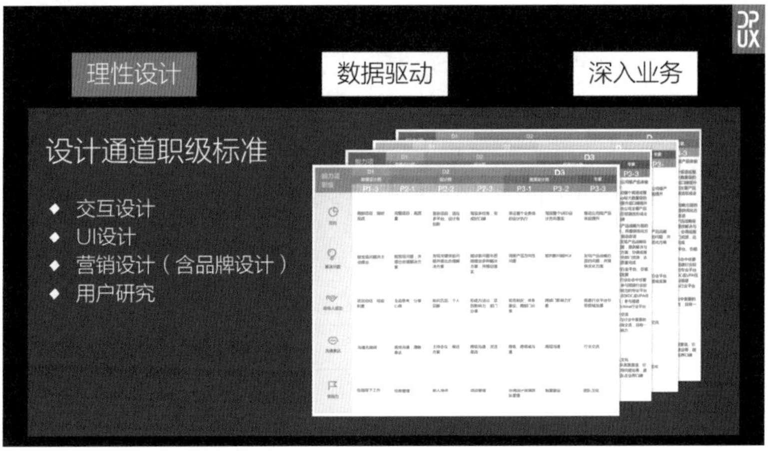

第一件事是先建通道职级标准，分为交互设计、UI设计、营销设计、用户研究。我们的品牌设计还没有单独拿出来，它在营销设计里面。

从应届生到总监甚至总监再上面还有的两级，这是专业通道可以晋升的整个路径，你可以一步一步走，需要掌握的能力会标注括号，如用户访谈、问卷调研、可用性测试等，下面写得清清楚楚，这样你就知道我要升下一级需要学什么方法了。

标准有了，但里面出现了50个方法，都不会怎么办？那么教的途径就是我们的设计学院。我们2014年建立了设计学院，到现在4年了，这是我们部门级的设计学院。

可能有的同学知道，我的一个绰号叫校长，原因就是我当时主导成立了设计学院。后来我们又建设了公司级的设计学院，下图是部分课程。

有了标准、方法和不计其数的课件，设计师就会了吗？还是不会，怎么办？我们有全员的导师制，每个人都有老师，不管是设计师，还是管理层。管理层有管理导师，我也有我的管理导师。

我们以这样一个机制去进行运转。以通道晋升、绩效、专政答辩这三个机制为核心，它们是评定你专业能力的标准。然后由导师制来进行辅助，在工作中通过导师进行指导，产出相关的案例，再做复盘总结，产出方法论，然后再回到我们的评估机制里。作为评估案例，晋升答辩、绩效，都需要有案例佐证。

周围还有一些小的组织来保障整个体系可以运转，因为不是说有一个分享机制就能成的功，还要有很多分层的分享机制。例如刚才说到的设计学院，还有我们的专业分享会，如交互分享会、UI分享会以及小组例会等。整体能促成一个生态运转。

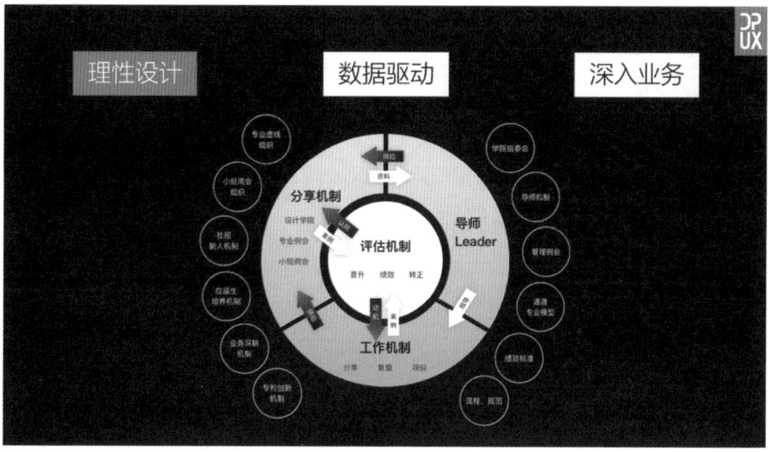

如果要在IXDC分享的话，我们都会选出一些比较有深度、有行业影响级别的人。这是历次在IXDC做过的一些分享，是我们内部一些大的方法论的简单呈现。

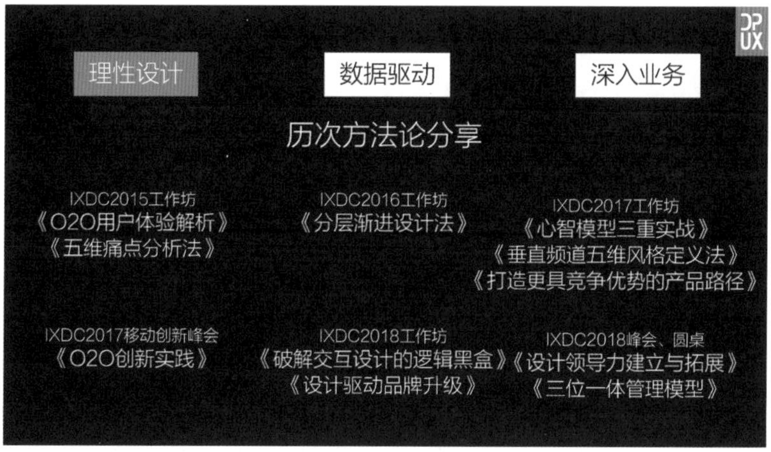

数据驱动

然后是数据驱动。你口头说专业还是不行的，因为你的合作伙伴如产品、运营、技术人员是不太懂的，讲专业他们也不知道是什么意思。所以，还是要通过数据佐证我们的价值。有一些后台追踪数据，可以去研究我们的控件级数据模型。例如说这种列表会有一个深L形的数据模型，表示首页点击率可能在第5行已经衰减得差不多了。不同的行业，列表页的衰减是不一样。

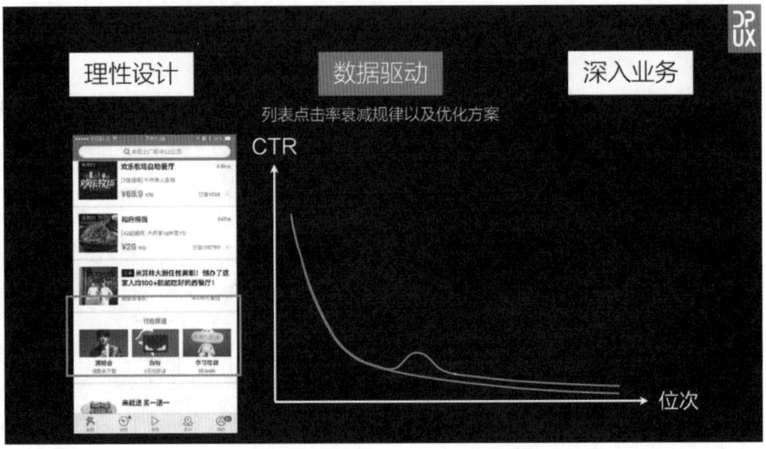

那么，基于这个规律怎么改变？我们加入一个小创新，在中间插入一些不同的样式。我们有5类样式，例如说第一类插在第五行，第二类插在第七行，这样进行穿插。这个蓝色的曲线体现出点击率有所上升，这是基于数据模型去进行的一些优化方案。

还有我们常见的tab模型、tab控件。我们经常会跟产品人员说，不太建议用tab控件，但是他们没概念。于是我们把tab控件的数据模型拿出来给他们看一下，可见第二个已经衰减到1/10了，第三个已经是1/20以下了。

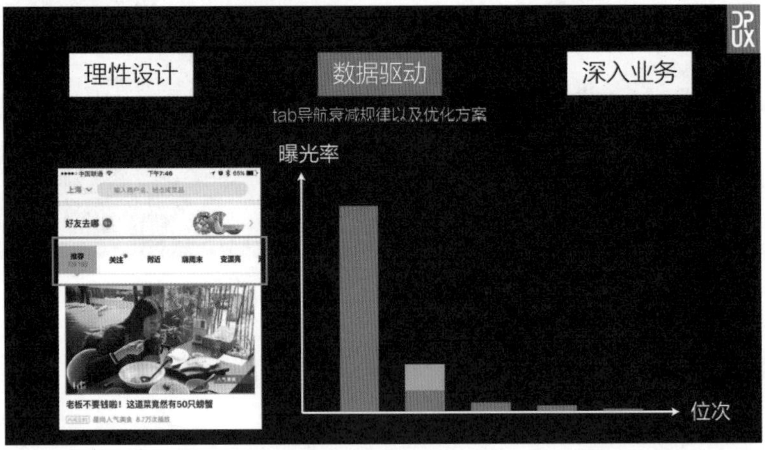

这是一个设计师半年来做的新手引导弹窗点击规律总结，全部汇总出来进行一个数据的分析，从高到低进行排列，然后找规律。第一行最高的点击率能到40%，最底下那一行到3%，差距有10倍多，高的有15倍。这样产品人员再提出一个点子时，你就有以前的方案来评估是否可行。

这是一些颜色分析、形态分析，也是为了找到设计规律拿数据去佐证。这其实是一个应届生做的，大家都会觉得做广告业务挺无聊的，没有人愿意给我做广告业务，但是有的同学能做得很好。例如说对一个广告位的样式做A/B test，就一个文案的差别和排布方式的差别，能够带来很大的数据上的差异。大家不要小看，在基础上提升了5.8%，但广告业务就有几十亿元的收入，在某一个广告业务模块里提升了5%，价值也是很可观的。

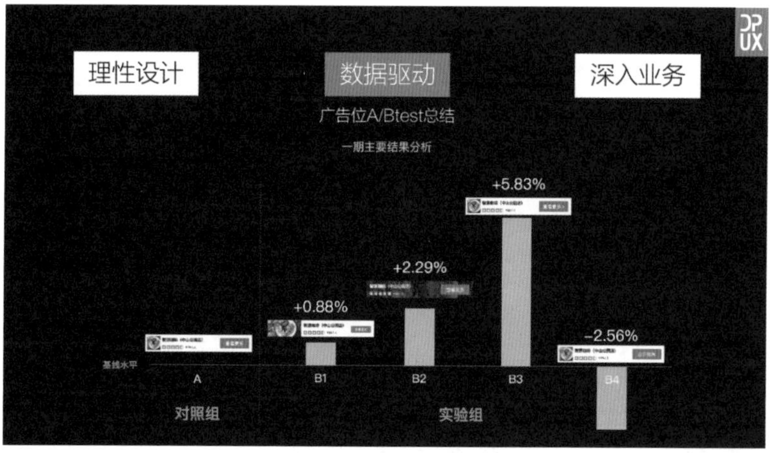

最后一个是深入业务。我们深入业务更多是靠一种行动，不是靠设计产出。我们的行动是什么呢？让所有的设计师去参与调研，而且我们的应届生到团队之后，不管和他的项目有没有关系，必须去参加一次用户访谈。这是我们做的访谈数据，B端我们做了90多次调研，对100多家商户进行访谈。然后通过这些访谈，我们会产出一些报告，找到一些体验的优化点。

然后通过报告我们找到一些改进点，主动提案把优化方案也做出来，然后给到产品人员，说我们发现了一些可优化的点而且方案也做好了，看你们接不接受或你们的开发资源有没有时间弹性。

这个时候，产品人员会觉得设计团队和我们站在一条线上，设计团队会主动为产品思考，而且把方案都做好了，很多时候接受度还是挺高的。

线

讲完了点，我们讲一下线。线主要是有横、纵两条线，纵线是指你的项目合作上下游，横线是指你的横向设计团队，还有其他的兄弟团队。

首先，纵线要承上启下、向上拓展。承上启下中的“上”是产品人员、需求方、需求部门、运营，“下”是开发。我们认为我们的核心价值点是要向上拓展，去影响策略、需求。向下的话，我们更多是进行标准化输出，减少和开发的沟通协作成本。

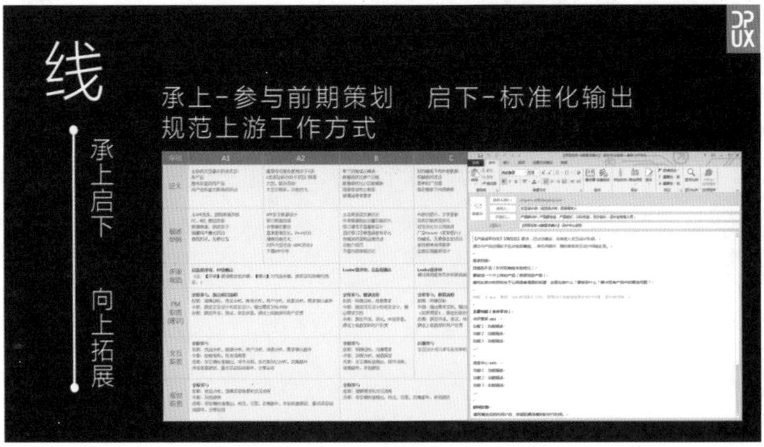

首先，我们要规范上游的需求。规范上游的需求这件事，其实我做设计师的时候很抵触

的，我内心想的是我为什么要去规范产品团队呢？产品团队不该自己规范自己吗？

我现在已经不这么想了，我觉得设计师不要给自己设太多的限制，不要觉得那是产品的事，不是我的事，要一切以结果为导向。如果不以结果为导向，我想我们的部门也很难存活下去。

我们自己给需求定了一个分级表，定好这个分级表之后，让产品人员按照我们的分级表进行项目排期和流程制定。还有就是对需求进行一个定义，规定一个评审流程，相关的输出，包括文档、邮件，邮件里的格式该抄给谁，全部都是我们定的模板。我们定好了之后，所有上游产品部只要提需求，请按我的需求规范给我，否则不接受这个需求。

然后是帮产品去做一些策略定位的事情，例如说我们这次大众点评新版本的改版，大家也都看到了，感觉步子迈得很大，但其实背后也经历过很多思考、研究和考量。我们的交互设计师来帮助做了一个桌面研究，研究了用户人群的迁移趋势。最终我们总结出了几个词:年轻化、娱乐化、社交化。所以，你看到了大众点评新版现在的样子。

我们也关注竞品的动态，例如说做了某个大型的发布会，公布了他们一些新的体验策略。我们设计师会跟进分析他们又做了哪些新的东西，会分析他们做这个新东西在体验上能给我们带来怎样的竞争。

然后设计师会自己分析行业。例如结婚行业的产品方给我们提需求，提的顶多是一份需求表，那行业的知识怎么办，我们要指望产品人员给我们上一堂课吗？这是指望不上的，我们只有自己来研究产品分析的方法。例如分析行业痛点、行业规律，会用这样一些坐标系把相关业务行业进行定位，通过定位找出行业的差异和不同的痛点，这个五边形代表痛点的差异性。例如有信息决策成本、交易成本、沉默成本、空间成本、时间成本，能看出很多行业差异。

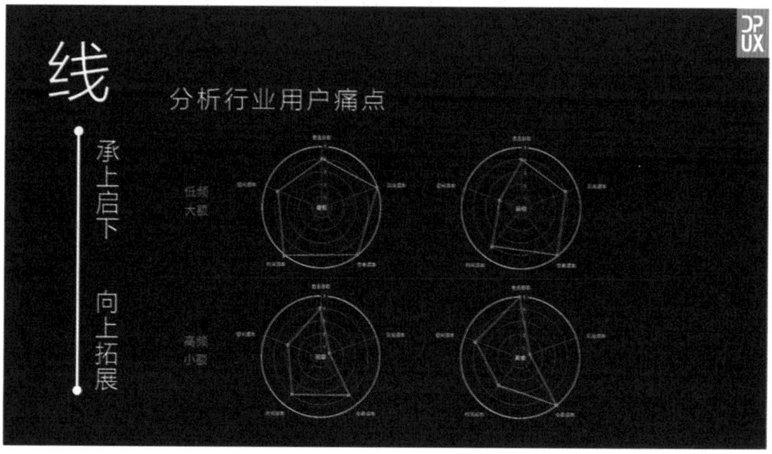

这是交互设计师的一个能力定义表，其实交互设计师是我们团队中向产品侧拓展影响力的主力。

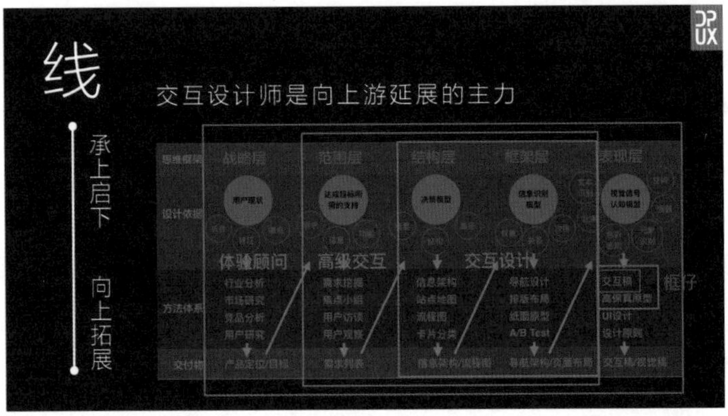

常规的交互设计师做一做结构层，做一做信息架构，做一做导航，做一做交互稿等就可以了，那在我们团队是不行的。我们团队要求交互设计师要有需求分解能力。再高一点的话，在战略层要有影响力。我给交互设计师未来的定义是一个体验顾问。例如在丽人行业或者结婚行业，他要做整个大众点评里体验的梳理，去分析行业特征、用户特征，中间该做什么样的用研，通过用研怎么导出需求，通过需求再怎么导出信息架构，这些对我们现在一些高级别的交互设计师都可以完成。这就是向上延展我们的影响力。

除了上下打通，还要横向拓展。横向拓展先要搞定内部，因为我们有130多个设计师，4个设计中心，如果算到组的话有将近20个组。内部如果不统一的话，你没法集中对外呈现你的战斗力。我们内部先统一流程各种输出规范。

为了让团队更稳固、更扎实，我在团队内部做了一个矩阵式管理。

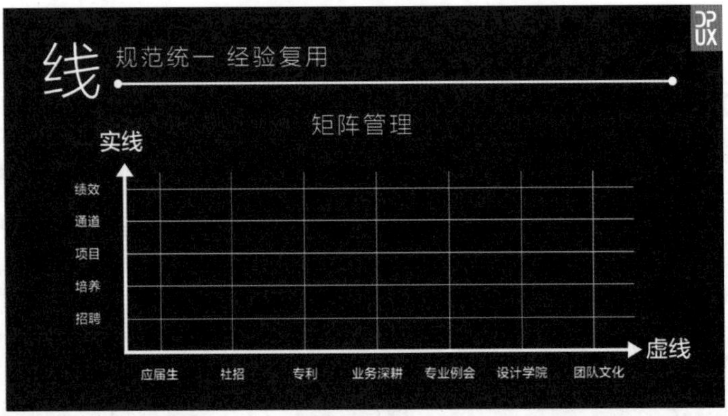

纵向的实线是领导主要做的，如打绩效、通道评审、晋升评审、关注项目质量、做人员培养，还要做招聘。其实领导要做的还不止这些事，其他放在横向的虚线上。例如应届生组织、社招新人组织、专利组、业务深耕组、专业例会组、设计学院组和团队文化组。他们是干吗的？他们是设计师来组织的，每一个点只有两个设计师组织，而这两个设计师是边做项目边做组织，有点像志愿者。但是这个组织的同学所负责的这些事情，不用向他的领导汇报，全部向我汇报。

举个例子，对于应届生培养我们当时面临的问题是，将近20个应届生拆到十几个组里，每个组会给他们每个人配一个导师。导师配完了，我看到导师名单发愁了——80%的导师从来没有带过人，全部给校长带那我得累死，怎么办呢？我就找了善于沟通的两个同学，跟他们一起制定了一个应届生的培养蓝图，将6个月内新人、导师、秘书在各个时间点的行动和产出都规划清楚。

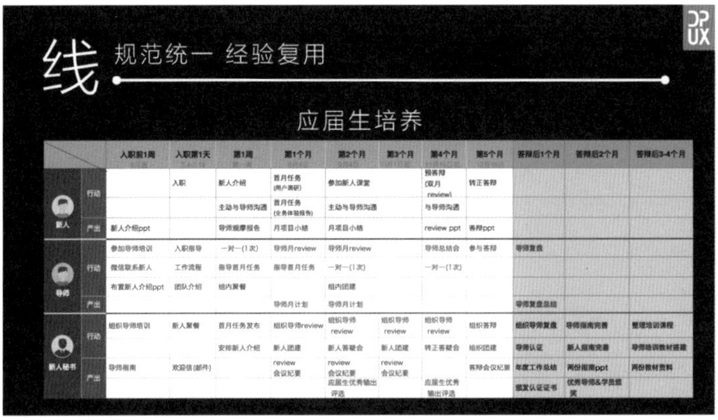

这样就不担心每个导师培养新人的经验够不够，导师在这个过程中也慢慢地去学习带人。

还有我们的社招新人有一个转正答辩机制。因为签的是3年合同，6个月试用期满的节点上我们会有一个转正答辩，这个答辩跟晋升述职有点像，写一个PPT然后给评委阐述自己为什么达到这个级别，为什么能转正。为什么做这件事？前面说了我们团队很另类，面对上游600个产品人员，下游1200个开发人员，我统一管理100多人，这时候我们团队的管理风格、管理方式跟腾讯、阿里、百度等市面上的互联网公司都不太一样，我们有自己独特的风格，必须要有转正答辩机制进行把关。其实很多大公司的设计师到我这边会水土不服，非常正常。因为我们既做线上又做线下，刚才说的几个大公司基本都在做线上，所以这里面有很大的差异，需要用这样一套机制进行把控。

再有我们会把很多设计套路固化。其实听我的分享也会发现很多词是重复出现的，例如模式、机制、体系，我们把成功的设计套路全部固化下来，产出《UI风格指南》。这个五维风格定义法在2017年IXDC工作坊有讲，而且收录在他们的书里。

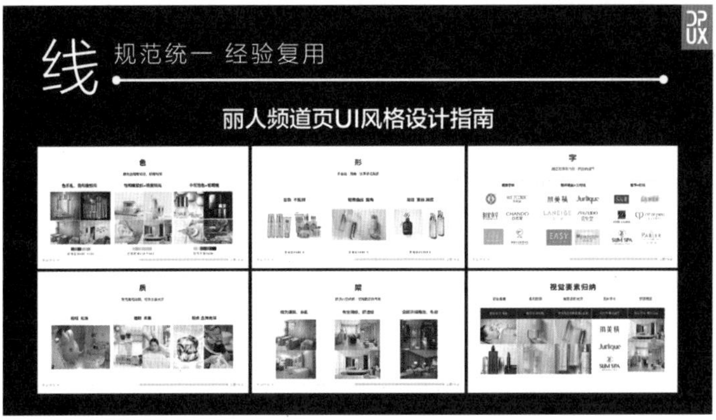

以前我们必须要有一个P3-1 的资深设计师才能做频道页，现在不用了，有资深设计师做指导，基于这样一套指南应届生都能做。营销风格设计指南也把风格定义、字体等全部定义好了，然后配色、排版、素材以及数据标杆全部摆在里面，现在大促找个应届生学照样能做。

我们现在已经做到了banner的自动产出，下一步要把我们大型活动页的设计套路全都输到系统里去。2018年年底的目标是智能设计系统能够设计活动落地页，能够设计简单的H5，目标是取代我们设计师营销工作1/3的工作量。这跟鹿班有差别，鹿班系统是投放在广告业务上的，它其实取代了大量的外包设计师。

面

最后是面。为了确保自己在这样一个组织里不被冲垮能够生存下来，我们会源源不断产出很多方法、模式、模型等。分成两部分：内部影响力和行业影响力。

内部影响力是指我们的设计师经常会给产品和运营人员培训我们的设计方法，例如用研的一些方法。我也是我们团队“互联网+大学产品课程”的讲师，给产品经理进行固化的培训。然后还有针对综合行业产品总监、产品总经理进行的用户体验的培训。

行业中，我们会成为IXDC和UCDChina的常客，年年都有新的方法论产出。从2015年到现在，在IXDC有8个工作坊、2场峰会、1个圆桌会议。UCDChina是上海我们本地的组织，每年我们会去分享。

归纳一下，一个强有力的团队的专业领导力是从点开始，它像一个树根是你的根源，根源稳固了再向上去走，产出你的树干，横向和纵向进行强有力的连接和打通，在此基础上你会产生广泛的影响力。

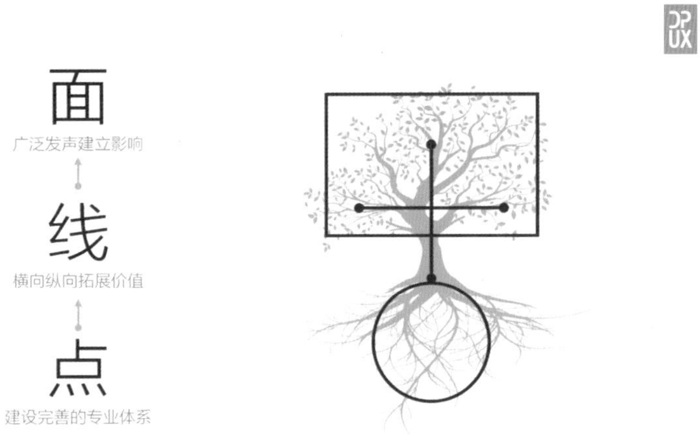

简单提一下DPUX团队的价值观。基于刚才讲的形态，可以看出我们团队非常注重跟产品侧的衔接。我们一侧是产品、是业务，另一侧是用户。我们主张用户价值是手段，商业变现是目的，这是团队所有设计师的价值观和认知立足点。团队是不允许纯粹讲体验的，讲完体验我都会问他一个问题：请你告诉我这个体验对商业有什么价值，能给商业带来什么帮助？有了这样一个立足点，才能确保你的设计师是始终关注商业价值，关注产品的。

最后我们还要讲持续进步和追求卓越。最近流行一个说法是认知迭代就是进步的体现。我们团队一直在做这样的事，所以我们的方法论每年在迭代。2017年我在IXDC讲了心智模型，2018年大会的日程表里大致有不下5场提到了心智模型。但今年我们又把心智模型细化了。

然后是追求卓越。我们的目标是要成为行业一流的设计团队。其实跟华为、腾讯、阿里的设计团队比，我们上海UED是非常年轻的，刚才说的很多体系，都是在4年间搭建起来的，所以我们还要踏踏实实地继续前进，追求不断进步。

崔颖轫

美团点评，上海用户体验部总监

负责大众点评UED团队管理，公司设计通道常委。11年用户体验设计经验，曾就职于腾讯ISUX和ECD。当前主要负责大众点评App、商家平台、销售平台以及O2O垂直行业的全链用户体验。DPUX设计学院创建人，培训人次5 000人以上，公司互联网+大学认证讲师。IXDC2016、2017主讲人。UCDChina上海2015—2017年分享嘉宾。苏宁用户体验大会分享嘉宾。回音分享会分享嘉宾。MSUP、TOP100峰会主讲人。全国高等院校计算机基础教育研究会、网络科技与智能媒体设计专业委员会专家委员。

04 NPS，体验至上时代 企业最应该懂的一套管理工具

◎ 丁光正

何谓体验战略

随着客户体验的重要性与日俱增，体验不只停留在线上线下的产品创新或服务设计，而且拔升到商业战略层面的探讨及布局，变成企业经营的关键。

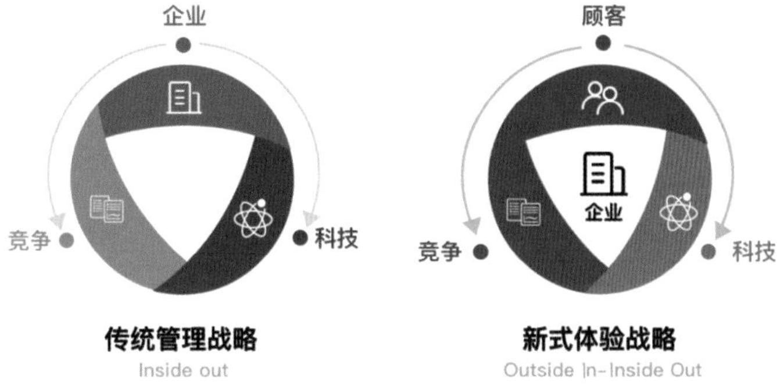

在这样的时空背景下，诞生了“体验战略”一词。过去，企业在制定战略时，经常受外部竞争或科技发展影响，从自身利益出发思考商业及经营模式，这样由企业利益出发思考经营战略的传统管理思维，称为Inside Out模式。随着互联网发展，顾客影响力变大，企业转向从顾客需求出发，思考产品及服务创新，则是所谓的Outside In模式。随着市场成熟以及顾客地位抬升，现今市场上，一家成功企业必须自客户需求出发，同时考虑外部竞争环境、科技技术以及自身的能力资源，去定义产品、服务体验以及未来的运营方向，才能永续成长，这是从Inside Out走向Outside In- Inside Out模式，也是体验战略的核心思维。

谈及战略，提出“五力分析模型”的Michael Porter说过：“战略的根本是选择哪些事情不去做。”任何一家企业的资源都有限，必须清楚哪些事业/产品优先、哪些业务重要，才能把资源、时间放对地方，这就是战略选择。在竞争激烈的年代，企业领导究竟该如何做出战略的选择，才能够在市场上获得制胜先机？比起直觉，领导需要更科学化的方法协助其做出正确判断。

体验战略布局，如何用NPS走出第一步？

在后互联网时代，用户体验的重要性毋庸置疑，但当体验贯穿线上及线下的时候，多数企业不知道如何用科学的方法去测量“用户体验”。无法量化就无法管理，也让企业领导无法系统性地提升用户体验，而NPS指标被我们认为是解决这个问题的一种方式。

NPS（Net Promoter Score，净推荐值）是市场上众多领先企业所采取的做法之一。它是为人所熟知的忠诚度衡量指标，能够反映客户对于品牌、产品的忠诚度，若能进一步往下深挖，了解体验旅程中每个场景、驱动要素与NPS之间的关联性，便能够辨识出对客户来说哪些体验更重要、哪些驱动要素急需优化。据此拟定战略，更能有效连接商业效益，这样的应用被称为“战略NPS”。

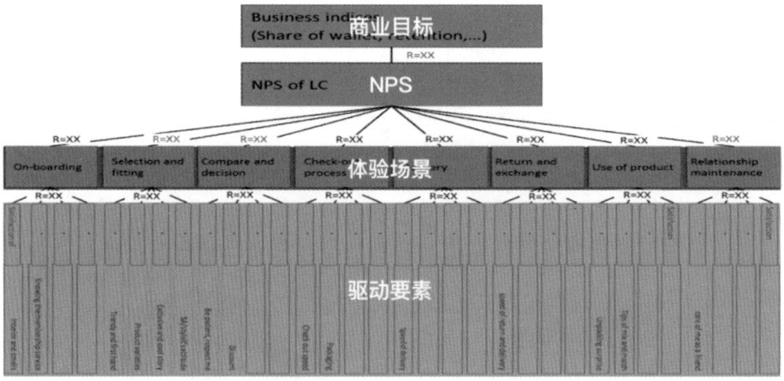

究竟运用战略NPS能够为企业创造什么样的效益和成果呢？来看看市场上企业的使用案例。

案例一：高端百货

市场上处于领先地位的高端百货近年为了跟上数字转型趋势，投入相当多的资源发展新零售。尤其是在仓储及物流系统的建立上，管理层认为客户越快收到商品，会越开心、越少抱怨，自然忠诚度更高。然而，在投入了大量资源、时间提升服务效率及体验的同时，统计数字却显示高端客户不断流失，显然战略布局出了问题。通过NPS诊断后发现企业过去所关注的经营环节，如仓储、配送等，对客户忠诚度的影响有限，如下图。对高端客户来说，比起更快地收到商品，他们更在意该企业提供的商品及服务是否能引领他们走在时尚潮流尖端、拓展他们的眼界及穿衣灵感。然而，在这一方面该企业的表现并无法让他们满意，也是他们逐渐远离的主因。

与NPS关联性较高的场景满意度却较低

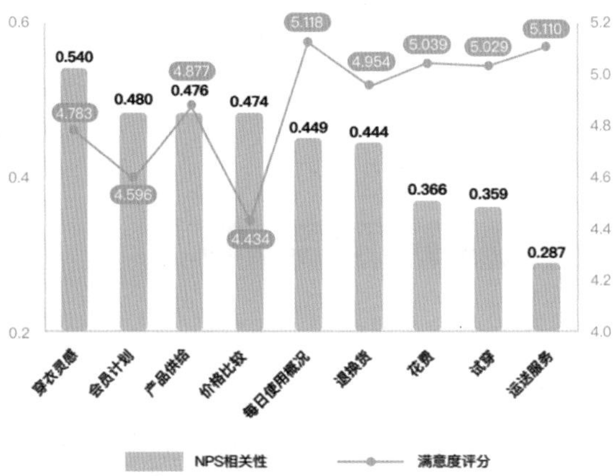

有鉴于此，企业重新拟定战略，在顺应数字趋势的同时，不应该忘了自己在市场上的定位。面对客户流失，当务之急是树立业界的时尚指标地位，并提供最新品牌介绍、品牌背后故事或商品设计灵感，让客户以身为他们的客户为荣，在时尚圈子里更体面一些。

案例二：高端厨电

国内一家高端厨电企业以重视客户体验闻名，投入大量心力了解客户需求，商品创新上也不断推陈出新，在厨电市场上占有一席之地。为了持续提供最好的体验，该企业长期采用NPS测量体验现况及客户忠诚度。然而，每次测量出来的结果都不尽人意，探究背后原因发现推荐者数量虽然多，但中立者（被动购买者）更多，导致NPS分数难以提升。这令企业管理层相当纳闷，为什么花了如此多时间、资源做优化及创新，客户仍然不买单?

为了找寻答案，企业通过入室深访及沉浸式调研，进一步了解客户打分背后的原因，发现客户对品牌以及商品确实存在好感，但是商品的某些功能太过创新，在不知道如何使用的情况下感到怀疑、沮丧，更不可能轻易推荐他人使用。举例来说，为避免孩童误触厨电发生危险，部分商品的按钮采取延迟触发，但很多客户以为是反应不灵敏而多有抱怨，立意为创新的设计反而带来了反效果。

由此调研结果，该企业了解到创新在体验中固然重要，但是对于提升客户忠诚度及推荐意愿来说，客户教育及售后服务环节更是不可忽视。

案例三：互联网保险

国外领先市场的一家互联网保险企业，自成立以来长期保持市占率第一。然而，连续几年既有保户的续约率呈下降趋势，对收益性造成影响。为找到续约率下降问题，该企业展开NPS调研，发现有六成客户为中立者，多数的客户对企业无感，若竞争者提出更好、更优惠的方案，便可能跳离。必须设法将这群人转为推荐者，才有机会提升续约率。

6成用戶
A人群—推荐者
有事故理赔、道路救援等体验
对该业者产生“信赖感”
由高忠诚度变成推荐者
B人群—中立者
多半自投保就无出险经验
多因消极性理由而续约
若有替代方案就可能不再续保
C人群—贬低者
曾对保险提出更动未获期待结果
多半考虑更换保险公司或退保

于是该业者自推荐者着手，希望由了解推荐者愿意推荐的原因，找到转换中立者的解决方案。进一步研究后，发现推荐者对于该企业的好感，多来自于出险后在“理赔流程”中感受到的温暖及贴心。然而，多数投保客户并未有理赔或道路救援经验，无法感受到业者在客户服务上的用心，单纯就商品及价格比较、评断的情况下，很难形成忠诚度。

厘清原因后，该企业展开一连串行动，其中一件事是针对天灾进行提醒。 在暴风雪来之前，推送短信提醒该地区客户务必把车子停到有遮蔽的地方；在暴风雪后，推送短信引导理赔申请流程。这样的方式大幅提升了该地区中立人群的推荐度，他们觉得该企业不是一家只想赚他们钱的公司，而是一家真正关心并能给到他们“安全感”的企业， 续约率大幅提升。

自战略布局到结果追踪，完整打造客户体验

自客户需求出发，找到企业运营的问题症结/创新机会点，连接解决方案规划体验蓝图，并实践落地。到此为止的优化行动，多数企业应该不陌生，但内心呼之欲出的问题恐怕是为什么做了那么多还是看不到效果？在执行落地阶段，企业往往缺乏一套追踪机制作为迭代优化的依据，导致行动效果难以量化，效果往往如昙花一现。

因此，打造客户中心体验应涵盖战略规划及结果追踪两阶段，如图所示。不同阶段有对应的NPS工具协助分析及测量。在顶层战略规划实施完成后，进到执行落地以及日常运营阶段，场景NPS及关系NPS能够协助找到体验断点及时补救，并持续追踪检视改善成效，形成能够永续经营的体验优化闭环。

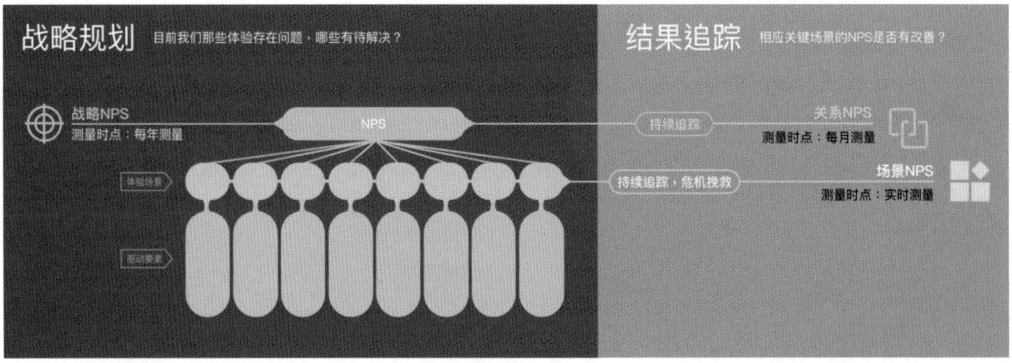

场景NPS（Transactional NPS）

为避免客户流失和负面口碑产生，在关键场景或触点上设计NPS反馈机制的方法被称为场景NPS，由实时了解客户单次互动下的NPS高低检测单一节点之表现。若发现某客户NPS分数低落，可以马上触动警示，由相关人员进行实时回访了解原因，主动采取应对措施，完成补救。场景NPS能够帮助企业各事业体、部门持续检讨并优化业务，适合作为各部门及主管的客户体验绩效指标，确保企业自上到下有一致的价值观。

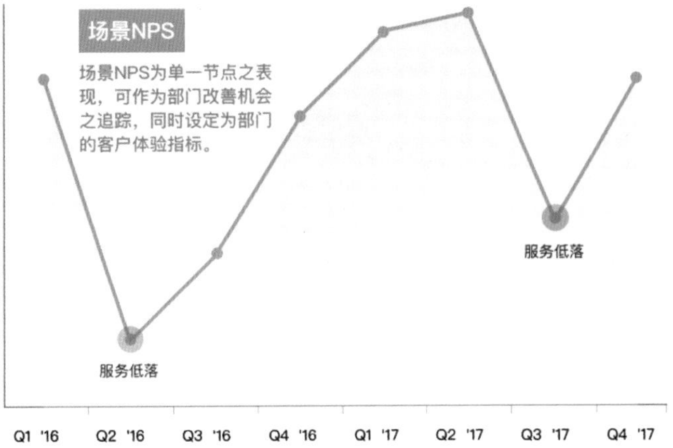

关系NPS（Relational NPS）

关系NPS为体验优化一段时间后，以季度或年度的频次，定期追踪客户对于企业品牌/产品/服务的整体观感，可用于确保优化方案之成果验证及竞品调查比较。若在过程中发现关系NPS成长停滞不前，必须启动战略NPS，自全局高度诊断问题症结，重新思考体验战略的布局。

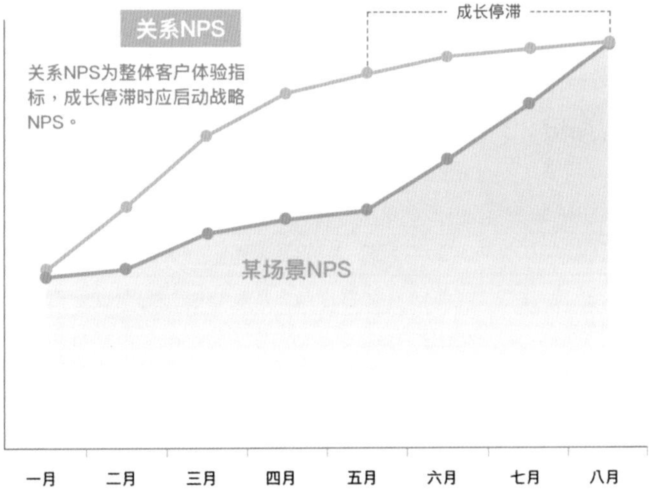

NPS不只是一个指标，更是企业运营的抓手

对于企业来说，NPS不只是一个反映客户忠诚度的指标，更是体验优化及管理的抓手。本文提到三种NPS测量工具：战略NPS导出重要体验，场景NPS帮助测量重要体验下的接触点，关系NPS让我们了解客户经过所有体验后给予企业的整体推荐度。三者相辅相成，能够协助企业自根本原因分析进行战略布局，并且在日常运营阶段掌握体验现况、追踪改善效

果，形成以客户为中心的体验优化闭环。

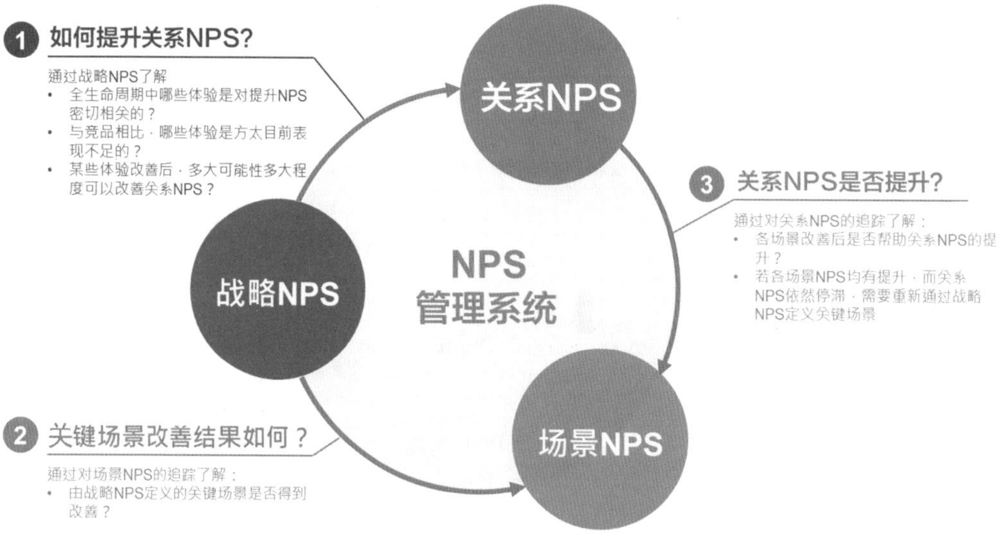

企业若能够进一步将NPS导入到经营体系当中，自上到下奉行以NPS为核心的行动方针，不仅能够落实客户中心思维至企业组织及文化，而且由这样一个过程，还能将以人为本的价值观贯彻到每一个员工心中。当员工愿意自发性地行动，为客户创造价值，客户自然会得到满足并产生忠诚，形成一个良性循环。

丁光正/Andy Ting

beBit 用户体验咨询，合伙人

beBit是目前日本最大的用户体验咨询公司，致力于推动customer experience 与 NPS（净推荐值）的结合来架构整体的体验战略。Andy帮助不同亚洲企业导入NPS，并以NPS为基础打造创新服务设计及流程优化。Andy毕业于耶鲁大学商学院，在加入beBit之前服务于麦肯锡咨询公司及汇丰银行。

05 营销类知识库智能应用设计

◎ 穆群

我给大家分享的题目是"营销类知识库智能应用设计"。这个题目很长，它的关键词有"营销""知识库"还有"智能应用"。当设计师面对一个产品，它同时具备了这三个特征，该如何开展工作？

我本人入职搜狗已经超过10年，前几年在搜索事业部做了很多C端产品的设计，后来到营销事业部负责设计团队之后，所接触的项目主要是B端的产品。有时候就会有人问我，你觉得这两者之间有什么不同？我会说，作为一个B端设计师是更难的，因为B端设计师经常会遇到很多C端设计师所不会遇到的问题。

B端设计师常遇到的问题

不知道你有没有遇到过这种情况：你费心劳力做了一版视觉效果很好的方案，提交给你的需求方，他看了之后，皱着眉头说："你做的视觉效果不错，但我觉得你可能效果用得太多，并不是特别适合我们。"

之后你又提供了一个简洁的版本，没准你的需求方又会说：你是不是有情绪，你是不是没有做什么工作，你是不是把高保真原型直接给了我？

为什么只有B端设计师才会遇到这样一些情况？B端的界面看起来好像也没有什么，没有设计得很出彩或者设计得很棒，不会有突出的感觉。但B端设计确实是这样，它的界面非常简洁，配色也很简单，因为大面积都是操作的界面。

B端界面为什么普遍长成这么一副样子，要从B端的产品特点开始说起。B端产品应用场景非常单一，都是它的用户在工作场景当中进行使用，主要解决用户在工作场景当中遇到的问题。这就决定了B端产品界面上的功能是非常多的，它大面积都是操作的区域。所以，这也就带来了B端交互的特点。

B端交互逻辑是非常复杂的，它的交互层级很深，经常会有多角色、多权限控制的情况。有时会有基本功能与企业定制功能并存的情况。这些特点就决定了它页面上的功能是非常多的，可能有很多表单、表格、控件，有很多要做选择、要做控制的位置在。

了解了B端的产品特点、交互特点、视觉特点之后，介绍一下我们在工作当中所用到的快速情景化设计原则。

快速情景化设计

什么叫快速情景化设计？以准确的情景调查为基础，将调查报告进行准确的分析解释，画出关系图表，形成用户画像和故事地图，最后再进行原型设计和用户测试。说起来非常简单，但它在实际应用当中会遇到各种各样的问题。

怎么样把一个概念性质的东西融合到我们日常的工作当中？今天就给大家分析一个典型的工作情景：一笔订单是如何诞生的。主要以客服和销售为用户群，这个用户群他们的平常工作当中，基本所有的工作都是围绕着签订订单展开的。

所以，这个签订订单就是他们的主要工作情景，这个工作情景从大的方面可以分为售前、售中、售后三个环节。小的方面来说，可以分为从客户来电咨询、客户维护等5个环节。这5个环节当中我们提供了这么多的智能产品进行支持，设计师做了什么样的工作，跟知识库又有什么样的关系？我们可以看到所有智能类的产品全是以知识库为基础。

讲到这里有一个新的概念，什么是知识库？知识库简单来说，是一个智能数据库，用于解决问题的结构化知识集群。它的内容非常广泛，行业知识、企业用户画像、帮助文档、市场资料等，都可以涵盖在知识库的体系当中。它主要的作用是给用户提供助力，减少他们的学习成本，提高他们的工作效率。

它有一个特点是非常智慧，可以进行机器学习。正因为有了这个特点，所以它在更新、迭代、发布、管理这些方面都非常方便。

下面回到刚才的情景中，从三个步骤详细分析。

售前

第一环节是售前。售前环节中主要的人物是谁？客服这个群体可以说是售前当中一个非常大的用户群，经过我们的调研这个群体的用户画像是这样的：比较年轻20岁出头的样子，工作的时间比较短为1~3年，学历在大专左右。他们的反应是非常迅速的，也非常熟悉互联网的产品。

与客服相对，就是他们所服务的客户群。客户群人就多了，他们的特征也非常多，很难形成一个非常准确的画像。那年轻的客服妹子工作当中会遇到哪些问题？其实他们最大的问题就是一对多，就是同一个客服要同时面对很多客户的咨询。客户咨询的问题是多种多样的，有很多问题是比较专业的，可能超过了客服本身的知识积累。

但客户在屏幕那一端又非常急切希望你能给我一个快速而准确的回答，我们知道如果客户等着的话是很烦躁的。所以，客服群体在工作情景中的主要需求，就是提高工作效率，提高回答问题的准确度。

我们了解这个痛点之后，设计了一款智能客服产品。这个智能客服产品的应用情景就是在售前、售后环节给客服群体提供支持，帮助他们快速而准确地回答客户一些比较疑难的问题。这个产品的界面就是这个样子，看上去非常简单：左侧主要是聊天区，右侧主要是一个功能区。但是在它背后是一个非常复杂的逻辑系统，可以分为三层：底层是数据处理和算法层；中间层是核心知识库层；上层是业务层。其实我们设计师主要设计的是业务层环节，设计师既然只需要设计业务层的一些逻辑界面，为什么还要把整体的结构图拿出来?

因为只有我们了解到整体的结构之后，才能提出最优的方案，才知道设计做成什么样开发可以实现，才能在客户需求与技术实现之间达到平衡。所以，作为一个设计师了解这个整体结构是非常有必要的。

看了这么多，具体我们在产品当中做的工作有哪些？界面的左侧是一个提问的区域，中间相当于是一个问答的区域，右侧实际是功能区，这个知识库的内容也会在右侧进行展示。当左侧来了一个问题在中间开始出现，我们会在问题后设一个放大镜的图标，点这个图标和右侧的知识库匹配，直接选择最优答案可以进行上屏。我们也可以在下方的输入区域直接输入问题的关键字，当这个关键字出现之后，右侧的知识库区域也会进行一个快速匹配，我们选择最优答案即可。

我们看这个方案好像觉得很简单，它原来的方案是什么样？它原来的方案是当客服遇到疑难问题的时候，要客服自己手动输入关键字，知识库才能进行匹配。我们设计团队认为这个方案并不是最优方案，使用并不是非常便捷，所以提了刚才的方案。

这个功能点看似非常小，好像也没有太多的工作，但它的实际效果很好。功能升级上线之后，客服的响应时间大幅降低，由原来的10秒每回合降低到4秒每回合。响应时间的降低就代表客服效率的提升，效率提升之后客户的感受非常好。我们也知道当我们长久等待客服不回答的时候，心里很烦，有可能转到其他家咨询，那这笔订单就丢了。

随着效率提升，客户感受优化，客户跟客服的交流就更加顺畅。客服和客户沟通的回合数有一个显著的增加，由原来65回合每通通话提高到110回合每通通话。数据表明，这虽然是一个非常小的功能点的升级，但是它的作用非常大。

看完这个案例之后，再看一下在售前情景当中另外一对主要的关系，也就是销售和老板的关系。首先看一下销售小哥，人群的用户画像跟刚才的客服有一点类似，他们基本是20岁出头比较年轻的。他们的工作年限比较有限，学历在大专左右，非常健谈，对互联网产品非常了解。

我们再看一下老板群体，他们一般是40岁左右的中年人，工作经验和社会经历非常丰富，也非常精明。对于互联网产品的了解可能是分行业的，有的行业可能对互联网产品比较了解，有的行业特别像一些传统行业的老板可能对互联网并不是特别清楚。

这两个群体最大的差异在于他们的社会经验、知识层次以及日常生活的范围。在日常生活当中，这两类人群可以说是两个世界的人。

当年轻的销售小哥去面对一个中年的社会经验丰富的老板，甚至可以说是老谋深算的老板的时候，显然他是会遇到很多问题的。有一个案例可以说明这两个群体差别多大。我们曾经有一个销售小哥，当他面对一个身价过亿的老板时，老板问他说我如果今天跟你签单，你能带给我什么样的收益；小哥说如果今天你跟我签订订单，我就送你一个价值400元的电饭锅。这充分说明了这两个群体之间有一个巨大的思想上的差异，这个销售小哥很有可能他并不知道一个跟他层次差距如此之大的老板究竟心里想要什么。

这时候我们知识库的产品就会起到一个非常大的作用，它可以在这两个看起来差别巨大的群体之间搭建一个沟通的桥梁，让他们沟通得更加有效率，能够提供更多的谈资。举个例子，我们有一款智能拜访产品，这个产品的使用情景就是在销售小哥拜访客户的时候，产品当中预先存储了很多这个老板可能感兴趣的品牌信息、行业数据，从很多后台的数据库当中调取这个老板可能感兴趣的资料，进行现场展示。这就增加了很多现场的谈资，大大提高了签单的成功率。据我们统计，带iPad拜访客户比不带iPad的签单成功率可以提高60%，说明这个产品本身是非常成功的。

即便是这么一个很成功的产品，当它上线一段时间之后，还是到了瓶颈期，很多数据已经不再增长了，停在一个数量级上，没有太大的改变。这时候我们策划了一次改版。怎么改版？我们首先把线上的数据进行了统计，然后进行详细分析形成了我们的预结论。

带着预先的判断，我们找到了大量的销售人员进行访谈还有跟踪、观察，经过这一轮用研，我们发现了很多比较有意思的事。我们发现原来设计的导航是在界面的左侧，这是因为很多系统界面的导航都在左侧，我们也就做了一个常规的设计放在左侧。

但事实上根据我的观察，这虽然是一个常规的设计，但并不是特别符合销售的使用情景。为什么这么说？因为当这个销售人员见到客户的时候，他往往会坐在这个客户的右边，然后用左手持iPad，用右手进行操作，他会把整个界面倾向于客户那边，这样一来位于左侧的导航其实离他的视线非常远。

还有一个现象。我们观察到当客户看过销售演示后，他往往会想自己看一下，把iPad接过来自己进行操作。我们原来设计的交互逻辑中有的层级比较深，很有可能要通过好几级才能点到最终他想看的数据结论去。但客户并不知道你的入口在哪，他可能会各种试探，或者需要销售在旁边不停地讲从这点从那点。

这样一来客户的沟通成本以及学习成本都是非常高的，所以我们进行了大胆改版，把主导航从左侧移到右边虽然这个设计不常规，但是我们知道，根据它的情景是非常符合销售的工作需求，因为离他比较近。

另外我们把原来比较深的交互逻辑，缩短到差不多只有两级的样子。客户接过去之后，可以通过不断左滑基本到达所有主要的界面，看到他想要看到的数据。这样一来大大方便了客户和销售的交流，降低了他们的学习成本，提高了他们的效率。

我们这一轮改版上线之后，产品的使用率提高了24%左右，销售更爱带着我们的产品出去进行拜访。主导航的点击率增加了30%，其他各页面的到达率也分别有了不同程度的提升。所以，我们这次的改版非常符合销售的工作情景。

售中&售后

在售中和售后情景当中，主要人物还是销售小哥。我们在朋友圈当中怎么都会有那么几位销售朋友，他会时不时给你发推销信息，逢年过节可能还会给你发祝福，我相信大家都有类似的体验。当我们收到这些东西的时候，可能心里会觉得挺烦的。但其实他们做这些工作的时候，他们心里也很烦，为什么？因为他们需要搜集大量的数据资料，然后再选合适的发给你。

销售这个行业的跳槽率是非常高的，他们经常今天卖这个，明天卖那个去了。都每换一次行业甚至换公司，都需要进行重新学习，去掌握这个行业或者这个公司特定的资料，整理出来再发给客户群。对他们来说，其实做这种客户相关的维护工作也是非常耗时耗力的。所以他们其实也很烦，但这是他们的工作，没有办法。

我们了解到这个工作情景之后，基于搜狗的输入法产品做了一个IM的输入法工具。输入法的覆盖场景非常广泛，不管你聊微信也好、QQ也好，不管通过哪个聊天工具跟客户进行沟通，必须用到输入法。我们的工具就是植入在输入法当中，可以覆盖销售的全场景，从初识到最后签单都可以维护使用。

它有什么样的功能？首先它可以发送名片。当一个销售和客户刚刚认识的时候，他需要介绍一下自己，他从输入框输入名片二字，下面的知识库区域直接进行一个匹配，他可以选取自己的名片发送给相关的客户。这个名片是一个电子名片，内容是非常丰富的，有他的企业介绍、姓名、联系方式等。

他还可以发送祝福。当节日到了，例如端午节，我们可以从输入区域直接输入端午二字，知识库就可以调取节日祝福卡片，然后他选择客户直接进行一个上屏发送。他还可以发送文字的资料。关于这个文字资料客户可能会询问很多问题，你只要输入这个问题的关键字，就可以选取最匹配的知识库的答案进行一个上屏发送。

看到这个流程就知道，这非常符合销售小哥的工作情境。这样一款产品中，我们设计团队做的工作是什么？首先我们要优化上屏的流程，缩短路径，只有路径最短，销售使用的时候才是最便捷的。我们还要优化后台的管理，刚才看到有很多资料预先存储在知识库当中，其实这个产品有一个配套的知识库后台管理系统。当它存储很多资料，我们需要做一个非常好的管理的逻辑，这样才能方便使用和调取。我们在卡片设计的时候，要更加符合销售的习惯。除了传统纸质名片上的公司、名称、联系方式之外，还有很多关于销售的背书，例如他获得过什么奖励，服务过什么客户，这些资料都可以给他形成一个很好的背书，让客户对他更加信任。

最后就比较有意思了。我们发现销售和客户聊天的过程中，有一些催单、催账的情景，这些话其实还比较尴尬。所以，我们设计了一套销售专属的表情包来匹配他工作的情景。

B端设计指导原则

最后进行一个总结。知识库类产品的设计指导原则到底是怎样的？根据我们总结有以下三点：

第一点，需要以解决问题、提升效率为准则。这是因为B端跟C端产品设计有一个比较大的区别，C端产品甚至可以以好玩为原则，但作为B端产品特别是B端的知识库类产品，肯定得以解决问题、提升效率为第一条件。

第二点，需要积极理解业务，从小处入手优化体验。作为一个C端的设计师，其实你无论设计哪种产品，很有可能你在生活当中用过类似的产品，我们在生活当中对这类产品有一定经验上的积累。但设计B端产品就不同，在你面对这个产品需求之前，你可能根本不知道世界上还有这种事物。

所以，这里强调“积极”二字，当我们面对一个非常陌生的产品时，设计师更要拿出我们的积极性和主动性了解这个产品需求，了解你的客户群，了解他们的工作情境。只有你充分了解这些，才能更好地做出符合他们工作情境的设计。

第三点，需要加强技术流。这里指的是加强与前端团队以及开发团队的合作，最好能够打造出一套公司独有的标准的控件库、图标库。B端产品界面上都是大面积的操作区域，有很多的表单、表格这些东西，如果我们有一套属于自己的个性化的控件库，而且更改起来非常灵活的话，在设计当中复用是非常方便的。它会大大提高我们设计团队的工作效率，也会减少客户的学习成本。

总体来说，作为B端设计师很多时候心里是比较苦的，有时候也有各种的烦恼。但越是在这样的情境当中，可能我们的机会就越多。

穆群

搜狗，设计经理、营销UED负责人

任职搜狗多年，从桌面、搜索团队的高级设计师做到营销事业部设计团队负责人，同时拥有用户产品与商业产品设计经验，对B端及C端各类型的视觉、交互设计都有丰富经验。带领设计团队负责设计搜狗营销事业部全产品线，职能包括：用研、交互、视觉、重构。支持项目包括各种智能化工具项目、大数据、CRM、各类投放平台产品、搜索商业广告、输入法商业化项目等。其中B端智能化项目、平台项目为近两年工作重点。

06 客户分群赋能金融产品全场景服务设计

◎ 姜晶晶

客户分群的基本方法

1. 什么是客户分群

按照美国市场营销学专家Wendell Smith的定义，客户分群也叫客户细分，是在明确的战略业务模式和特定的市场中，根据客户的属性、行为、需求、偏好以及价值等因素对客户进行分类，并提供有针对性的产品、服务和销售模式。简单来说，客户分群就是对客户按照一定维度进行细分，细分的群体内有共性，但相对别的群体有其个性。这个方法被广泛应用到精准营销、差异化产品设计、精细化客户管理、交叉销售等方面。

2. 为什么要对客户进行分群

之所以要进行客户分群是因为：

（1）我们的客户本身就不一样，他们是一群社会经验、行为习惯、心理需求、价值观念等都存在差异的人，如果想要提供更周到的服务，需要更接近真相地认知客户，提供更贴近客户诉求的产品与服务。客户分群就是能捕捉客群典型特征与真实诉求的有效方法；

（2）从公司的视角来看，公司的资源有限，如果想利用有限的资源服务好庞大的客群，并实现效益最大化。就需要借助客户分群这个方法，区分出不同价值的客户，并据此合理地配置资源，进行精细化管理。

3. 如何选取分群维度

客户分群可用的维度很多，包括人口统计学特征，如性别、年龄；态度/倾向，如购买倾向、忠诚度；客户价值，如客户带来的营销收入；行为活动，如登录频次、购买频次等。但不是每一次客户分群都要用到所有维度，而是需要基于分群的目标、业务性质，从数据可获得性和解释能力两个方面去综合评估哪些维度是更合适的分群维度。优先考虑数据可获得性高且解释能力强的维度作为分群维度。

数据可获得性指这一维度/变量是否容易获取。例如对于银行而言，客户资产是较易于获取的，属于数据可获得性相对高的维度；但是对于电商，客户资产相对难获取，属于数据可获得性相对低的维度。

数据的解释能力指这个维度是否跟业务强相关，是否能够很好地解释客群行为或价值跟业务之间的关联。例如对于银行而言，信用卡额度、存款等是解释能力高的维度，但是App

登录频次、积分兑换奖品种类就属于解释能力相对低的维度。

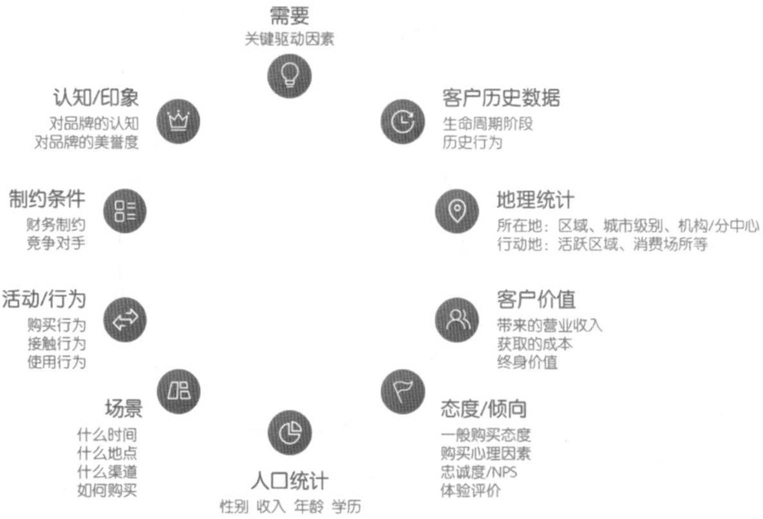

4. 客户分群有哪些分类

用户体验工作中，客户分群主要有两大类：行为诉求分群和价值分群。

行为诉求分群指基于客户的人口统计学属性、行为、态度、需要等维度去进行人群划分。关注的是客户自身的特征、偏好、诉求点，了解客户到底需要什么、适合什么，从而更精准地提供产品与服务。

价值分群指基于客户带给企业的营业收入、潜在价值等进行人群划分。关注点在于客户对于企业的价值，目的在于根据客户价值合理分配资源。

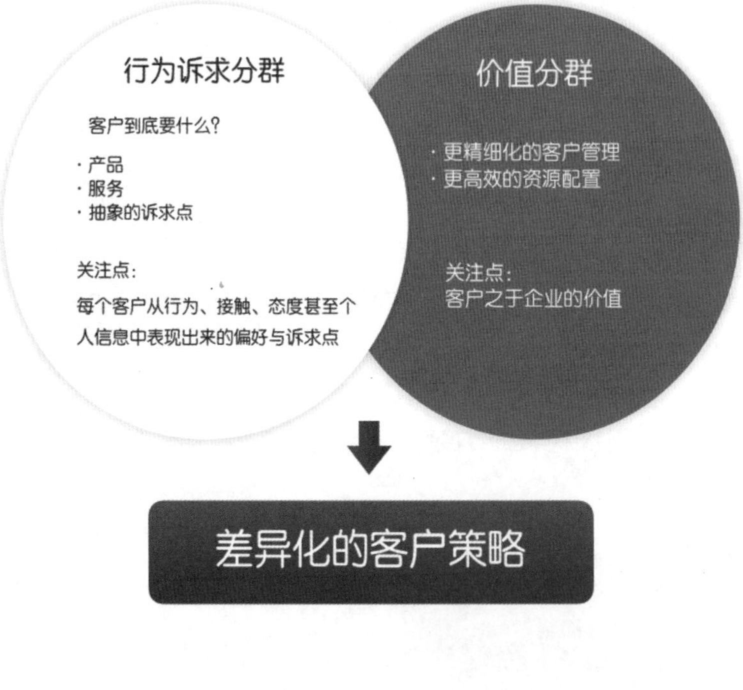

金融行业客户分群经验案例

目前有很多企业都有做一些客户分群的尝试，虽然执行的深度和成效参差不齐，但是都在不断探索进步。平安证券是典型的金融互联网公司，对金融行业的客群有更立体的认知，以下也主要选用两个金融行业的案例分别详细阐述客户分群的两个类别行为诉求分群和价值分群的具体经验。

1. 平安证券行为诉求分群案例

随着业务发展，用户规模提升，产品不断完善，平安证券的客户经营策略也不断优化升级。新的功能、产品引入与销售都需要做到更精准、更高效。为了更精准定位用户特征、产品服务需求，平安证券设立专门项目组，开展客户分群工作。

平安证券以前的客户分群是以资产维度划分，比较单一。而客户在购买金融产品时不仅仅是以手里的钱有多少来衡量的，还受投资风格等其他因素的影响。所以新的客户分群采用购买力、流动性、风险偏好三个维度来区分客户。三个维度权重是通过计算海量集团脱敏数据得来，能全面立体反映客户真实行为与需求。购买力主要是衡量客户的具体资金实力，主要由客户AUM、日均资产、集团TCR等指标加权计算得来。流动性主要衡量客户对于资金流动性的要求，主要由转账次数、交易次数、平均仓位等加权计算得来。风险偏好主要衡量客户客观层面对于风险的承受能力及主观层面对于风险的具体偏好，主要由信用卡风险等级、客户追涨停数据等加权计算得来。

证券目前以资产为依据区分不同用户，太单一，
故结合购买力、流动性、风险偏好三个维度来区分客户

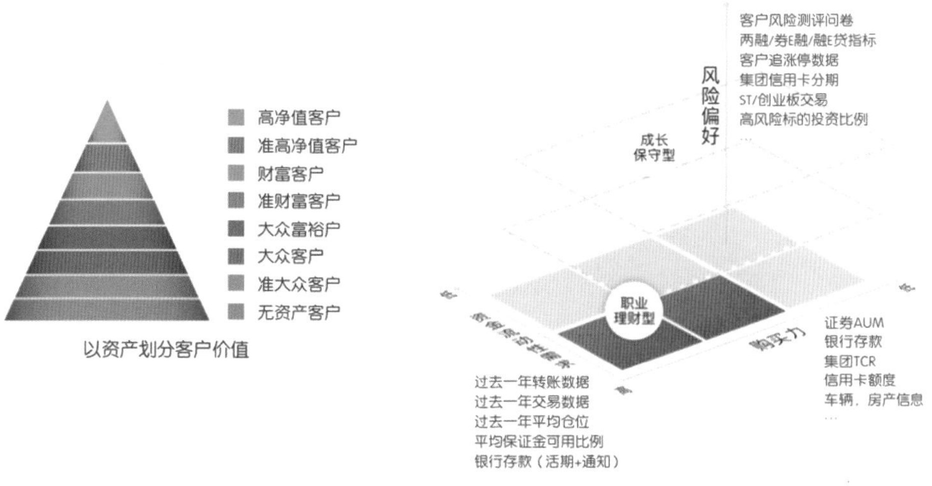

采集到用户各类数据后，数据后台通过主成分分析和逻辑回归方法，进行客群分类。最终分析得出12大类客群，每类客群在购买力、流动性、风险偏好上存在差异。基于不同客群的特征与需求，平安证券提供差异化资产配置方案及精准经营策略。

2. 安联保险客户价值分群案例

安联保险的客户价值分群是价值分群运用得比较好的案例。安联保险分群的主要目标是识别高价值群体，分析洞察客户诉求，并指导资源配置策略和建立不同价值群体的差异化经营策略。在辨别客户的价值时，不仅要考虑客户的当前价值，还要考虑客户的历史价值和潜在价值。安联保险在进行客户分群时，充分考虑了这一点，将客户的价值定义为历史价值+当前价值+潜在价值。而客户历史价值主要通过客户过去所拥有保单且已缴付保费而产生的过往利润来衡量；当前价值主要通过客户当前所拥有保单所产生的可预期利润来衡量；潜在价值主要通过客户未来可能追加购买的保险产品而产生的潜在利润来衡量。

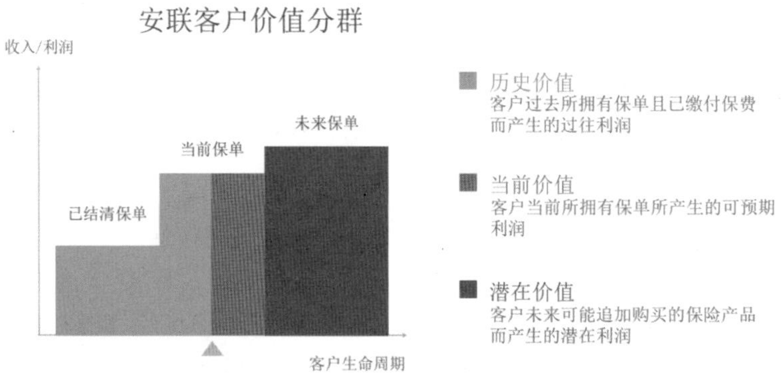

客户生命周期价值=历史价值+当前价值+潜在价值

计算出客户价值后，后台根据客户价值和客户占比，划分出4大类不同价值贡献的客群：青铜客户（45%的客户，-15%的客户总价值）、白银客户（35%的客户，20%的客户总价值）、黄金客户（15%的客户，55%的客户总价值）、钻石客户（5%的客户，40%的客户总价值）。

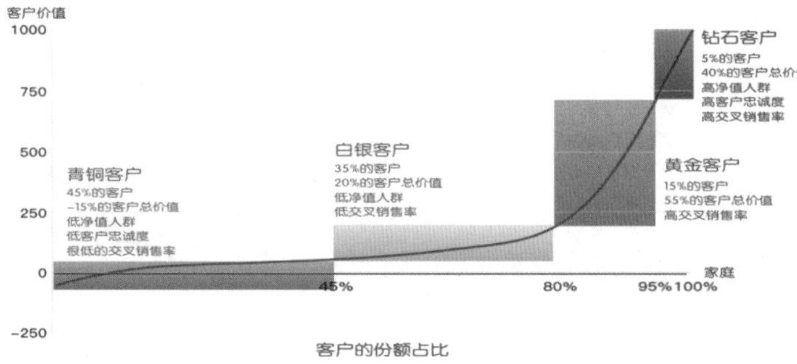

做好分群后，安联制定了差异化的经营策略，为不同客户投入不同的资源与服务。公司为钻石客户分配了59%的增值服务资源，提供给客户最大的销售折扣，最优先的服务和礼物；黄金客户享受到29%的增值服务资源，大力度的销售折扣和优先服务和礼物；白银享受9%的增值服务资源，享受优先服务但不享受销售折扣；而青铜仅享受3%的增值服务资源，

既没有销售折扣，也没有优先服务。在这种差异化策略下，安联的交叉销售额提升24%，钻石和黄金客户的合同成交量提升18%，客户流失降低14%。

针对分群结果，对不同客户的需求做差异化体验设计

客户分群其实有广泛的应用价值，包括深度了解用户行为，评估营销效果，优化产品体验，提升运营效率；提升线上线下全场景服务体验；驱动老板、产品、市场、运营进行业务决策；通过客户分群的指标结果找到新的业务增长机会点等。以下将用案例详细说明。

1. 平安证券基于客户分群的差异化资产配置方案

进入这个案例前，需要先了解资产配置的概念。资产配置是根据投资者的情况和投资目标，把投资分配在不同种类的资产上，在获取理想回报之余，把风险减至最低。资产配置的种类主要包括股票、基金、房地产、储蓄、债券、黄金、现金管理等。

平安证券的客户分群结果很好地指导了资产配置工作，核心理念是根据客户特征提供差异化、个性化的配置方案。根据已经划分出的12大类客群提供12类基础的配置模板，而每个模板又有细微的产品差异，真正做到千人千面。例如实力风险型客户的主要特征是高购买力、中高风险偏好、低资金流动性，为这类客群主要配置高投资门槛、高风险、短封闭期产品，主推的产品种类是股票、黄金；而成长消费型主要特点是低购买力、低风险偏好、高资金流动性，为这类客群主要配置低投资门槛、低风险、短封闭期的产品种类，主推现金、债券。

具体应用到产品设计层面就是平安证券的“智能资产配置”功能。这个功能主要利用客户分群模型，读懂客户需求，并运用资产配置模型引擎，自动化计算定制出符合用户需求的配置方案，并提供方案历史年化收益率、波动率、VaR指标展示方案风险收益特征，提供大类资产结构、比例、资产特点、推荐理由，用通俗化语言告知客户推荐配置方案。客户可对方案进行整体检视，并可对方案的具体比例进行调整，以更好地满足自己配置需求。平安证券还根据每月大类市场回顾及热点事件解析，结合客户的资产、风险偏好为每位客户动态生成专属的资产配置方案报告书，内容涵盖配置方案描述、推荐组合特征、风险来源解构、资产相关关系矩阵、推荐理由、方法说明等，准确勾勒推荐配置方案的轮廓。

根据人群特征，提供量身定制组合产品。

客户A　　　　客户B

2. 平安证券针对不同客群的差异化服务设计

产品设计时，平安证券也充分考虑了不同客户的行为特征、情感需要、潜在需求，总结提炼出不同的设计关键词，提供差异化的产品与服务。首先根据客户的投资经验、投资风格将用户划分为三大类客群：股坛新秀、有智之士、非凡大师，提炼各类客群的典型特点、投资习惯、投资风格、服务需求，并指导精益化服务体验设计，赋能产品创新、用户规模增长。

客户分类	客户特点	产品设计关键词	提供产品服务
 股坛新秀	初级投资者 对投资的认知非常简单	控制风险 不断进阶	k线训练营 炒股学堂 模拟定投
 有智之士	追涨杀跌 盲目自信、 希望获得高额收益	提供工具 持续教育	财富直播 预设委托 决策工具 热点基金
 非凡大师	自主总结策略 筛选产品	全面服务 成就满足	决策工具 牛人实盘 基金晒盘

“股坛新秀”主要是一群初级投资者，对投资的认知非常简单，还在学习探索阶段，有逐渐精进投资能力的潜在需求。所以设计关键词是控制风险、不断进阶，提供一些投教工

具，帮助他们适应和掌握赚钱技能。但是炒股技能是相对有难度且比较枯燥的，所以寓教于乐，赋予产品趣味性，让内容简单易懂，才能让更多用户参与并持续使用。k线训练营、模拟定投等功能都有朝着化复杂为简易的方向去做设计，利用设计力量改善用户参与体验，激发持续学习的动力。

k线训练营：通过游戏寓教于乐，获得初步看盘的感觉

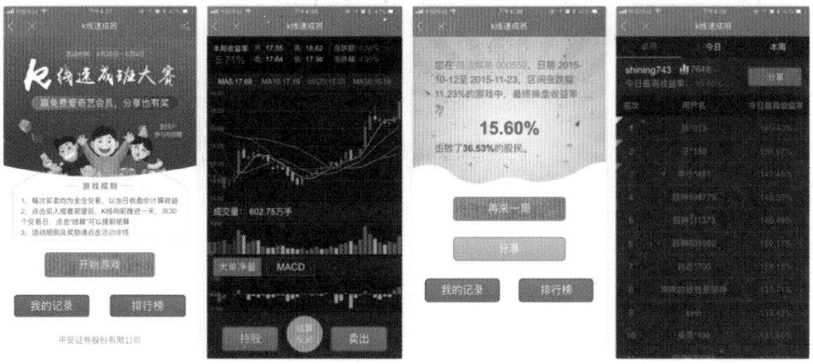

“有智之士”主要是一些有一定投资经验，但还没有特别成熟的投资理念的客群。他们有追求高收益的需求，也经常有追涨杀跌的操作。对于他们，一方面要提供工具，帮助他们简单高效地完成信息收集、择时、买卖、换仓等操作。如提供基于数据机器学习技术构建，使用历史大数据进行训练，并且能通过新数据不断改进的决策工具，为投资者提供短、中、长线等不同风格的投资辅助决策服务，包括追踪主力资金动向、寻找最佳买卖时机、提高买卖胜算信号等。另一方面要持续教育，帮助客户形成科学理性的投资理念、操作纪律。如跟随互联网趋势，将直播的模式引进证券App，集中自身优势打造特色，实现与用户高效交流的股市直播。并针对粉丝过万、线下人气十足的“网红投顾”，为其开设专栏，每周固定时间做直播，给用户提供长期跟随学习的机会。

多种专业决策工具，更多维度帮助选股决策

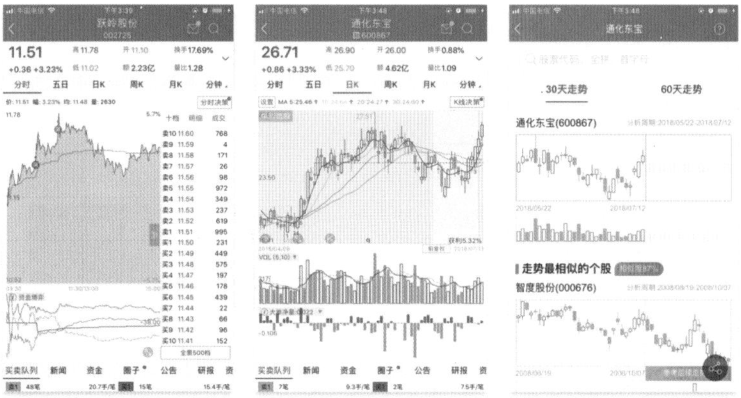

别样直播：利用互联网技术手段，打造专业“网红投顾”

“非凡大师”往往已经形成了自己成熟的投资理念，操作也有一定的纪律性。针对他们要着力满足潜在成就的需求，提供一些展示自我并影响他人的机会。例如牛人实盘功能，用户可以自主选择将自己的实盘进行分享，感兴趣的用户可以订阅学习，发挥用户影响，让用户带动用户。针对高净值的客群，还设立专属产品服务体验区（财富赢家专区），利用公司在投行和投资项目上的资源，从客户资产长期保值、增值角度出发，为客户提供个性化投融资方案，提供多样化产品和资讯，配合科技驱动的智能资产配置服务，帮助用户完善资产结构。

高净值客户差异化、专属、高端化服务

客户分群方法通常是通过数据建模与分析，深度了解客户的关键行为，洞察客户真实情感与需求，分析客户相对于企业的客观价值。通过客户分群能找到新的业务增长机会点，

驱动老板、产品、市场、运营等进行业务决策。在互联网发展趋势下，能真正领会其精髓并科学运用的企业，更有可能在高效配置资源、精细化客户经营、个性化产品服务策略上占得优势。

姜晶晶
平安证券，UED负责人

平安证券UED负责人，参与平安证券线上互联网业务团队搭建，主导全平台体验框架搭建和规范制定。参与过平安证券全链路体验流程分析。在产品、多业态全链路体验层面均有丰富的实战经验及独特见解。曾在ebay易趣任设计主管、携程任机票事业部交互设计负责人，拥有大量项目实践经验。擅长大中型电子商务平台、OTA、移动互联网，金融互联网的产品体验设计，金融互联网、移动电商设计专家，拥有10年互联网设计和管理经验。

07 消费者行为立体化感知与设计应用

◎ 李明福　杨光涛　傅萌　尹哲

随着社会的发展和科技日新月异的进步，人们的消费习惯也在不断变化，现在人们对产品的需求已不仅仅停留在“功能使用”层面，更多追求“场景的丰富体验”及其带来的满足感。

我们现在可以从手机、iWatch、智能音箱等终端上购物，也可以从线下的百货和便利店、线上的直播和朋友圈等场所买东西。今天的消费方式已经变得越来越多元化。这种消费的升级，也带来了零售的革命，传统零售正在向新零售过渡与转变。

新零售的本质是以物联网、大数据和 AI 等新技术作为驱动力，重新链接“人-货-场”的关系，对销售过程进行重构，将线上线下服务和体验进行深度融合的一种新商业形态。如今身边已出现 Amazon Go、盒马鲜生等这样新的零售业态，它们带给消费者前所未有的购物体验和消费方式。

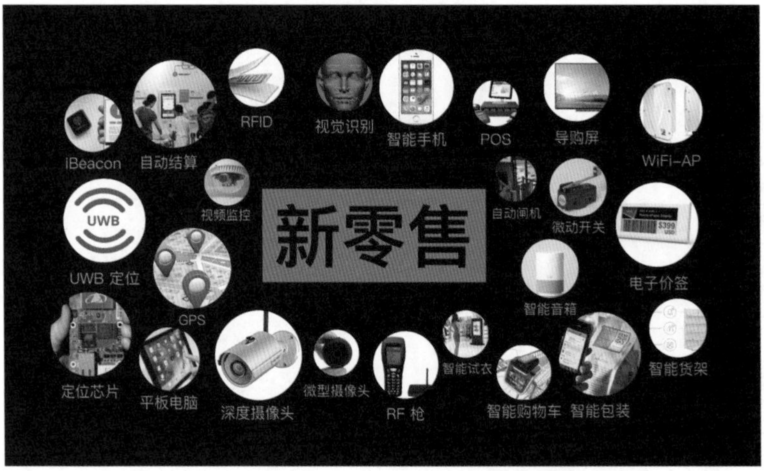

消费者行为数据的立体化表达

面对新的零售形态，品牌商想要全方位了解消费者与品牌互动的行为，除了需要洞察线上，也需要越界到线下，洞察他们在真实的线下空间与场和货的互动行为。那么，如何洞察并把这种线上和线下的行为关联起来，立体化去描述呢？

我们先从交互视角去对比一下线上和线下购物行为的区别。在线上，我们只需要滑动屏幕，找到某个商品，点击进入浏览商品详情，然后输入想要购买的件数和收货地址，点击确定完成购买。以上行为，只需要依赖我们的手指与屏幕交互就能完成。但到了线下，由于商品不在我们身边，首先得通过一定的交通方式，到达指定的场所找到货架，注视寻找感兴趣的商品，拿起它去收银台买单。完成这些行为，需要动用我们的手、脚、眼睛等各个身体器官，并且需要跟货架、店员等接触点完成交互。

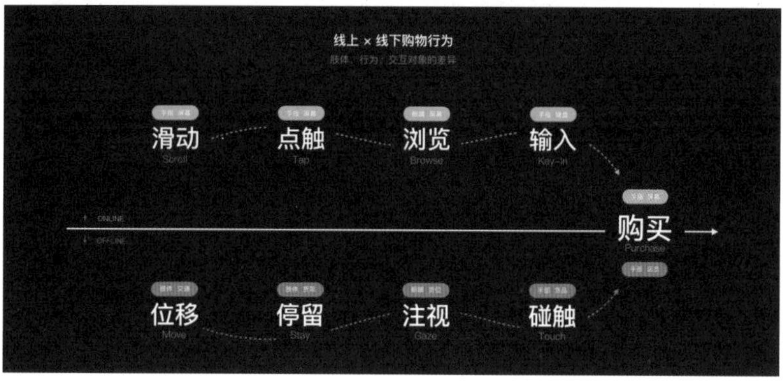

线上的行为很容易获取，并且有成熟的标准和接口，通过一段脚本代码就能获取到所有的行为。这些技术已经在传统电商行业应用多年，业界也有很多公司做了相应的工具，开放给大家使用。但到了线下，由于人和环境的不确定性，使行为的采集变得非常困难。首先要去布置很多数据采集传感器，不同的行为需要用不同类型的设备进行采集。当数据回采完毕后，如何把同一个人的所有行为做关联，又用什么样的方式表达？

物联网（IOT）技术的成熟和发展，给线下用户行为的采集带来了机会。目前不管是室外还是室内，小至 1厘米大到 1千米，都有相应的设备可以应用。

下面通过一个故事来说明。

小明去购买“屈臣氏”的产品，他从家出发，到公交站坐公交车，到达目的地后下车，逛街到了商场，找到“屈臣氏”专卖店，推了一辆购物车，到货架前拿了某个商品，然后买单离店。整个过程的任何一个节点，我们都可以通过手机、摄像头、WiFi 等设备知道小明的行为。我们把小明1天的行为记录在空间中，就可以知道他去了运河上街和黄龙体育中心，他在这两个地方逛了哪些品牌店，看了什么、拿了什么、买了什么，都可以通过智能设备记录到。

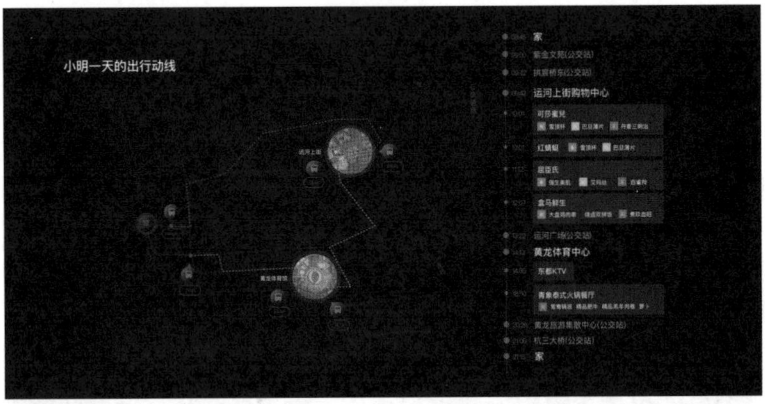

如果我们再把他的所有行为关联起来，就可以绘制出他跟“屈臣氏”品牌互动的完整动线。第1天他在手机上浏览了商品信息，第2天到线下店看了实物，然后用手机完成支付。第3天他针对使用感受，在淘宝社区写了商品的评价，然后把屈臣氏“品牌号”分享给了朋友。

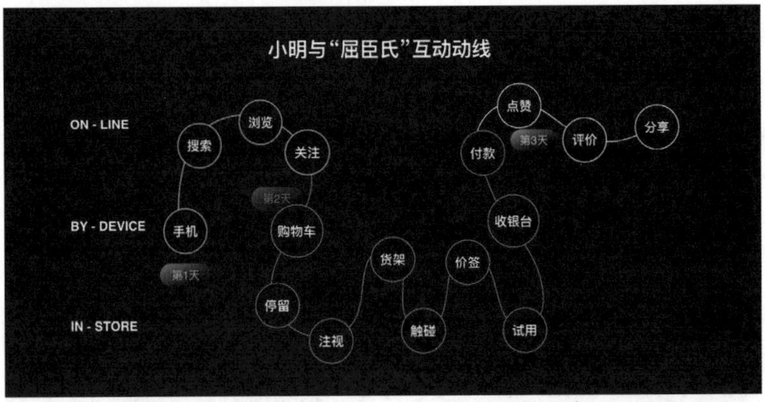

上面描述的是相对完整的一个消费者的行为动线，那么我们实现了哪些呢？我们基于手机定位、WiFi、摄像头等物联网设备，可以收集到消费者的购物行为数据。然后，将这些行为数据用可视化的设计去表达，打包成商业运营的组件，并应用在盒马、天猫小店等新零售业务，带来更精准、更高效的商业决策效果。

通过物理网设备的空间、机械、视觉等多维度的识别能力，可识别人的各种行为姿态。基于这些行为，我们去定义数据的评估指标，依据这些指标就可以知道哪些行为是有效的。

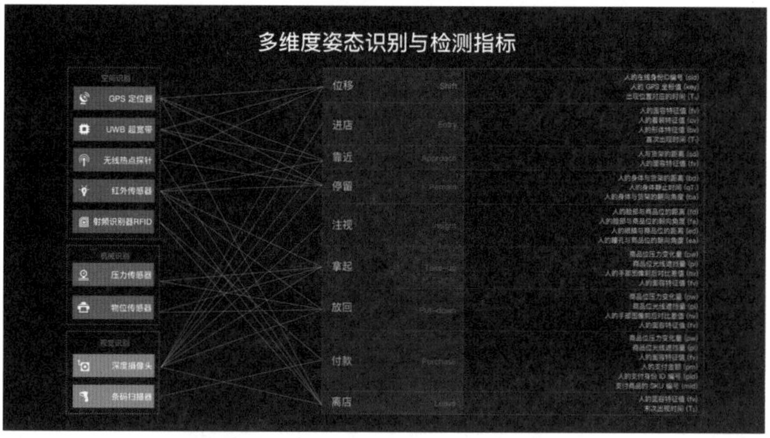

行业中有一个经典的消费者购物行为模型（AIPL），完整的消费过程可以分为认知、兴趣、成交、忠诚4个阶段。将消费者的身体姿态跟这个模型组合起来看的时候，就可以通过肢体动作，洞察消费者与品牌的接触处于哪个阶段。从而在做运营和营销时，对不同阶段的人群，做更准确、更有针对性的内容推送和服务。

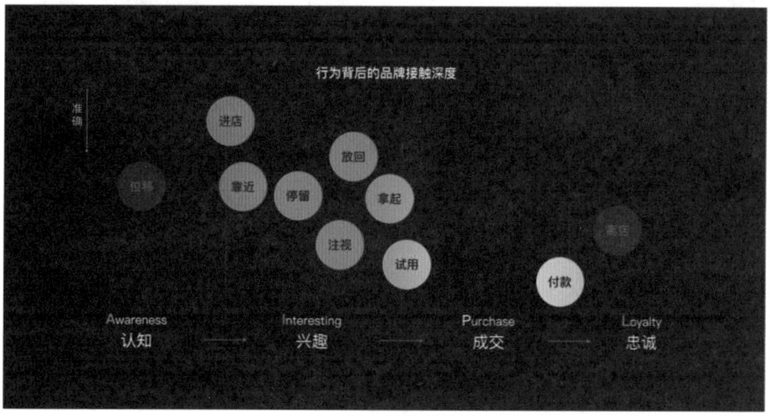

立体化的数据，让商业更加精准化

有了立体化的数据后，如何应用在商业上，提升商业的精准度呢？

可以先从“人-货-场”的新关系来看商业的痛点。零售的成功需要满足3个条件，在正确的地点，向正确的客户销售正确价格的货品。在场外，品牌商主要是找到潜在的客户，推送品牌信息，从而让他们对品牌形成初步的认知，然后把他们引导进店里。而在场内，消费者与品牌有了直接接触，这时候，需要通过大数据的洞察能力，促进消费者在场内的购买转化，同时提升购物的体验。

1）场外行为洞察与设计应用

先从场外开始，给大家举个大数据选址的例子。

从商业角度，选址需要综合考虑人、位置和市场这三个因素。人的因素主要考虑人口分布、消费画像、行为特征；位置的因素包括是否有交通要道直达、是否容易被发现等；市场的因素主要看周边竞争对手的分布和竞争程度，还有业态的繁荣度。传统的选址通常以人肉的方式蹲点统计、扫街调查。这样带来的问题是样本有限、随机，决策不准确，且效率低下。

在大数据时代，我们基于消费者的行为数据，从空间、时间、行为三个角度，给选址决策者做“三重”感知的设计，让其更科学地去做决策。

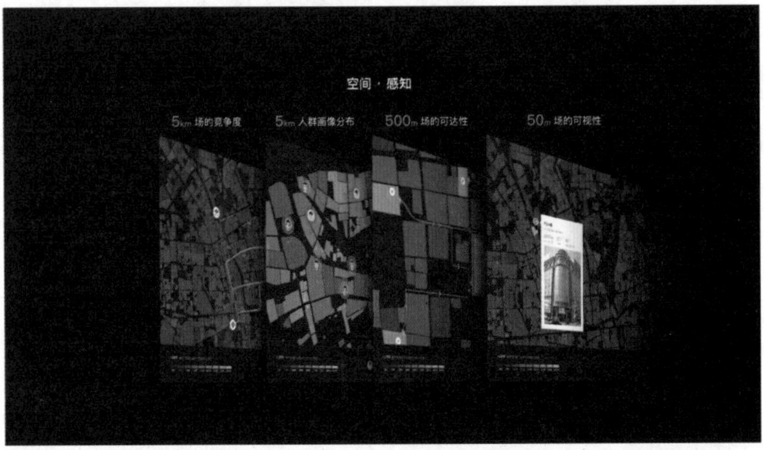

在空间角度，将周边5千米至50米的决策因素映射在可视化空间中，提供最直接的感知视图。在时间角度，基于时态的流动数据去分析决策因素的时空变化；在行为角度，将潜在消费者的行为轨迹在空间中完成打点与连接。综合这“三重”大数据的感知，让选址的决策者能做更立体化的判断。

人为圈定主要范围并确定候选点后，我们引入机器计算，去预测未来半年内进店消费人数以及营业额。这种基于大数据的多重感知选址设计，相对于传统的报告式选址，能极大提升效率和准确度。在盒马项目中，准确度高达85%以上。

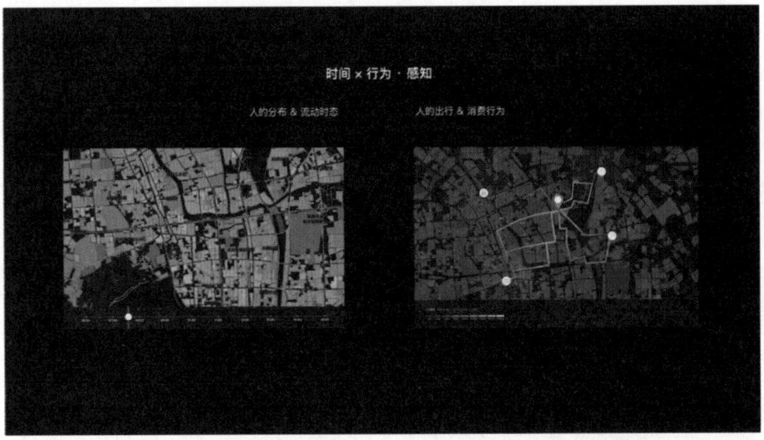

基于行为的可视化，我们还可以去追踪线下零售店市场占有的变化情况，从而去监测市场竞争态势。市场变化背后的原因，可以从人的去向以及竞争对手“货”的优势对比去归因，让选品决策更加准确。

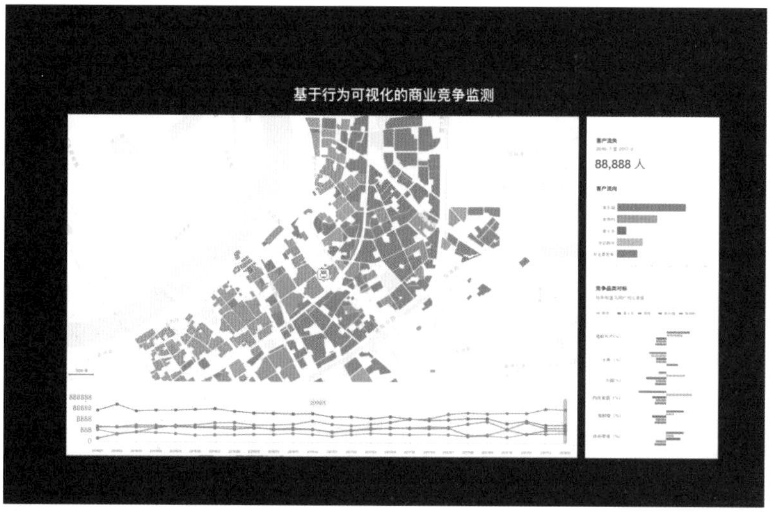

2）场内消费者动线与货架陈列

下面介绍场内消费者行为的洞察与设计应用。

在顾客进店时，我们就能通过摄像头识别到他的人脸特征，将这个特征跟线上的人脸库对比，就可以知道他在线上的身份和行为画像。

通过追踪购物车运行的轨迹，可以知道大量的消费者的运动轨迹，将这些轨迹数据进行聚合、优化，我们就可以绘制出消费者在场内的主动线。不同类型的消费者，有不同的动线特征。例如，初次到店的消费者，探索性较强、目的不明确，动线比较分散。我们可以在这类动线的主路径上，安装新手导购屏来促进购买。而老会员有比较明确的目标，行为路径也比较集中，主动线清晰不分散。可以在这样的动线上设置会员专区，也可以有效地提升转化。

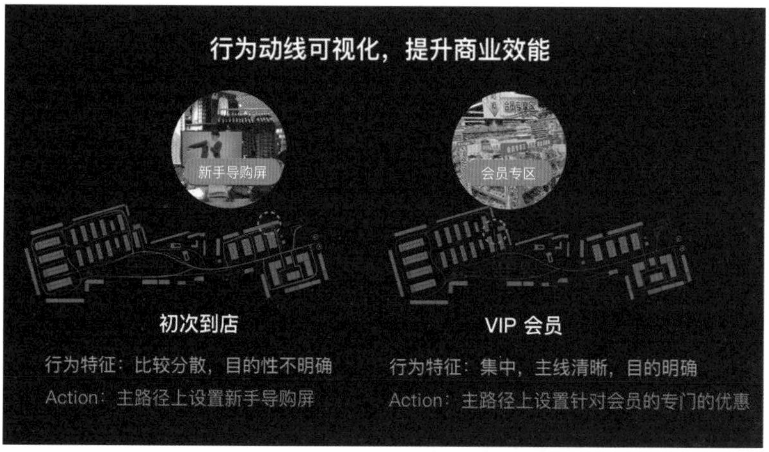

当我们把动线数据和货架上的销售数据结合之后，还可以排查运营效率的问题。例如动线上人流密度高的地方，如果货架销售情况不好，那么有可能是货架的品类安排不合理，需要调整运营策略。

传统货架陈列，一般是通过销售经验进行设计的。想要了解货品数据，大多是做人肉盘点和报表统计，这个方法的问题在于数据碎片化、烦琐、不实时。在大数据时代，我们通过行为洞察的方式做货架陈列决策。

首先，将消费者与货架的互动行为进行合理解构，可以分为路过、停留、注视、触碰和购买等几个阶段。基于这样的行为模态，设计出可度量的行为模型。最后把这些行为指标映射到货架上，用可视化的方式表达，让盘点工作更加一目了然。

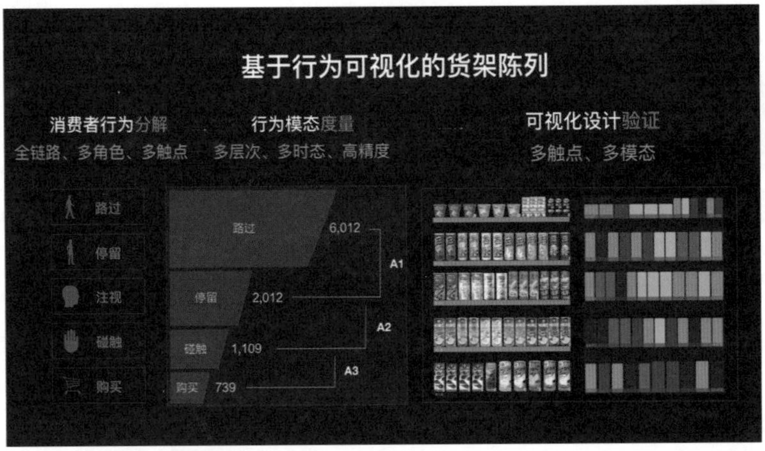

我们从人体工程学的角度出发，通过肢体的合理体验，去定义行为的有效性。然后通过算法识别，判断消费者与货架接触的哪些行为是有效的。例如40.5~120厘米 这个距离是人与货架接触的最佳距离，在这个区域经过的人，我们认为是1次有效的路过浏览量。

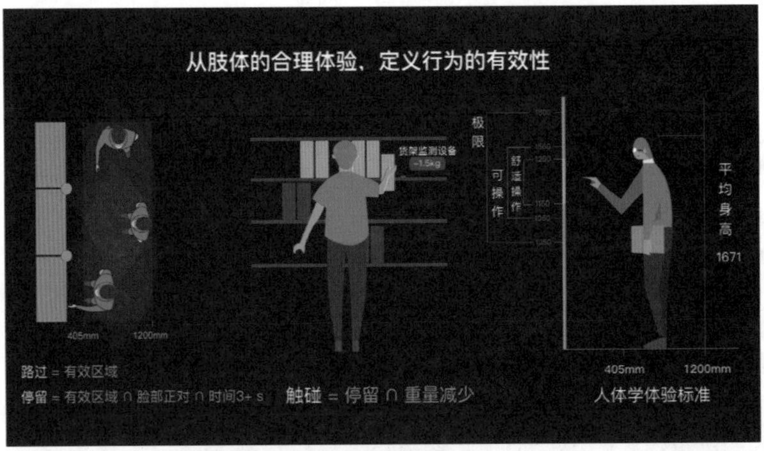

动线与货架行为的可视化，有很多商业价值。通过全链路的行为追踪，可以准确知道消费者在场内的每个行为特征，从行为中可以判断他对商品的兴趣程度。当我们将消费者的行为做聚合，并与销售的数据做交叉分析时，可以知道我们店内运营的问题，从而不断改善运营策略。将沉淀的数据做成定量样本，还可以制定精确的经营标准作业程序，整体提升运营效率。

基于消费者行为的“空间可视化”

信息可视化是设计行业的一个垂直领域，通过可视化可以建立人类视觉系统与大脑底层认知的连接，将真实信息通过符号、色彩等视觉元素有序重组并传递到人脑，唤起人们的记忆和想象，建立更高效的认知，从而提升信息传达的效率。

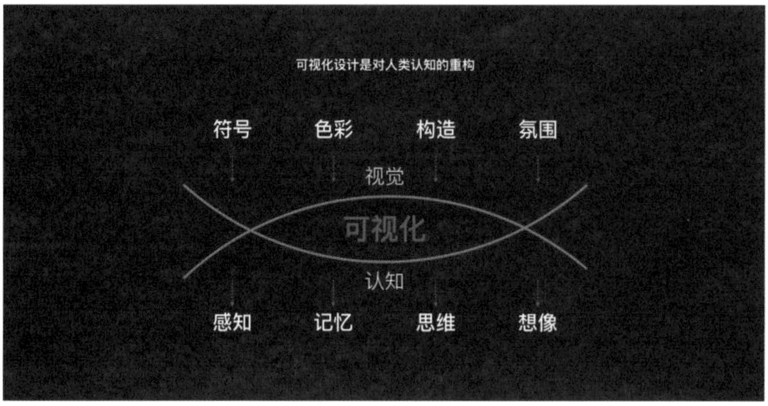

过去一年，我们探索了基于消费者行为的可视化设计，并归纳出可视化的“四维（4D）设计法”，希望能帮设计师快速掌握可视化的核心设计思路。

一维是信息定义（Define），选择合适的形式和符号（如点、线、面）去表达不同的数据信息；二维是情景描绘（Describe），巧用视觉调性和形式的变化，给数据浏览者传递数据背后的场景和氛围，产生情感上的共鸣。如人流密度高时，用强烈的暖色调来传达人气火爆的氛围；三维是视角变换（Diversify），用缩放、钻取等交互方法，让浏览者可以从空间、时间全视角去理解数据；四维是行为驱动（Drive），通过设计引导，给予明确提示和预测，帮助浏览者做决策时能获得更准确的判断。

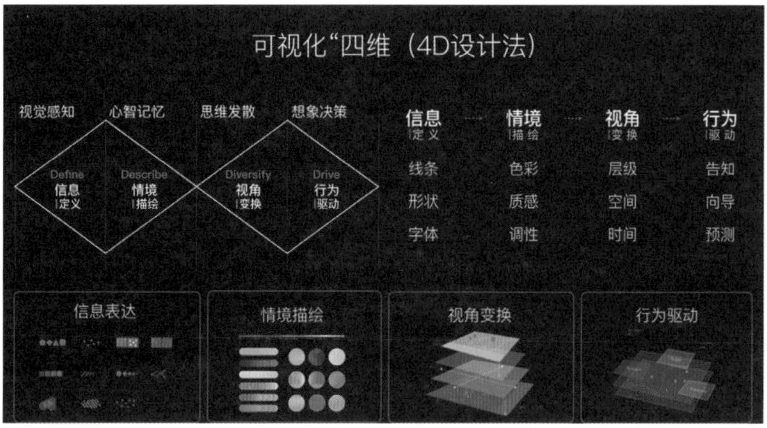

为了提升项目的协作效率，我们沉淀了可视化符号库、色谱以及全视角交互原则等，确保项目高质量、高效率输出。在此，感谢所有参与这个项目的小伙伴：京庸（李明福）、行成（杨光涛）、祺朦（傅萌）、莘达（尹哲）。空间行为可视化的设计思路，还可应用在其他线下领域，如果大家对这块感兴趣或者有设计方面建议，可以加我们微信 wbuild 探讨。

李明福

阿里巴巴国际UED，
交互设计专家

现任阿里国际用户体验事业部交互设计专家，目前负责阿里大数据产品“地动仪”和“鸿雀”、新零售和商业中台产品“星环”、天猫精灵智能语音平台、LAZADA、店铺和商品装修平台等平台类产品的体验设计工作。经历从“O2O”到“全渠道”再到“新零售”的行业演进，也支持过喵街、淘宝代驾、极有家、千牛店掌柜等线下产品的体验设计。9年互联网从业经验，先后负责过的产品有搜狐微博、百度知识产品(文库、知道、阅读、百科)等。

杨光涛

高级交互设计师

傅萌

高级视觉设计师

尹哲

高级视觉设计师

阿里巴巴国际用户体验事业部高级视觉设计师。从传统行业到互联网行业有10年设计经验，先后主导过alibaba.com 品牌和平台升级、alibaba.com 物流系统和信用体系、阿里百川、阿里星环、天猫精灵等大型项目，涉及 B 类和 C 购物场景、物流体系、信用体系、智能语音、大数据等领域。对 B 类和 C 类产品，以及品牌有深入研究，目前致力于研究企业类平台设计语言及品牌设计方法。

08 构建俯瞰视角，用户体验管理全局观

◎王丹　宋杰

每日埋首于这个页面的改版、那个功能的迭代，是否真正理解手头这些设计工作对于整个业务的价值？又能否衡量每处新设计对于用户体验的影响呢？

其实，设计完全可以不像打游击一样，哪里发现问题就跑去哪里，而是运行一套良性的机制，帮助整个团队从更全局的视角去观察用户和洞察业务，让产品持续地提升体验，让团队持续地做出对的决策。

近几年，我们一直在探索这种良性的机制，做过很多尝试，也看到一些慢慢成形的方法，给业务带来了实际的益处，设计师在团队中输出的价值也越来越有分量。这里想和大家分享的，就是我们对于体验管理机制的一些思考。

用户体验设计VS用户体验管理

要解释“用户体验管理”，我想和“用户体验设计”对比起来说，会更清楚。用户体验设计关注的是“完成一次有效的设计”，获得某个问题的具体解决方案；而用户体验管理关注的是“运行一个有效的机制”，让团队运行一套能够持续提升用户体验的工作方式。

关于体验问题池的反思

体验问题池是我们曾经尝试过的一种体验管理机制。我们通过各种方式收集用户的体验问题，放入问题池进行状态管理与共享，并在每个产品周期中逐个推进解决。

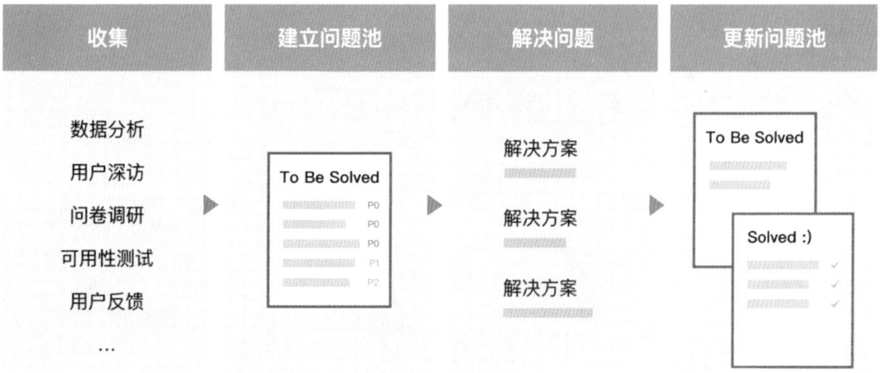

体验问题池

这样机制的引入，似乎给设计工作带来了些进步之处：

- 我们有了清晰的检查清单，待解决和已解决问题一目了然；
- 每个体验问题都有明确的优先级，解决时有轻重缓急；
- 只要我们持续推进迭代，就能持续解决问题；
- 使用线上团队工具，方便信息的管理和共享。

一切似乎非常美好，但实际上又暗藏着危机，体验问题池给团队带来了什么样的风险呢？

- 共情不等于洞察。我们和用户一样痛，并不代表我们对用户体验有更全局的认知、更深刻的洞察。
- 关注局部问题，可能错过创新机会。越关注局部，就越容易获得局部的解决方案，也就意味着更可能错失颠覆性的新流程与新体验。就像我们如果只关注于用户损坏的地图，就更可能提出修补地图的解决方案，而错过提供手机导航的创新机会。
- 紧急问题不等于紧急目标。帮助业务在市场中竞争，及时抓住机会有时比解决问题更重要。因此，我们制定目标时，不能局限在解决某个问题上。比起“解决地图损坏的问题”，“为用户到达目的地提供更高效的新方式”或许是更有价值的目标。
- 同步信息不等于达成共识。只与合作方共享一份庞大的清单，很容易进入到只有设计师干着急的状态，产品和技术角色处于被动合作的位置，而没有形成共同的目标和愿景，合作难以顺畅。
- 工作量不等于工作效果我们能非常直观地看到解决过多少问题（还不一定真解决了），但仍然无法测量，在这些工作之后，用户的体验究竟发生了多少变化。

那么，更好的机制应该是什么样呢？目前，团队正在运行的体验管理机制更重视全局化的体验洞察、可量化的体验指标以及团队共识的建立。我们把这样的机制称作“全局化体验管理”。

全局化体验管理

全局化体验管理的关键流程划分成5个重要阶段。

全局化体验管理流程图

1）俯瞰

在俯瞰阶段，我们需要获得用户体验的全貌，通过可视化模型制作体验全景图。这里推荐几种适合俯瞰全貌的可视化模型：

- 用户体验地图 / User Experience Map

用户体验地图从用户视角出发，展现用户在整个旅程中的体验情况。当业务提供的是流程型服务时，例如租房、找工作，用户体验地图就很适合用来展现体验全貌。

- 服务蓝图 / Service Blueprint

服务蓝图是从系统视角出发，展现业务系统和组织是如何运转、如何支持用户旅程的。如果业务同样是流程型服务，并且后台系统相对复杂，可以在用户体验地图的基础上，结合服务蓝图，帮助我们建立更完整的图景。

- 生态地图 / Ecosystem Map

生态地图能够从用户视角和系统视角出发，展现用户在不同维度上的体验状态及系统支撑方式，因此适合展现非流程型服务的体验全貌。

选择适合业务类型和观察需要的可视化模型，制作体验全景图，能够帮我们有效地构建俯瞰视角，便于下阶段的观察。需要注意的是，全景图要尽可能展现用户全程体验的情况，而不局限于用户在产品中的行为。

用户体验地图是我们在业务中最常使用的模型，具体制作方法不再赘述，以58招聘全职应聘者的体验地图为例，说明基本概念和读图方法，便于后面内容的阅读。

体验地图包含三个基础部分：满意度曲线图、感受量化图、倾向量化图。

（1）满意度曲线图。

展现用户在旅程中各个关键接触点上的满意度值，对用户的体验做量化概括。

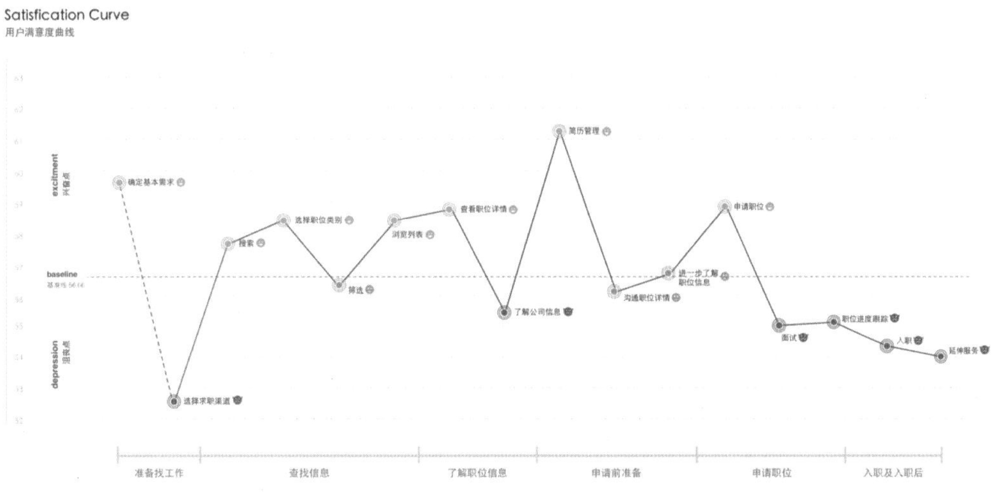

招聘满意度曲线（作者：李茁、崔登学、杜玮宁）

服务阶段&接触点：将接触点划分为不同的阶段，划分的原则是“用户在这些接触点上带有共同的阶段性目标”，例如用户在App中进行搜索、筛选、浏览，这些接触点背后的目标都是寻找需要的信息，可以划分到一个服务阶段中去。这样做的价值在于，理解了每个阶段背后的用户目标，我们才可能为用户实现目标设计更好的方式。

满意度值：通过定向的问卷投放，统计各接触点的满意度值，将主观感受量化为体验趋势。

基准线：各接触点满意度的平均值，代表服务体验满意度的整体水平，我们把它作为基准线，来衡量各接触点的体验高低，同时也用来与行业基本分值做对比评估。

兴奋点 / 一般点 / 沮丧点：以基准值为界限，划分兴奋点、一般点和沮丧点。一般点和沮丧点可以视为服务体验的短板，值得我们重点观察与分析。

（2）感受量化图。

展现各服务阶段中，用户的痛点、惊喜点，暴露并量化各阶段的用户感受。

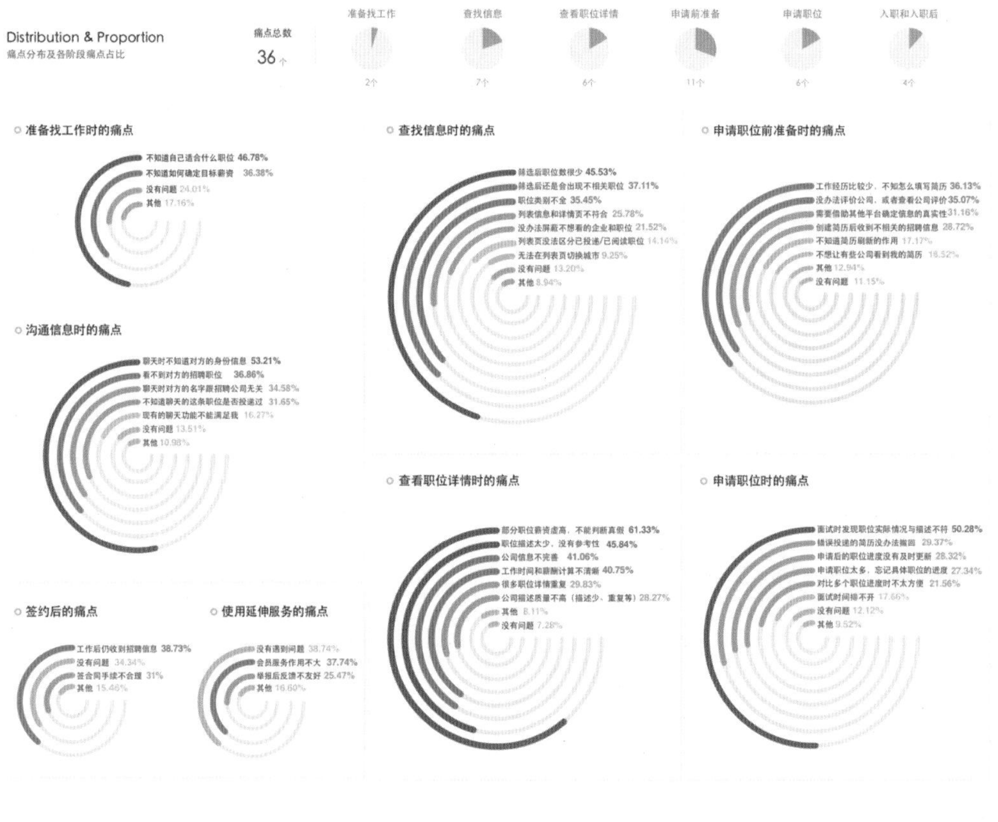

招聘感受量化图（作者：李茁、崔登学、杜玮宁）

（3）倾向量化图。

展现用户的喜好、态度等信息，如用户在浏览列表时，对于不同信息的关注程度，这些信息同样是需要量化的。

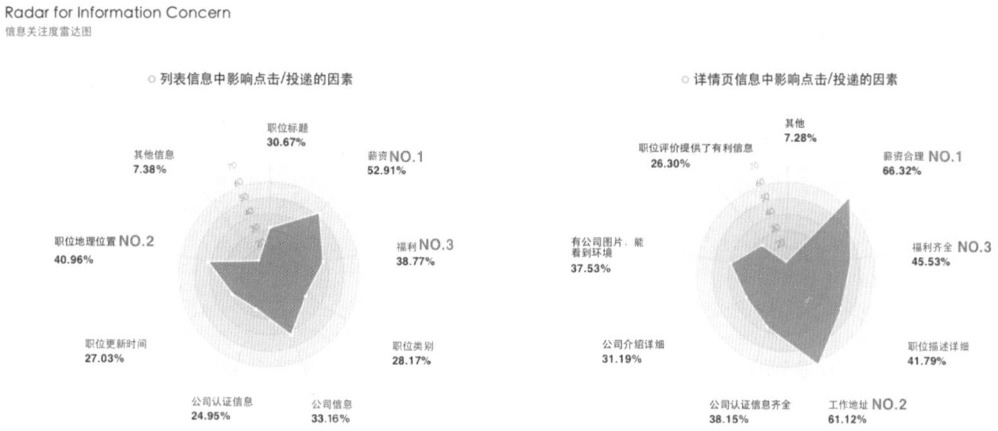

招聘倾向量化图（作者：李茁、崔登学、杜玮宁）

这样，我们在俯瞰阶段获得了能提供全局视野的图表。值得注意的是，不论使用了哪种可视化模型，都只是对信息的重新组织与展现。而被组织的信息依然是信息本身（不是结果），仍需要我们进一步观察和思考，才能产生有价值的洞察。

2）洞察

洞察阶段要做的，是通过观察体验全景图，明确业务当前的关键挑战，并根据挑战制定下阶段的关键目标。我们通过“两个反思”的方法来引导思考，产生更有效的洞察。这两个反思，分别是反思“点”和反思“段”。

- 反思“点”。用户的沮丧点和一般点有哪些？沮丧背后的本质原因是什么？
- 反思“段”。每个服务阶段中，用户达成阶段目标的方式是什么？这样的方式有什么问题？

以58租房的租客体验地图为例。反思点时，我们能看到体验不佳的接触点不算少数，但再分析各阶段的严重痛点，便会发现联系沟通、预约看房、实地看房这几个环节中，用户不满的主要原因都是直到这时候才发现，房子不符合自己的要求。所以，隐藏在体验低点背后的本质原因，是用户无法在线上更充分地判断房子是否符合要求，造成之后的联系和看房变成了白费力气和白跑一趟。以此类推，我们会发现，往往在众多的体验低点背后，本质原因只有关键的几个。

反思段时，我们发现，在查找房源阶段，用户通过阅读图文信息的方式，判断房子的具体情况，但这种方式形式单薄，信息传达效率低，不确定性也非常高；再例如在租房决策阶段，用户要反复通过联系房东、约看、实地看房的方式，了解多个房源，过程麻烦，性价比也很低。

在两个反思之后，我们便能整理出业务正在面临的关键挑战：

（1）用户无法在线了解更具体的房源信息；

（2）后续流程缺少监管。

由于获得了这样的洞察，我们未来的关键目标也随之变得异常清晰：

（1）为用户提供更前置的在线了解房源的新方式；

（2）全流程平台可监管。

关于制定目标，这里要时刻小心局限性目标。举个例子，例如目标A是“设计一个杯子”，目标B是“设计一种喝水的方式”，你认为哪一个是局限性目标呢？如果我们的目标中已经出现了具体的方式，那么它极有可能会限制我们发散思维解决方案。

3）共识

共识阶段的主要目标，是推动整个团队对于前期的结论达成充分共识，建立共同的阶段性目标，并在此基础上制定推进计划。

为了达成共识，组织一场全员宣讲会是个好方法。把业务团队都邀请来，分享前期的发现、面临的关键挑战和目标，让每个环节的相关成员都对现状知情，引发共鸣和重视。我们也会在宣讲会上针对关键目标，从设计师的角度抛出一些草案，激发团队的思考和方向探讨。

关于制定计划，同样需要多种角色共同制定，再拆分到各角色的具体计划中去。例如在转转的一次阶段性计划中，客服体验成为当时的关键挑战，我们便邀请客服团队的同学从天津来到北京，共同参与宣讲会，同步问题所在，并将提升客服体验的细分目标明确下来，客服同学也马上制定了具体的提升计划。这个接触点的满意度在下个周期的俯瞰中，表现出显著的提升。

4）设计

设计阶段或许是我们设计师最熟悉的，这时的关键是以阶段性目标为中心做设计。关于敏捷设计与测试的流程方法，这里就不多讲了，只分享两个重要的体会。

- 别觉得头脑风暴已经被玩烂了。在针对某个目标寻找解决方案的道路上，头脑风暴仍然是利器。或许曾经经历过一些无效的、令人失望的头脑风暴会，让你觉得这东西徒有其表、毫无意义。但头脑风暴作为一种创意工具，同样需要我们在使用中对它进行迭代，摸索更多适合自己团队、适合当前目标的组织方法。

头脑风暴

- 是时候开始进行双重验证。产品数据是长期以来验证设计的主要手段，但产品数据只能验证行为，而用户的心理及态度同样需要更精细化的验证。因此，我们逐渐在业务中融入双重验证的方法，在设计的验证阶段，通过产品数据监测行为变化，同时通过用研数据监测态度变化。

5）再次俯瞰

再次俯瞰阶段的目标，是回溯上个阶段的工作，开启下个阶段的管理循环。通过对用户体验的再次量化和对比，我们可以直观地看到每个阶段的团队工作给用户体验带来的影响和变化，对上阶段的工作进行精细复盘与总结，再开始产生新的洞察，制定下阶段的目标。

一切还没有结束

当然，我们的探索远没有结束，全局化体验管理的基础流程帮我们对用户体验进行周期性的观测、理解并明确下阶段的方向。但不论任何方法，永远有迭代的空间。我们正在为全局化体验管理方法的更进一步，做两方面的尝试。

- 从“用户视角”到“用户系统双视角”。

目前，在各个业务中使用的可视化模型，都是以用户体验地图为主，完全以“用户视角”来展现体验现状。但我们的很多业务背后，都存在相当复杂的组织和系统，牵扯到很多第三方、业务角色、渠道及线上线下的丰富场景，这些组织的运行方式，是对用户体验产生影响的主要因素。

因此，我们开始尝试在俯瞰阶段，以用户体验地图为基础，增加服务蓝图来展示组织运行结构，拓宽我们的观察视野。

- 从“周期回顾”到“实时监测”。

由于每次的俯瞰和洞察大约要耗费2~3周的精力，之前的工作都是以季度或半年的固定周期进行。目前，我们正在搭建满意度实时监测系统，对关键接触点上的用户满意度、感受、倾向进行实时自动收集、分析、量化、可视化展现，以实现更实时、更自动化的体验监测。

最后，分享一句自己非常认同的话：

We can’t innovate our product if we don’t innovate how we build it.

（不停地创新方法，才能不停地创新产品。）

—— Alex Schleifer（ Airbnb设计副总裁）

王丹

58集团，资深交互设计师

58UXD资深交互设计师，在互联网行业折腾数年，做过产品经理，更热爱交互设计。曾在腾讯钻研专业技能，也曾在创业团队打破局限，直面挑战。如今，作为58房产主交互设计师，正积极尝试在业务中推行全局化用户体验管理机制，通过系统的设计思维与方法，持续推进产品创新与体验提升。

宋杰

58集团，高级交互设计师

先后任职于58、联想等大型互联网公司，从事用户体验设计工作5年。主导过58App全站改版、租房体验升级等项目，有房产、金融、黄页等业务的项目统筹及设计管理经验。目前为58平台产品交互设计负责人，致力于用户体验可视化方向的研究与实践，通过系统的设计思维与可视化的方法，持续推进产品创新升级，提高设计团队影响力。

09 定量定性的用户画像浅谈

◎ 陈抒

用户画像近几年被频繁提及，已经为产品人从业的基本知识。但是这个概念也经常被行业内同仁们误解，因为用户画像其实有两个大的分类，通常被大家熟知的是Profile，是通过对用户的大量数据统计所提炼得出的。但是还有一类是Alan Cooper曾在《交互设计精髓》一书中提及的研究用户的偏重定性类的方法，被称为Persona，有时候也被称为用户角色。这两类相近的概念，虽然目标都是为了了解用户本身，但是它们研究的目标和方法却有天壤之别。

究竟用户如何定义？如何更深入了解用户呢？

不管是做什么产品都需要知道是在为谁在做，以开店为例，我们身边的客户喜好、购买承受力、购买东西的动机等都是必须了解的因素。一个出色的销售是可以读懂用户的，通过与用户交谈，就可以知道用户如何思考。当然，通过与用户长时间的接触了解用户的习惯家庭背景等，那么为他推荐东西就会更为精准，同时通过沟通能让用户享受购物过程中的满足感。这其中包含很多因素，最终却都脱不开人的欲望或是情感，而人恰恰是我们一切研究的基础。

用户就是真实的人

人是复杂的个体，但是如果将人归纳总结一下，共拥有三种属性——基础（自然）属性、社会属性、心理属性。从出生所自带，到成长中逐渐形成的一系列认知都可以被归到这三类大属性中。

除此之外，研究最终目标针对的是某个具体产品，因此基于这个目标，还需要了解用户如何使用产品，或是使用该产品的动机。这就需要更多关注于行为习惯和行为动机这两个属性，只有深入了解了用户行为过程的思考和习惯，产出的用户画像才真正有意义，并且可以应用于产品项目中。

基础属性、社会属性、心理属性、行为习惯、行为动机组成了5大研究属性。

基础/自然属性	社会属性	行为习惯	行为动机	心理属性
性别	婚姻状况	作息习惯	购物消费的动机	思考方式
年龄	孩子状况	出行习惯	浏览查看目的	欲望追求
星座	财产状况-车辆、房屋	饮食习惯	行为的动机	生活方式
属相	收入状况	阅读习惯	达成的目标	个性特征
祖籍	职业	网购习惯	行为过程中的情绪	价值观
出生地	行业	付款习惯	对于事件的态度	信仰特征
	学历	媒介偏好		

基础属性：基础属性是指人与生俱来所带有的特性，例如一个人性别、年龄、星座、属相等。

社会属性：是指在实践活动的基础上人与人之间发生的各种关系。基础属性是人存在的基础，但人之所以为人，不在于人的自然性，而在于人的社会性。因此你在社会中所扮演的角色差异、拥有的财富等都会成为你社会属性中非常重要的因素。类似于婚姻状况、孩子状况、财产状况（包括车辆、房屋、收入等）、职业、行业，这些通过后天获得的，统称为社会属性。

基础属性和社会属性基本构成了一个人的档案，而通过各种手段可以轻易了解到关于人的这些属性标签，很多也保存在社会档案库中。但是有一类不是简单可以获知的，需要通过更深入的了解、相处、交谈、观察才可能获得，这类就是心理属性。

心理属性：是指用户在环境、社会、感情过程中的心理反应或者心理活动，例如一个人的价值观、消费观念、宗教信仰等。某些意义上来讲，行为动机也是心理属性的一部分。但是由于行为动机是研究的重要因素之一，才被更为突出地独立出来。

行为习惯：行为习惯包括行为和习惯两部分。在这里主要寻找和研究的是用户的行为规律。它是在一定时间内逐步养成的一些具有规律性的、相对难以改变的行为系列组合。当然随着环境的变化，有些习惯会随之相应改变，但是更多的一些行为习惯会是一种潜意识内形成的，会相对稳定存在并很难变化。

这里的研究更多的是通过用户在产品中产生的互动来获取的。我们可以了解到用户的消费习惯、阅读习惯、付款习惯、使用习惯等。有些习惯连用户自己都未必意识到，但是通过长期对于用户行为的记录，仍然可以被获取。

行为动机：单了解行为本身是远远不够的，深入了解形成行为背后所隐含的原因，也就是用户行为的动机，才能帮你更为全面和立体地了解用户，从而将用户构建成为一个真实的人。不仅如此，了解了行为动机之后，你才可以将这种动机复用于其他的场景和产品，才能让你的用户画像真正被运用起来。

Profile和Persona的差异究竟在哪里?

知道了需要被研究的人的5大属性，但Profile和Persona所研究的具体差异在哪里呢？下图简单地将Profile和Persona进行研究区分，可以看到Profile更多在研究横轴以上的部分，也就是基础属性、社会属性和行为习惯的范畴；而Persona更多在研究行为习惯、行为动机和心理属性。

Profile是通过我们拿到的各种基础属性、社会属性、行为习惯进行算法分析之后得到的一系列动态标签库，这个动态标签库试图将此类用户归类。当然建立起标签库只是第一步，所以Profile是以定量研究为主的，它依据的是大量的数据基础，并且在此基础之上进行分析和研究才能得到结论。

Profile是通过数据提炼、抽象出用户的信息全貌，简称为用户信息标签化。这可以看作一个企业最底层的数据根基。

所以Profile的研究来源可以通过下图得到[①]。可以简单通过市场研究报告得到一个对于用户的行为和态度的基本研究报告，同时也可以通过一些社会中的人口基本统计作为Profile的研究的输入。

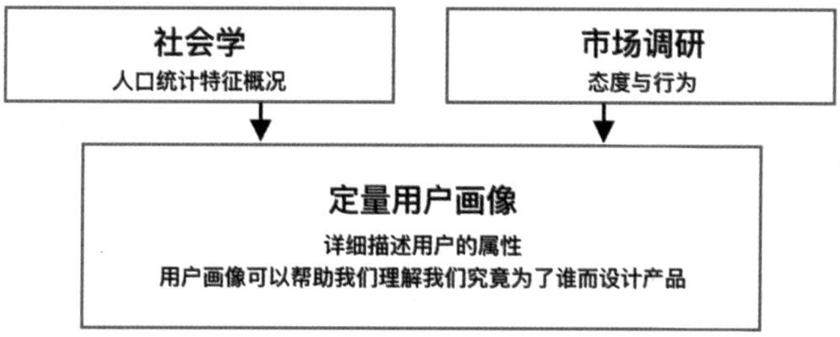

Persona却以定性研究作为研究的基础。因为Persona更多在研究人内心深处的心理反应、心理诉求、心理动机。有时候也可以借助定量的研究得到最终需要调研的个体，但是最终还是要依据个体的深入调研才能产出结论。

Persona的研究的输入可以是Profile的结论+对于独特人进行的心理上的研究+场景信息的收集。见下图[②]。

---

① User Profile的研究引自*User Profile and Persona*

② Persona的研究引自*User Profile and Persona*

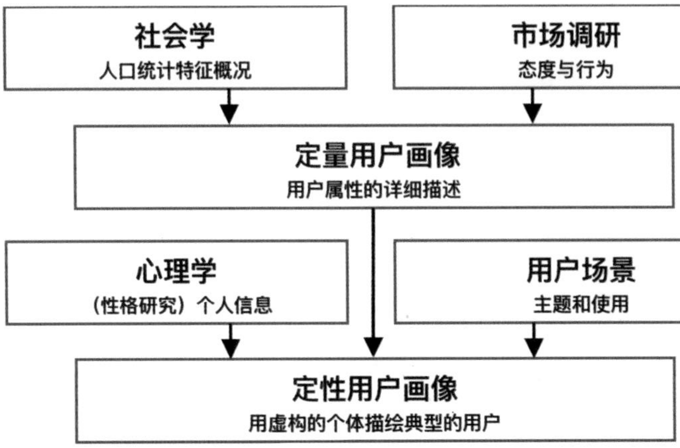

Profile和Persona不是割裂的

通过刚才的图，我们不难看出，Profile和Persona并不是割裂的，只有它们相互配合才能产出更为合理、精准并且可被应用的结果。

Persona赋予Profile生命

为什么这么说呢?

其实Profile最重要的就是标签库的建立和标签库建立之后的精准度。单单就标签库的建立来说，如何建立对产品有用的动态标签库，是一个非常重要的环节。如我们刚才看到的图，可以将市场的研究和社会中的人口统计数据作为输入，其实还可以有一个更为重要的输入，即Persona研究结论中对于用户行为动机和心理上的描述。Dtalk联合创始人之一的黄一能老师曾经说过：“我们可以通过Persona中一个人物画像的描述来找到很多需要抓取的数据。因为通过人物画像我们可以了解画像本身最深层的痛点、动机。而只有这样所产出的Profile才更容易被运用到实际中去。”下面是一个例子。

> 小黄28岁，从事财务工作4年，通过猎头介绍参加外资500强企业面试。可惜因为英文水平的欠缺导致面试失败。当下决定恶补英语。他通过朋友了解到一个网络培训类机构，报名试听，体验下来还不错，就购买了一段时间，但是发现自己的兴趣度也没有那么高，同时工作中用到的机会也不多，再加上晚上经常有应酬等活动，搁浅几次之后就再也没有动力继续了，于是退款结束课程。

画像中的小黄，对于学习英文的动机和最终放弃学习的整个过程都描述得很清晰。对此我们如果需要从这个画像来找出Profile的标签，最重要的维度会是“用户弃课可能性”，在这个大维度中还需要收集更多静态标签和一些行为标签作为数据分析的基础。

Persona需要Profile作为依据

经常会有人质疑定性的准确性，主要质疑的点在于深入访谈的人数通常都不会很多，样本的偏差会被放大和凸显出来。因此如果需要Persona画像更为准确，我们需要基于数据说话。

Persona是真实用户的虚拟代表，是建立在一系列真实数据之上的目标用户模型。这里很重要的一点就是真实数据所提炼的才能被称为Persona。因此当平台拥有量级用户的时候，需要首先提炼出需要调研的量级用户的目标，通过这个目标在Profile系统中统计出人群的标签，再通过这种标签找到我们需要调研的具体用户。

例如，一个旅行定制App想要找到 “高端定制游”为目标的Persona画像。通过这个高端定制游为一个重要的标签维度，我们可以从中找到高端、中高端、普通这三个档次。为了调研人群更为均衡，还可以增加一些维度，类似于新、普通、老用户区分。我们得到了一个九宫格切分的维度区分表，类似下图。

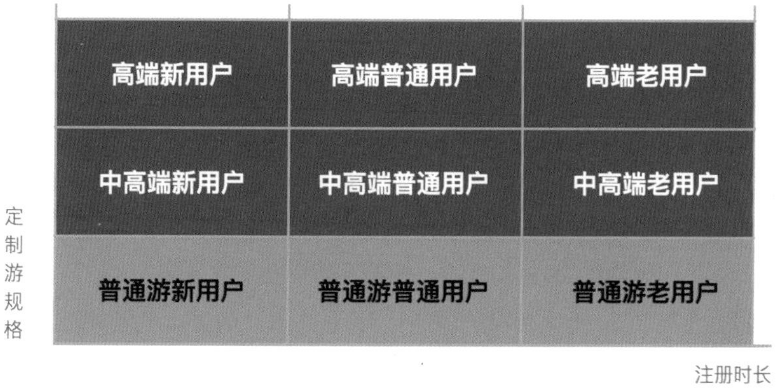

那么通过这张表，可以明确需要调研的对象是高端和中高端。因此在这个九宫格中，通过Profile系统输出每个格子最匹配的标签样本类型，再通过这个标签样本类型去邀约对应的用户。

这样调研的数量虽然是有限的，但是通过这样的方法很好地规避了样本的偏差。所以Persona需要有Profile作为依据才会更精准和科学。

Profile的运用

Profile对于信息过载的时代来说显得尤为重要。Profile的库如何能更接地气，让业务或是运营部门运用起来更得心应手也变成一个话题。

简单举例，如果将产品的诉求分为拉新、精准推荐、防止流失，那么Profile在每个阶段都起了非常重要的作用。

拉新阶段：需要考虑两件事，一是更多的流量导入，二是产生更多的有效转化。通过用户画像挑选出高潜用户画像或者高净值用户画像，根据这类用户的特征去进行投放，就会显得更有针对性。当然有时候会借助一些第三方的数据进行匹配，这个方法是最直接有效的。使用画像产出的用户特征去和第三方数据进行匹配，导入更多有效的流量，同时也会得到很好的转化效果。

精准推荐阶段：通过用户喜好标签对用户偏好值的预测，推荐相似的商品来提升转化率。不仅如此，还可以通过对于此用户类型的分析，对其类型用户的行为进行提炼和分析，也是非常有效的。

防止流失阶段：通过对于流失用户的画像分析，进行一定的激励和刺激，让他们再次产生行为产生转化，同样也很重要。

除了建立有效的标签库，同时需要考虑如何让Profile不停地维护和迭代，更好地满足使用者的诉求，让数据更精准。这是个漫长的过程，需要不断尝试不同算法，跟踪所产生的数据指标进行试错，找到最好的平衡点。

Persona的运用

Persona首先强调以人为中心的设计方法论，尤其是互联网移动时代的到来带来了体验革新，让以人为本的设计显得格外重要。同时，用户画像也是一个非常重要的沟通工具，表现在两个地方：首先，我们自身需要摆脱一种沉浸于自己作为用户的第一思考模式。这个沟通工具有效地建立了用户和我们之间的桥梁，让我们学会站在用户端思考。其次，在公司中，职能各不相同，有产品、运营、设计、开发，而在产品设计研发中，一定会产生各种各样的分歧。这个时候借助Persona用户画像，能更好地让各个角色都站在统一的思维模式上，可以有效减少不必要的争执和沟通的成本。

所以用户画像的产出只是第一步。在用户画像被建立后，需要经过宣传、认同、教育的这三个过程。要让用户画像深入每个职能工作者甚至是老板的脑海中。

同时，用户画像可以辅助其他更多的方法一起运用，例如通过Persona整理出同理心地图（Empathy Map），梳理出用户任务（User Tasks），再使用场景切分和串联出用户体验地图设计（User Journey Map）。这样做可以让Persona发挥其最大的作用。

做一次Persona是一个非常大的工程，在这个时间就是金钱的时代，可以把大而全的Persona进行简化，切分成几个小的项目，逐步完善。这样做最大的好处是可以及时调整，同时也可以快速运用和验证。

总结

在近几年的趋势中，越来越多的公司开始只相信定量，而相对忽视定性的研究。曾经有一个老板就说过一句话：“如果有了定量的大数据，为什么还需要定性团队去研究用户？”当时的小研究员给了一个答复，让我记忆犹新：“有了定量大数据让我们知道问题是什么，但是定性的研究让我们知道问题究竟出在哪里。”单纯的定量可以辅助分析产品的效果，然而我们却无法得知为什么会产生这些效果。片面的定量会让我们忽视用户内心真正的诉求，会导致一些偏颇，如“幸存者效应”或是“孕妇效应”。然而一味追求定性，也会让我们失去对于产品本身的数据类的评估，无法用大量的数据去验证产品设计的好坏，并且定性往往也会因为研究人员的专业水准而产生很大的偏差。

不管是定性Persona还是定量Profile，都是非常好用的工具，在一个产品中只有将这两者有机结合起来才能更深入地了解用户。在产品设计中，我们需要时不时地问问“用户是谁”“用户需要用产品解决他的什么问题”“用户在产品中的痛点和爽点在哪里”，只有这样我们才能让产品更有生命力。不仅如此，两者又是一种战略性的思维模式，强调了以人为本的有序经营思维。

陈抒

平安信用卡，UED经理

著有《交互设计的用户研究践行之路》一书，该书得到业界广泛认可。擅长大中型电子商务平台、OTA、移动互联网的产品设计，长期致力于研究数据与设计关联性及应用，多年潜心研究国内外大型商务网站的交互体验。曾在多个大型设计峰会进行主题演讲。

第4章

品 牌 塑 造

01 你好，设计驱动型品牌

◎ 童慧明

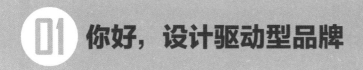

所有的设计如果没有一个非常好的品牌来支持的话，是没有办法实现的。那么，这就落到我今天要跟大家分享的话题，我用一个比较口语化的方式来表达——你好，设计驱动型品牌（Brand Driven by Design，BDD）。

设计驱动型品牌

设计驱动型品牌在今天的世界，包括在中国，已经在被快速地推进了。从整个商业世界来讲，这是品牌发展的第三个重要类型，品牌是被设计驱动的，所以我刻意把它表述为Brand Driven by Design，和以前所说的设计驱动品牌Design Driven Brand不一样。

为什么不一样？下边我做一些自己的解读。

中国的设计走到今天，包括世界的设计走到今天，有这样几个非常重要的观念：

第一，设计不关乎美观。

第二，过去狭义的对工业设计的认知，在今天对企业的发展来讲已经不足以形成竞争力。

而过去中国30年的设计教育和对设计的认知，正在面临着一个巨大的挑战。而今天，只有科技、设计和商业这三者的融合才是中国创新真正的未来。好设计必须要由自主品牌来承载，设计驱动型的品牌才能令设计的价值最大化。这也是今天我要和大家分享的观点中最核心的本质。

唯有设计师方能生存

“唯有设计师方能生存”是日本的茑屋书店创始人增田宗昭先生所说的。可能在今天有很多企业家、科技人士不一定完全理解，甚至包括设计师也未必能够理解，但是我们可以去看10年、20年，甚至更长一段时间之后，世界会是什么样子。

为了更好地阐述这个话题，我还是用案例来做解读。

在座的所有人都知道苹果公司，但是从商业的角度，苹果公司是什么？以下是纳斯达克上解读AAPL这个股票时的一段主要表述：苹果是从事设计、制造和销售移动通信、媒体设备、个人计算机和便携数字音乐播放器的公司。

所以说到底，互联网在过去这些年快速发展的大潮之后，今天站在世界第一位的公司是做硬件的。2018年6月7日，苹果的市值冲到了截至今天（注：2018年7月20日）的最高点，9534.4亿美元。作为人类历史上的股市发展来讲，推测冲破1万亿美元市值的公司非苹果莫属。

那么，到了这个时候，全球的经济学界、设计界都关注到苹果的发展，聚焦在它的身上。我们从一些数据来认知一下这个公司。刚才我已经说过了，它拥有9534.4亿美元的市值，是世界排名第一的公司。我们很多朋友都在用iPhone，大家可能不了解，全球智能手机一年生产15亿部，这些手机卖掉创造的纯利润，80%会让苹果一家全部拿走。三星也好，华为也好，中国的很多品牌也好，销售手机赚取的利润累加在一起，去分享那20%。

我们经常在谈世界500强，但是很有趣的是，我们从来不谈世界500强的销售利润。苹果仍旧是世界500强销售利润排在第一的公司，在这个数据上又位列世界第一。

经过3年半，Apple Watch快速成长为全球第一大手表品牌。瑞士做了这么多年手表，到今天所有瑞士的手表品牌加在一起的销售额，不如苹果一家。

2851亿美元的现金储备，这是2018年3月份的数据，也就是说苹果是世界上口袋里拥有现金最多的一间公司，也是连续多年来全球最有价值的品牌。我没有记错的话，苹果已经是第7年站在第一位了。

这6个数据交织出来告诉我们什么？设计为这家公司带来了巨大的变化，不仅只是从用户的角度来讲，从视觉上也能看到这个变化。而且从背后来讲，从硬件到软件，甚至到我们看不到的供应链系统，连铝、矿生产设备，所有的链条都被设计驱动。

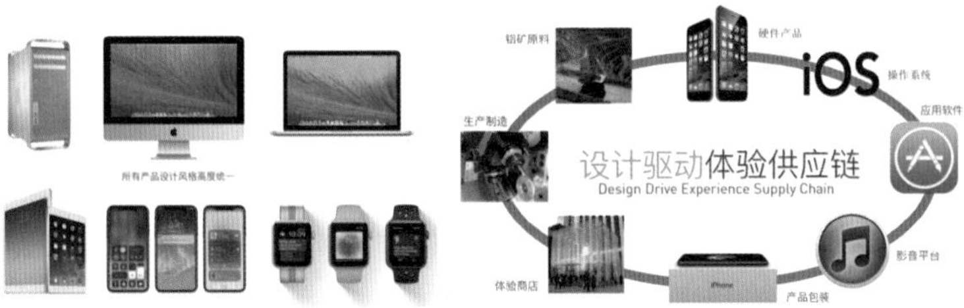

DESIGN=DE$IGN

有一个非常有趣的现象，我在这里把它解析出来。了解过苹果历史的都知道，1980年苹果正式上市，到1997年乔布斯回归苹果的时候，这只股票的市值一直是平平的，六角一分美金。而到2011年乔布斯去世，苹果的股票市值升到了57.83美元。但是整个世界都有担忧，失去了灵魂的苹果，失去了乔帮主的苹果，很可能就要败落下去。

事件会这样发生吗？2018年3月，苹果的股票市值为176.94美元，比乔布斯去世时又翻了3倍。刚才我说到，6月7日又往上升了，它在告诉我们什么？设计驱动已经成了这个品牌、这家公司的DNA，离开了谁这个品牌都会往前跑。

从乔布斯的时代构建起来的CEO和设计师之间密切合作的关系，被非常好地延续下来，所以我们在观察苹果这个品牌成功案例时，一个非常重要的因素不可忽略——CEO和CDO之间的合作决定着这间公司的设计。

当决定一款产品是否上市时，乔布斯的评判眼光是关键。

CEO 与 CDO 的密切合作，决定一个 BDD 品牌能走多远。

而更重要的是，在苹果顶层的10多位高管中间，有3位设计师在决策着这个品牌，在对整个品牌的发展产生重大的影响。在全球科技公司的前5家中，另外4家还没有达到这个程度。

苹果公司十多位高管中，负责设计创新的有 3 位，除排名第 2 的 CDO 外，还有两位 VP 副总裁可直接向 CEO 汇报工作。

In more than a dozen Apple executives, three are responsible for design innovation. In addition to the second-ranked CDO, two vice presidents of VP can report directly to the CEO.

我刚才通过个这样的一些数据、现象在告诉大家什么？经济的力量是巨大的，市场的力量是巨大的，人们都认知到了这个非常朴素的道理：DESIGN= DE$IGN。

所以我们说，苹果在今天为我们树起了一个设计驱动型品牌的完美范式。为什么我们在今天特别要提这个事情，为什么在今天这种现象才出现？我们能看到，在整个微软的设计变革中间，从底层的执行到中间层的创新组织，再到顶层的战略和品牌定位，设计在全方位地发生影响。

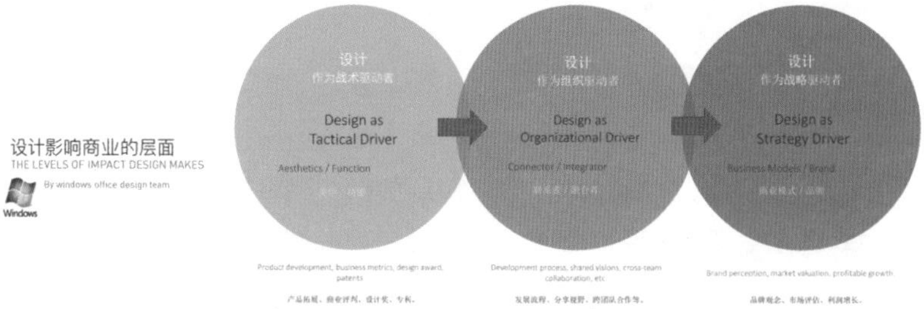

这样的一种变化在过去4年的科技设计报告中也非常好地呈现出来。10%的500强企业都把设计作为第一位、优先的决策要素，在硅谷的初创公司中间，已经有1/3的公司创始人中间有设计师的加入。而很多的科技公司，包括商业战略咨询公司出现了设计团队，向所有的科技公司和商业战略咨询公司做渗透。

从教育的角度看，美国商学院教育中间排名前10 的院校都在开设设计思维的课程，而在最新发布的最新报告中，连医学院也在导入设计思维的课程，设计对教育的影响辐射也越来越大。

把这样的一些趋势和现象做完分享之后，再看设计驱动型品牌是什么。用户体验为中心的设计思维，最重要的一点就是用设计思维去驱动所有的商业活动，这样的品牌我们把它叫作设计驱动型的品牌。

世界上市值最高的5家公司，除了苹果之外，在亚马逊、谷歌、微软、Facebook中都在发生巨大的变革。所有的这些公司，都在快速提升自己的设计创造力，包括团队建设。

IBM在过去这些年也在发生非常大的变化。IBM现在有1600位设计师，全球有42个设计工作室，这些工作室干什么呢？对遍布全球37.7万名员工做设计思维的培训。培训了这些员工干什么呢？对7大产品线做设计的全覆盖。所以从这个角度来讲，IBM也在变成一个设计思维所驱动的企业。

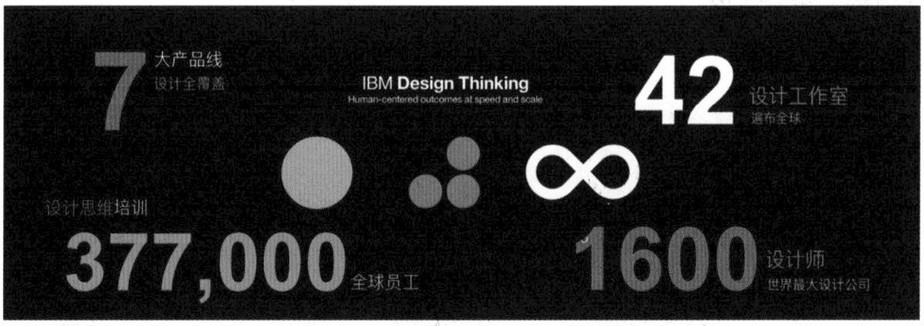

所有的这些趋势，我在这里做了一个大致梳理，那就是高设计、高投入、高收益、高品质、高价值。简称为5H。

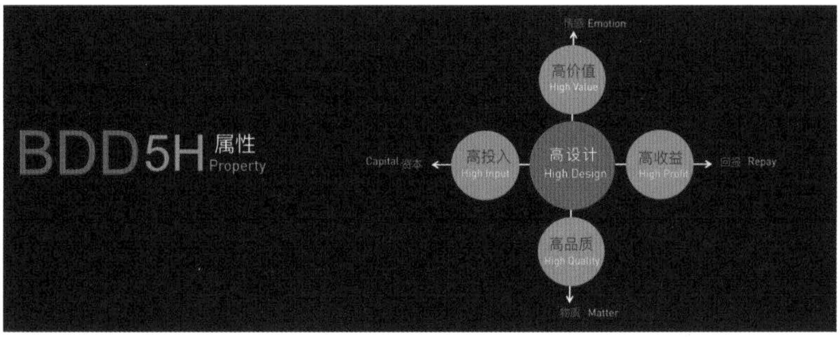

另外，对于设计驱动型品牌有4个非常重要的因素和特征，我们要关注：①CEO本身就是设计师或高度重视设计、核心高管中有CDO，这是最重要的一个因素；②在战略上将创新设计放在决策的优先层；③始终在创造极致用户体验的产品；④整个品牌发展的战略目标是

成为产业的领军者。

这4个象限定义着品牌的发展，要求企业的带头人或者创始人努力学习成为一个设计思维者，或者合作者中间要有设计师。就像Nike在这些年的变化，就是原有的CDO成了CEO，让整个公司发生了一个巨大的改变；拉里佩奇上任2个星期之后，谷歌就要求设计团队全面改造整个谷歌。全球知名的企业和品牌中间，现在全部都有了CDO这个顶层的架构。

在这样一个变化下，中国会发生什么样的变化？中国的品牌或者叫设计驱动力经历了如图所示4个阶段的发展。

2015年以后，我们明显看到了设计驱动型品牌的强劲发展。中国社会正在发生巨大的变革，产业升级、消费升级和品牌升级，这3个升级推动着中国品牌特别是设计驱动型品牌的发展。

而在具体的设计上，我们会在过去的3年中看到中国设计的巨大进步，其中小米是一个非常引人注目的、非常好的品牌案例。

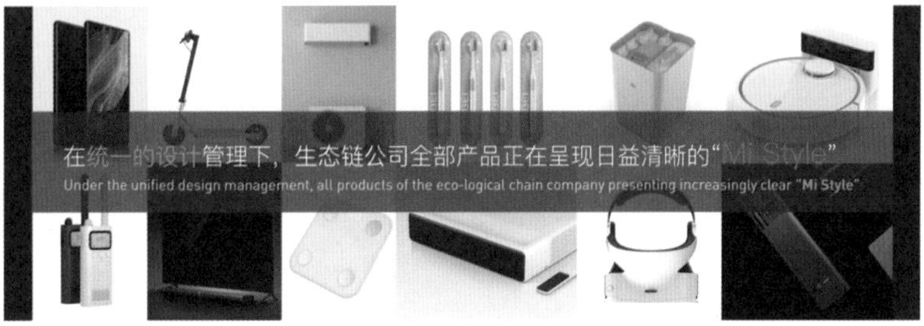

除了小米之外，我关注的是整个中国设计驱动型品牌的发展。在北京、上海、广州、深圳，越来越多由设计师领衔进行创新的品牌在快速涌现，而且这个涌现是2010年以后集中出现的。

所以，我认为中国制造正在被设计驱动型品牌重构，在20年之内一定会呈现全新的格

局。我们今天可以随口说出来的很多中国品牌，可能20年以后就消失了，而在今天很多由设计师参与创造的全新品牌，那个时候可能成长为世界的巨人。

最后我还是用增田宗昭先生的一句话来结尾：“企业要全部变成设计师集团，不能改变者无法获得成功”。

童慧明
广州美术学院工业设计学院，
教授

广州美术学院教授，广东省工业设计协会副会长，“省长杯”工业设计大赛评审委员会主席，日本G-Mark奖评审委员。近40年从事工业设计实践，设计驱动型品牌（BDD）理念创始人。

02 体验设计赋能电商业务布局

◎ 徐健

随着科技的进步与发展，意识的沉淀与觉醒，以及资源的整合利用等一系列的因素，致使互联网生态发生演变，也让用户体验生态体系变得更加庞大。电商场景或者零售场景不再单一，受众也更加多样。我们现在获取的，不再局限在某一些商品上，而是获取内容逐渐成为消费核心。解决用户的线上及线下的体验壁垒，并且让体验变得更多元，更广义地服务用户，以及以体验设计为切入点，创新赋能工具或者优化体验逻辑，给予业务更大的价值是本次分享的重点。

服务设计之于电商用户

用户群涉及面广，从单纯的消费群体演变为用户群体，人群及个体差异化促使体验差异化，人群个体的多元也决定了呈现层面的丰富多彩。服务不同类型的用户，需要根据数据库样本去平衡体验设计的要点，或采用“不变应万变”的设计策略，或采用“千人前面”的设计策略，从而解决“人、货、场”三方面的感官刺激，智能、恰到好处且不失新鲜，见缝插针地将“内容”渗透到体验的每个环节。

服务设计之于电商业务

业务也是客户。体验设计很多时候是执行和发散，服务设计不仅仅是服务，更进一步聚焦来说，应该是“赋能”。提供解决、优化方案，甚至是建设和创新可以支持产品运营等一系列的工具，用于让业务闭环更顺畅和高效。“向前迈一步”洞察业务流程的核心诉求，同样也是服务设计的初衷，尽可能地把每一个环节体验设计得更完善。

作为京东零售子集团-用户体验设计部的视觉设计专家，我们以视觉设计角度为切入点，为大家简述我们的体验设计赋能举措。

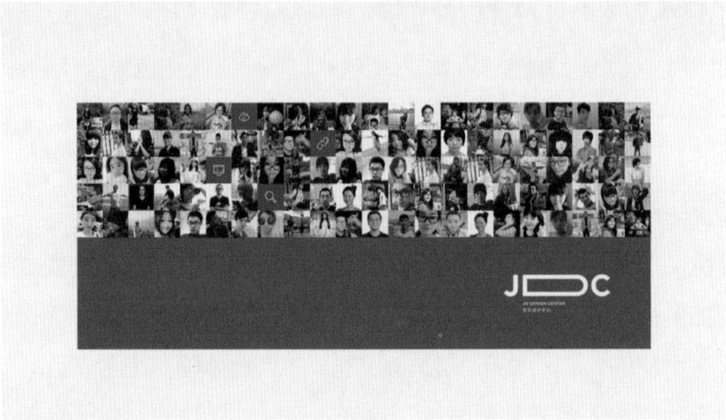

商业生态

商业生态的概念，更多的还是围绕着人、货、场的概念。

人：重构用户认知。

企业的价值从单纯地出售商品，升级为现在的用户在使用产品全过程的增值服务。企业的商业价值不在企业内部，而是存在于用户对于企业的认知。商业的价值所在就是需要研究用户根本性的需求痛点，从满足用户的内心深层次需求而获得。洞察用户，也就是洞察人的根本需求。

货：重视产品创新。

产品反映的是人的需求，是用户价值的延伸，产品的外延被放大。用户需求的多元与复合要求产品的价值认知变得极“简”，而价值范围变得极“繁”。所谓“简”就是要求产品做到“功能、特性、心理”的统一，而所谓“繁”则是要求产品能够立体地满足用户的需求。

场：持续动态运营。

场景是一种商业力量，可以拉近产品和用户的距离，创造更多的机会，让用户接触产品，体验、使用、感受产品。然而用户体验产品不再是单一次元，资源与场景整合得丰富多彩。创意共鸣、感官刺激以及恰到好处的利益，整合在一起才是整体的感受。

商业的生态，一方面也反映着消费形态。多种场景的联合，例如京东在零售、物流、金融三大板块的搭建，可以让商业场景中的电商体验变得更顺畅，同时覆盖了微信社交端口，让电商的场景多了社交的基因。智能放心的购物体验，完善的物流以及售后服务等都在全方面引导合适的消费形态。

塑造品牌的终极目的旨在服务业务和用户

一个以客户为价值核心的团队，所有的需求归属最终的落地点，还是会回归用户。建立用户的心理认知，让用户在接收到相关联的信息时，能够联想到一系列的关于服务的关键印象。

品牌会随着企业发展阶段去更新迭代，Joy作为京东的视觉识别系统（Visual Identity）的核心造型，较之以往有了很多的变化：更时尚柔和，更简单活泼。

在现有的品牌基调下，丰富服务维度，并为此而具象化、内容化。Joy & Doga 的诞生，也是IP现象的一个有效案例。赋予其不同的性格色彩、不同的爱好特长、不同的专业领域……以此来建立用户和企业之间的关系。和不同的IP之间的互动，也更进一步地拓展了品牌影响力。

Joy & Doga 的案例可以让用户颠覆传统对于京东的认知，让用户感受到更多元的京东。多元的品牌内容和性格，可以提高用户的归属感和黏性。

有形的商品，无形的内容和服务

年轻用户群体的崛起，也决定了新的电商服务方向的变革，新一代的用户群体更多依赖真实的评测和好友推荐。好物种草的内容基于用户，来源更真实，也更具有参考意义。用户基于商品所产生的内容，逐渐地也成为消费品。布局社交入口的京东微信购物，很大程度上在发掘内容消费的核心，在现有商品基础上积极扩充内容产生。

基于用户认知，对于京东零售来说，把服务做到聚焦，例如，用户高度认可的京东自营以及京东会员，就是依托于商品之上的服务内容拓展。 Joy & Doga 的衍生也是内容的一种展现途径。

体验场景的贯穿

用户体验设计在广义上服务于用户，在用户群体内也包含业务方。服务电商业务，是为了让业务更高质、高效地服务用户。服务业务就需要考虑到不同的业务场景。

智能设备开始普及，也更多地被应用在商业场景中。基于有形的线下落地设备，我们曾试想让流量变得更有价值，完成线上线下互动的效果，希望通过二者中任何一个环节去撬动另外的环节。最终，线下体验 - 趣味内容引发传播 - 社交媒体露出 - 浏览体验 - 二次传播，形成完整的产品闭环。结合智能算法和工业产品设计，真正去帮助业务变得更酷、更好玩。

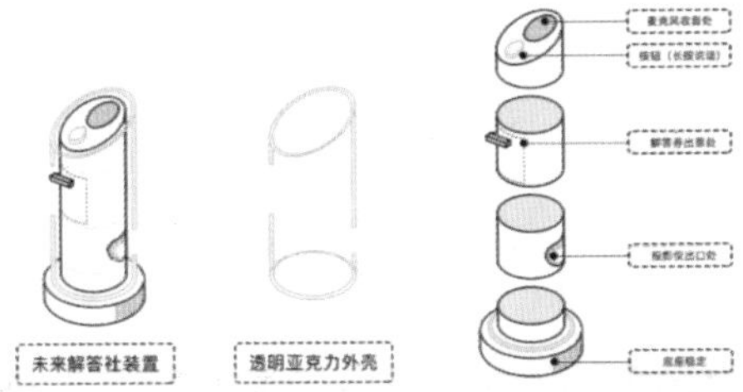

场景智能同样也是一个炙手可热的概念。用户体验设计自研创新赋能自身业务，并开放给商家群体。羚珑系统覆盖着全方位的电商经营服务，在 To B的场景下最大程度赋能。

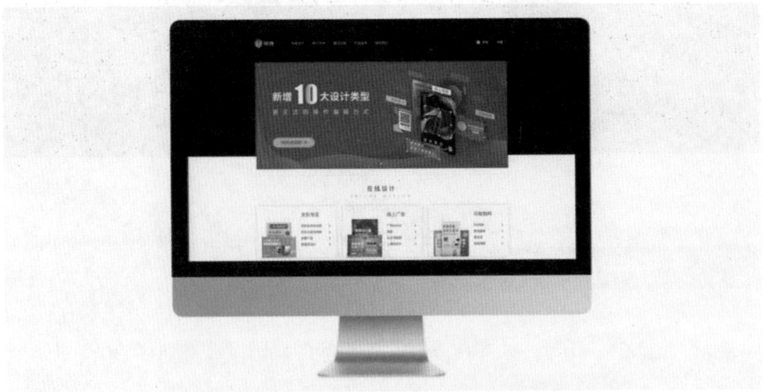

体验的未来

体验设计的方向会向智能化发展，当然智能的基础里面蕴含着庞大的数据源。体验设计也会从商业驱动变成人的驱动……在这样的变革中，设计师渐渐地会模糊掉彼此的界限，横向延伸，也不会仅仅局限在某一个或者某几个框架内。

未来能做到的，不仅仅是体验带来的升级，更多的是可以触碰到的科技变化。

参考资料及附注

1.《人货场论：新商业升级方法论》，刘官华、梁璐、艾永亮著，机械工业出版社。

2. *Brand Leadership: Building Assets In an Information Economy*，戴维-阿克（David A. Aaker）、埃里克-乔基姆塞勒（Erich Joachimsthaler）著，耿帅译，机械工业出版社。

3. *IDEO Change By Design*，蒂姆-布朗（Tim Brown）著，侯婷译，湛卢文化。

4.《Joy & Doga 品牌规范（电子档）》，京东零售 - 用户体验设计部。

5. 本文及案例权利归属京东集团及京东零售-用户体验设计部。

徐健

京东，视觉设计专家

十年互联网用户体验设计经验，曾先后就职于YOHO!Buy有货、用友集团、腾讯。现任京东设计中心JDC视觉设计经理/视觉设计专家，负责京东移动端、社交端电商全平台的视觉及设计管理工作。专注于品牌化视觉设计、移动端视觉设计、多维度设计思路的研究。拥有丰富的潮流电商用户体验设计经验，擅长移动互联网应用视觉创新设计。

03 赋能活力，传递品牌正能量

◎ 何瑀

我是腾讯网设计中心的交互设计师，这次分享的主题是“赋能活力，传递品牌正能量”。

新媒体时代的品牌传播

有一个例子，是一条twitter引发的一件事。2014年的时候，有一名美国西南航空的乘客带着两个孩子，他的孩子可以优先登机，当他想带着孩子走优先登机的通道上去的时候就被地勤人员拦住了，这时候他就觉得很不满意，说为什么不让我的孩子跟着我一起。因此，他发了一个twitter说地勤人员很粗鲁。登机后没多久，有空乘人员过来要求他下飞机。下了飞机以后，地勤人员跟他说要把twitter删除了才放他上来。

不管说这个事件谁对谁错或后来怎么发展，从中可以反映出两点：

第一点：从用户角度来说，跟西南航空公司这一品牌主交涉，他能够实时地通过社交网络发出一条反馈，而这个反馈不是一对一的，是向全世界发布的。品牌主（西南航空公司）从用户登机到上飞机短短十几分钟内就能获得、捕捉到这个信息，并且意识到这条信息会对品牌带来负面效应，所以采取了这样的行动。所以，我们会发现在现在这种新媒体的时代，会产生舆情监控，这种对品牌的重视其实是越来越强烈的。

第二点：我们也可以看到从整个大行业来说，越来越多的公司会在社交网络上去投入、构建和经营自己的品牌。

这里有一个图表是美国社交广告的收入，可以看到它是逐年增加的。这条蓝线是说它在社交广告中数字广告的投入。例如Facebook这些广告的投资占整个搜索、展示广告的比例也是在增加的。所以，越来越多的公司会更加看重新媒体场景下品牌传播的投入。

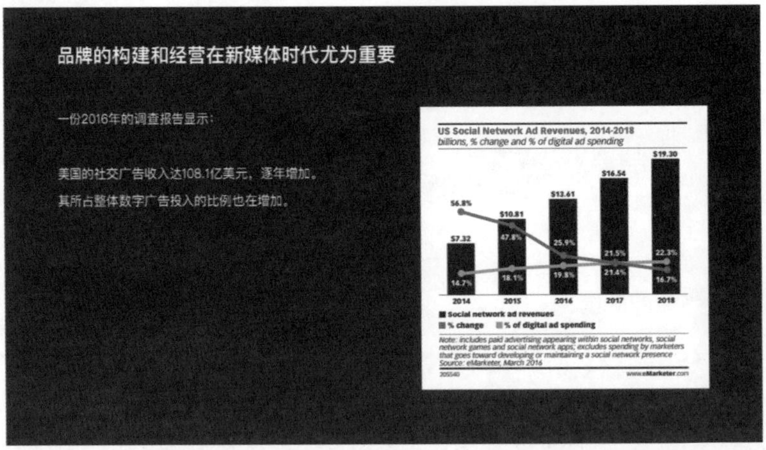

我们如何去构建、做好这种品牌的体验传播呢？我觉得有两个角度：品牌主的角度和用户的角度。

品牌主角度

从品牌主角度看的话，首先我们要确定传递的信息。想选择一个能够触动用户的落脚点。

其中一个落脚点是我们既然做新闻，就看新闻事件。2013年年初北京经历了重度雾霾，那一年雾霾才真正被国家、媒体广泛关注。这时候人们会比较看重雾霾对人的健康危害到底有多大或雾霾的指数到底有多少。我们当时认为这其实反映了公众对事实的追求。

从2013年开始，也有很多历史上的冤案得到了平反。最早的是张氏叔侄奸杀冤案。当时我们觉得新闻最重要的应该是事实。

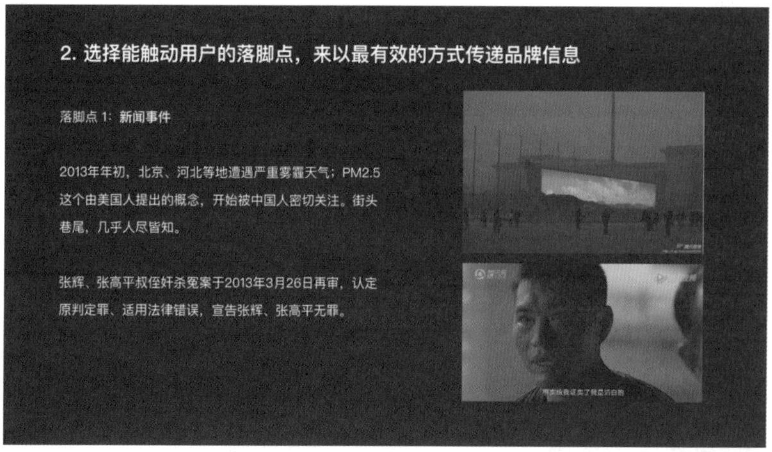

此外，也可以从新闻价值角度去做关于“事实派”的品牌传播。如果大家留心的话可以在一些地方看到像“喧嚣路口透过万象看真相”和“碎片时间拉开人生差距”的广告。

这其实是腾讯新闻希望通过广告体现新闻的价值。现在的大环境越来越多的产品去推动个性化推荐，想去抢占用户的碎片时间。而这种抢占能为用户带来什么样的价值，这是我们思考的。我们觉得新闻并不是一个很能让用户在碎片时间上瘾的东西，但它是能够让用户拉开人生差距的。

第三个落脚点可能是我更想强调的，就是我们要贴近生活的事实。这是我们设计中心参与的一个品牌叫“较真”，它实际上是针对一些朋友圈、社交网络上的假新闻、谣言进行辟谣的平台。

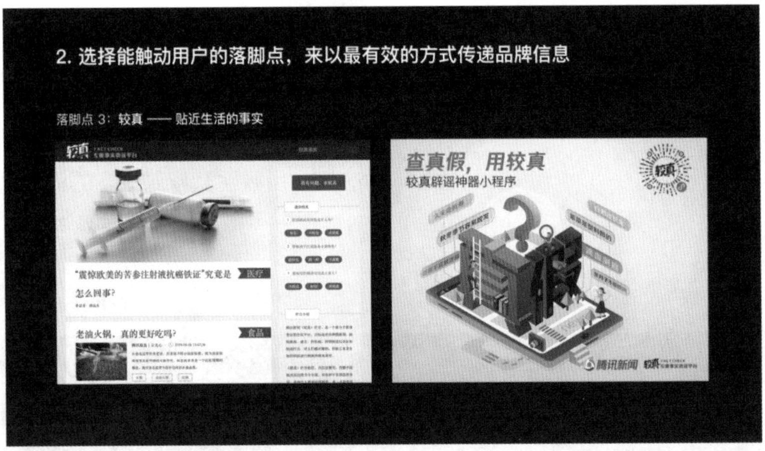

我们也设计了一些小程序，内容从一开始大概100多条的谣言库，已经扩张到将近有1 000多条。结合标签的分类以及搜索的功能，我们也会定期做一些专题，跟当下热点结合题去做辟谣。

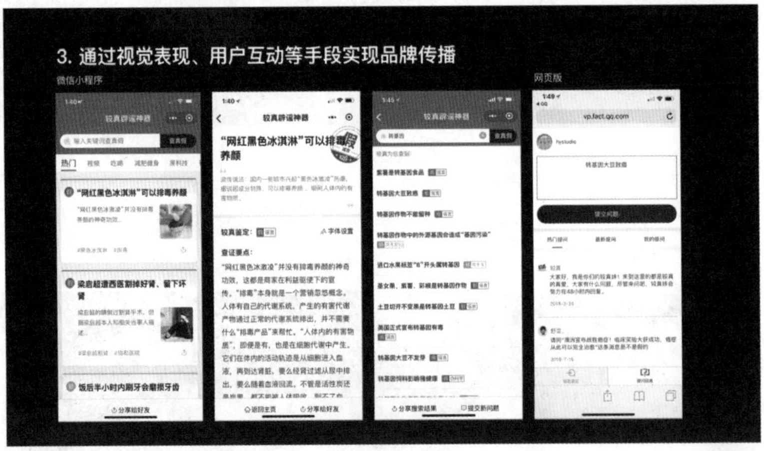

与此同时，我们觉得互动应该是双向的，所以我们允许用户在平台上提交新的问题，我们会针对一些大家都提的问题去进行统一的回复。

当然做辟谣这种产品，并不是我们设计完一个方案就不管了，剩下就完全交给运营团队了。我们平时也会去想如何结合热点把这种对事实的强调放大。在两会期间，我们联合较真平台和政府的有关部门做了一个“食品、药品谣言的榜单”，当时模仿了手机推送界面，用户可以快速点击查看一些谣言的情况。这个策划是在两会期间突击完成的，但获得了一个两会期间的优秀策划奖。

综上，从品牌主角度，要确定好信息以及通过有效的落地来实现品牌的传播。

用户角度

一般来说用户会经历“购买前、体验中、购买后”的阶段。数字产品的第一阶段是“体验前”，一般是别人查找你的策划或内容。我们希望做到易发现。体验中使用产品的时候，我们希望做到无阻碍。这里我想分享的是体验后的两个例子。体验后这一块有个“峰终定律”，是个心理学家提出来的。他写了一本书，在书里说：我们选不选择一个品牌很多时候取决于我回忆中觉得这个品牌怎么样，对体验的记忆由两个核心因素决定：

（1）峰值，就我在中使用过程感觉到的体验最好的程度。

（2）终值，就是结束时的感觉。

所以，它叫峰终定律。它跟体验本身的时间长短关系并不密切。

以微信红包照片为例，它需要用户上传一个照片，别人发红包才能看到照片的完整内容。模糊的照片有一种“犹抱琵琶半遮面”的效果，让用户能够隐约地了解到图片中有什么样的信息，但又看不清楚，就特别想看。

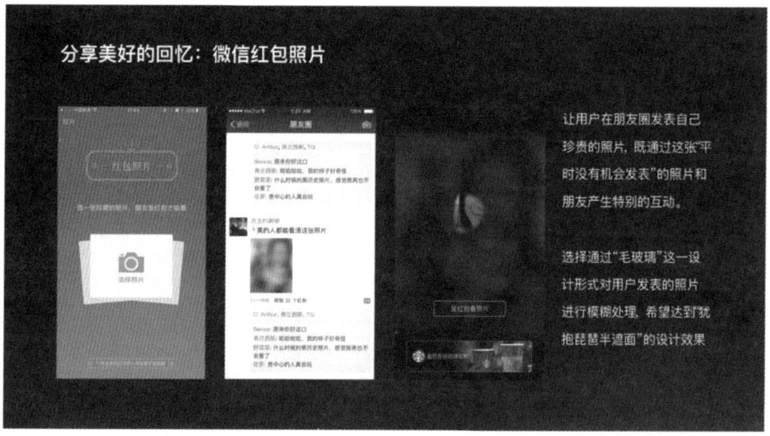

这个体验最后美好的回忆其实在于我发了红包后看到了完整的照片。这个完整的照片可能是发照片的人平时不太想发出来的，但过年的时候大家就都爱发一些老照片等能够激发回忆的东西。

这个是为了纪念改革开放40周年做的一个策划。我们当时选了一些复古的造型，使用人脸融合的技术把用户你的脸和模特的脸进行融合，生成你穿了复古的衣服的图片。

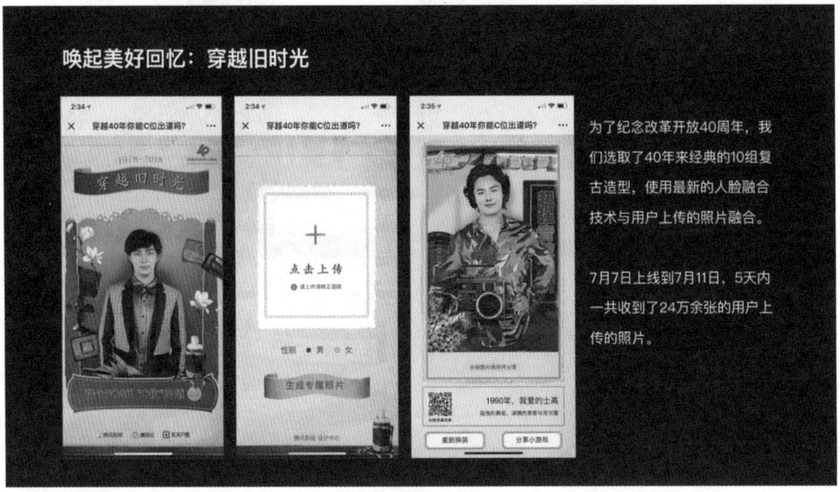

这一块其实我们也是希望吸引两类用户。

第一类：经历了改革开放那个年代的老用户，通过这个封面唤起他们当时的回忆，让他们想参与进来把当时的所见所闻分享出来。

第二类：一些年轻用户，让他们去看看当时是什么样子。

这个策划也收到了不错的反响，上线期间就已经收到了20多万张用户上传的图片。

最后，我们希望能够讲述一个正能量的品牌故事。这其实对新闻来说有一些困难，因为大家往往是当遇到一些灾难性事件的时候才会去看新闻。所以，新闻经常给人一种沉重的感觉。但我们仍然希望能够塑造一个正能量的品牌。

在2017年、2018年春节的时候我们做了一个策划叫“回家的礼物”。这实际上是一个以视频直播为主的活动策划，当时我们的节目组会在北京、上海、成都这些城市的一些火车站、汽车站以及机场架设一些演播厅，去采访一些路人，看看他们的包里都给家里人带了什么，让他们讲讲自己的故事。我们当时除了做H5以外，也会去做一些现场的视觉设计。2017年的时候一个大姐接受了采访，说她还没买到火车票，不知道怎么回去。当时节目组就送了她一张飞机票，她顿时就感动地哭了。

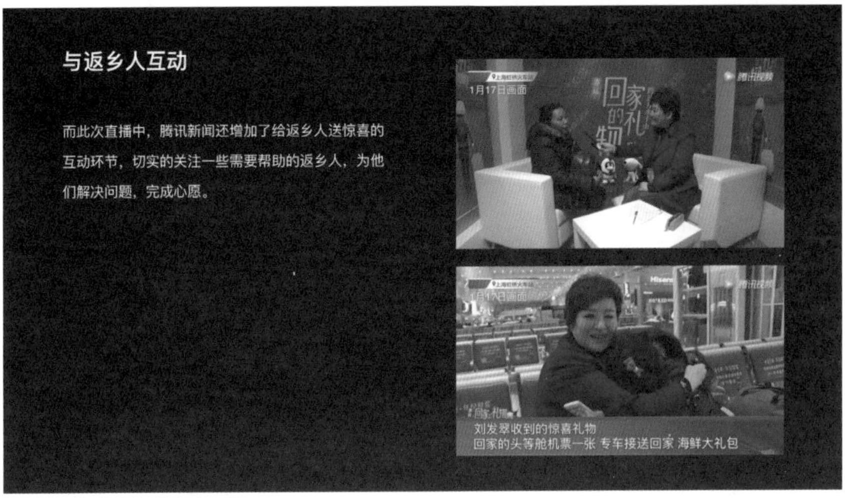

2018年的时候也是，我们的主持人曾宝仪当时是去一列列车上采访乘客、经过采访发现他实际上是汶川地震的幸存者，而且他在地震中失去了自己的孩子。他当时回顾了地震的经历，以及他后来这些年是怎么度过的。整个故事通过视频进行了直播，也是非常感动的过程。当时也没有说采访要准备什么礼品，但主持人被这个大叔的精神打动了，就把自己的围巾给了他，说："我只有一条围巾，希望能够温暖你"。

除了节日以外，我们还会在一些纪念日例如抗日战争胜利70周年做策划。这种纪念日不能做得太活泼、太欢快，因为毕竟是对战争的纪念。从中我们希望体现出对人文的关怀，所以当时做了这样一个策划，就是《寻找身边的抗战老兵》。用户打开H5以后可以看看自己的身边有哪些抗战老兵，他们的故事是什么，同时，用户也可以上传自己的线索。

整个项目的访问量有400多万人。我们通过这个平台征集到了8 000多条抗战老兵的线索。

最后小结一下。我觉得用户跟品牌之间的互动，最核心的一个词就是“真实”。我们看到刚开始西南航空的例子，体现出了品牌方的不真诚。它是用不许坐飞机去威胁用户删除帖子，这其实是个反例。

另外，方案落地的时候，我们觉得更贴近生活的是更容易传播的。例如我们做的“较真”就比让名人拍广告有效得多。

还有，我们希望通过唤起用户的美好回忆来增加品牌的印象，包括过年红包、改革开放40周年的例子。

最后，我们还希望品牌向用户传播的是正能量。虽然说新闻报道的很多事件是负面的、压抑的，但我们仍然希望通过一些对节日或纪念日的关怀体现出品牌的正能量。

何瑀

腾讯网UED，高级交互设计师

加入腾讯近6年，一直带领腾讯网UED交互设计团队负责核心产品如腾讯网、腾讯新闻的用户体验设计。耶鲁大学计算机科学专业硕士。

04 设计赋能品牌影响力：好感度与企业价值认同

◎ 马忆原

字库行业和互联网行业略为不同，汉仪公司之前已经是一个成立20多年的公司，所以我们有着非常长的一段历史背景，也经历过一些苦大仇深的阶段。

你对字库品牌的印象是什么？

你对字库品牌有什么样的印象？可能非常多的人的印象是字库产品是比较传统的、富有工匠精神的，可能到现在还是需要车间或印刷机的，还有油墨等。

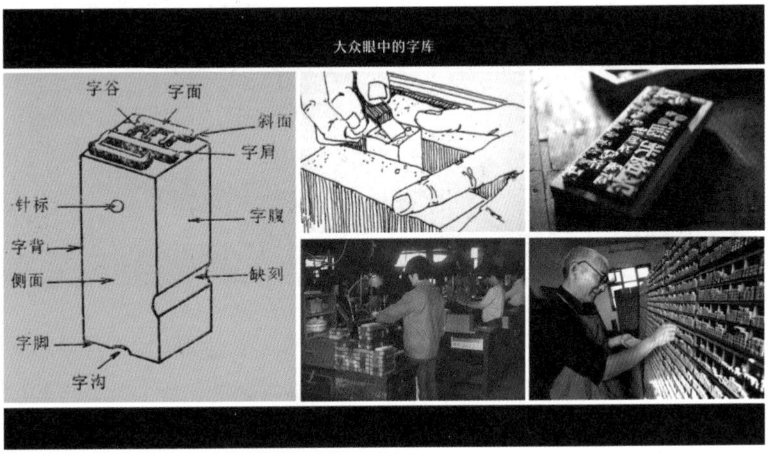

另外一种印象就是计算机里面预装的产品。例如一些人对字库品牌的印象就是Word下拉菜单里的那些字体。

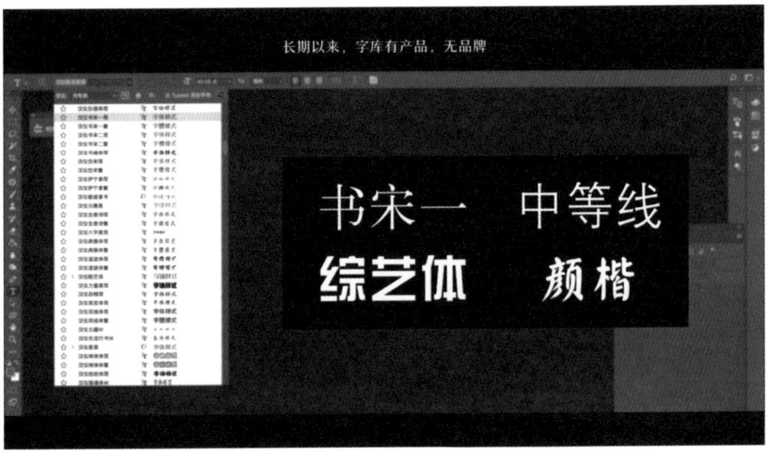

长期以来，字库就是这样的，它有产品没有品牌。所谓“有产品没有品牌”就是你对汉仪这样一个品牌没什么印象，但你可能用过汉仪的书宋、中等线、颜楷或综艺体，通过用这些产品，建立起了对公司的认知、对“汉仪”这两个字的认知。其实这还远远不够。

不同品牌的差别是什么？

举一个典型的例子，前几年经常有人来问我们，你们跟友商的差别是什么？那时候我们要费很多口舌跟对方去解释我们的产品是什么样的、我们的团队是什么样的、我们做了哪些事情、我们认为自己理解的差别是什么等。在这样一个对话场景下，实际上你会发现你要花费非常多的成本去跟对方解释你是谁，去形成他对你的认知。其实这就是一个效率非常低的行为。

但可喜的是，经过这几年在产品、体验、品牌方面的发展，我们已经逐渐形成了自己比较清晰的品牌定位。

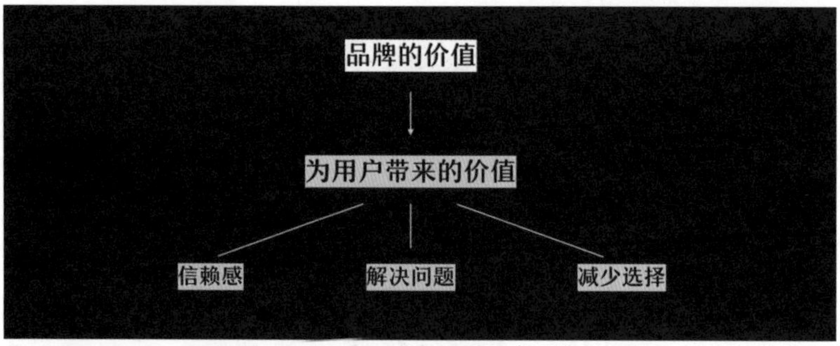

那我们如何来做品牌这件事？其实我们首要思考的并不是说我们跟竞争对手的差距是什么，而是在于你作为一个品牌要聚焦的用户是谁、你能够为他们提供什么样的价值？如此自然就会形成你自己非常清晰的品牌理念和品牌呈现。那么，当所有的行为都沿着你对用户和用户价值的思考往下进行时，就可以实现用产品跟用户对话。

如果用户形成了一个很清晰的品牌认知，首先他会觉得汉仪是可信赖的品牌，因为我知道你们，我也知道你们做了哪些事情，那他自然不会产生与同类品牌有何差别的疑问，会很容易与你达成合作。这是信赖感，也是品牌的价值。

第二个价值在于解决问题。所谓解决问题就是他既然作为你的用户，你要知道他的需求、问题、痛点是什么。这样你才能给他提供有价值的产品去解决他所遇到的问题。

第三，减少选择。就是我既然已经清晰地知道了你的品牌是什么样的、你的产品是什么样的，我就能基于物料或者设计方案很快地知道这个地方可以用汉仪的产品来做，这其实就已经形成了一定的品牌认知。

我们的用户是谁？

继续用户的话题，我们的用户是谁？因为之前这个行业的用户画像其实是比较模糊的，一个非常小的范围就是在出版印刷领域（偏向报社、杂志社）。但现在不是了，每年社会上会有那么多的设计师毕业，有那么多的公司开始重视设计，整个社会对设计的价值、美的价值、视觉的价值都有一个更深刻的了解。你会发现设计的认知人群在扩大，但即便在扩大，它也有个相对明确的范围，我们就用涟漪模式来勾勒出用户群体的画像。

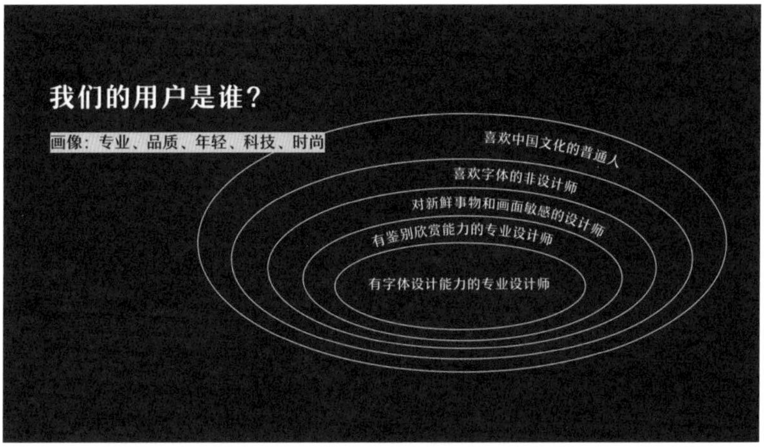

但对于公司来做产品或做品牌，我们如果要做效率最大化的事情必然是穷尽一切手段去抓住最核心的那个部分，例如从最中间的“有字体设计能力的专业设计师”逐渐往外扩散。在这个核心的部分我们给出的画像是什么？首先是专业和品质。我们默认对字体设计比较了解的设计师在平面设计这个领域是比较专业的。现在越来越多的交互设计师也会注意到字体在屏幕呈现、UI交互里面的作用，所以也越来越多地在跟这样的公司合作。品质就是你这个产品无论做到多么酷炫的表现，品质是一个根本，绝对不能丢。

接下来，因为现在整个设计师群体相对来说是非常年轻、非常有活力的，所以我们就要打年轻、活跃、科技感、时尚感等这些元素。

有句话叫“品牌即品类、品类即产品”，事实上对于字库产品来讲，可能现在做了品牌和产品，但在品类这个方面定位还不够清晰。为什么会出现这种情况？是因为在这个领域也许竞争还不是非常充分，或汉仪字库在这个领域本身的定位可能相对比较全面，它是个能够提供全面专业产品的公司。

品牌如何向用户传达信息？

在确定了用户画像之后，实际上也确定了我们想要传达的价值和信息。接下来怎么做？我们会分几个层面。

（1）视觉层面。

（2）产品层面。

（3）行为和体验层面。

第一个是视觉。有些设计师、公司的老板对品牌的理解就是单纯的视觉呈现或事件，常常会把品牌和产品割裂，其实不是这样的，品牌和产品是一个循环。也就是说，我们视觉的部分一定也要呈现、反映出你对公司的品牌、战略、产品定位的理解，有了这些理解才能做出非常好的品牌视觉呈现，才能对公司长期无形资产的积累起到帮助。

第二个很简单，就是我们面向用户提供什么样的产品。你的用户有什么特质，我们的产品就要具备什么样的特质。

第三个是行为和体验。因为你的品牌、产品可能会跟用户有一些互动，这些互动也都一定要不断地反复去强调你所希望传达的品牌特质。

基于这样的一些想法，我们做了一个“设计诊疗所”的活动，我觉得它已经贴近于行为艺术的性质了。我们之前在讨论的时候觉得字体设计还是相对专业的事情，我们看到的很多作品上用的字体总存在这样、那样的问题，当时就说是不是可以开一个“诊所”把大家的问题诊断诊断。

对用户不仅要进行精神上的关怀，还要进行肉体上的关怀，所以我们这次就尝试从精神和肉体对设计师进行关怀。你到设计诊疗所可以去聊问自己的问题，也可以去聊设计师常见的脱发、失眠或其他各种各样的问题。全方位地对设计师进行关怀，是行为和体验层面的做法。

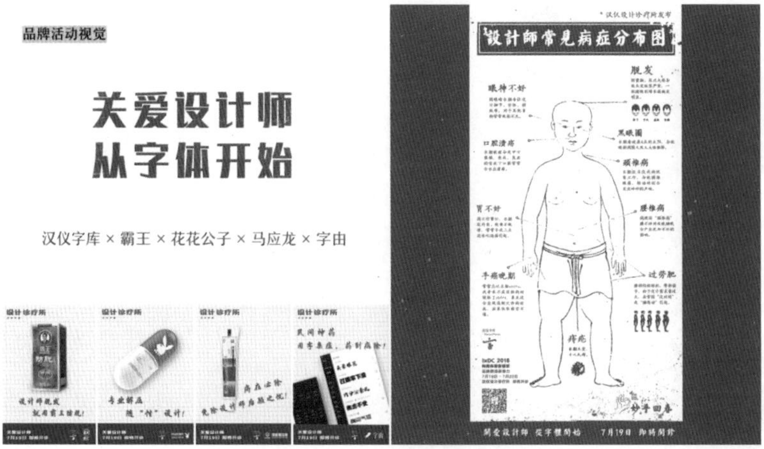

我们把街头喜闻乐见的牛皮癣小广告做成了这次活动的视觉呈现，这是一种非常有效的互动、交流的方式，体现了品牌跟设计师或跟年轻人非常平等的、有对话的、有交流的关系。这也体现了我们品牌想要传达的年轻化的理念和精神。这一系列的品牌视觉不是单单我一拍脑袋说我想做，这样的创意可能要酝酿好几个月的时间。

刚才也讲到我们必须要呈现一个专业的面貌，这个从家族非常完备的旗黑（现在科技类的产品和App旗黑用得非常多），再到优质、精良、很有人文感的玄宋，再到标题黑，其实都是产品对专业的理念的传达。

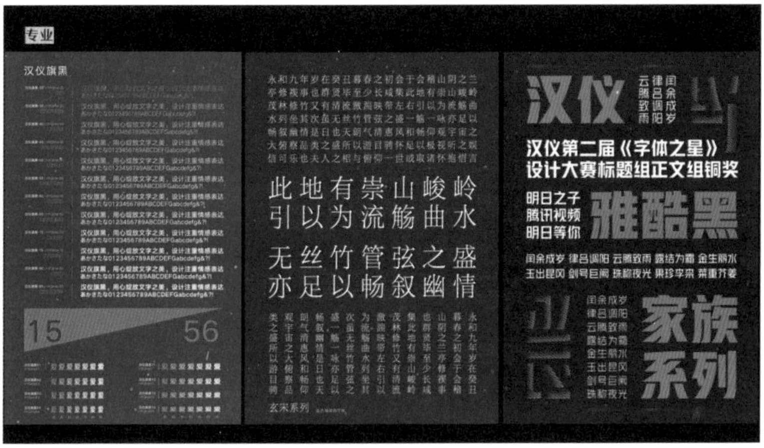

我们其实在产品方面打的是一个金字塔的结构，你必须要具备一个足够专业和有品质的产品作为基础，去解决设计师的刚需、痛点。而到了非常年轻、有活力的上层，视觉呈现要求情绪化、表现丰富、风格化。

再进一步，我们在品牌服务方面也会跟很多企业进行合作。企业找到我们通常是为一个品牌性的事件定制字体，那它为什么要定制这样的东西，它希望在这里传达什么样的特质，做出来对企业有什么样的帮助，都是我们在跟企业合作的时候要去深度思考的问题。

这是我们跟韩国最大的化妆品公司之一爱茉莉太平洋集团的合作，基于他们的理念“亭亭玉立、窈窕淑女”我们做了这样一款定制字体。可能在没有见到这个字体之前，你很难想象“亭亭玉立”这个词的字体应该是怎样表现的。 这是爱茉莉定制产品的视频，可扫码观看。

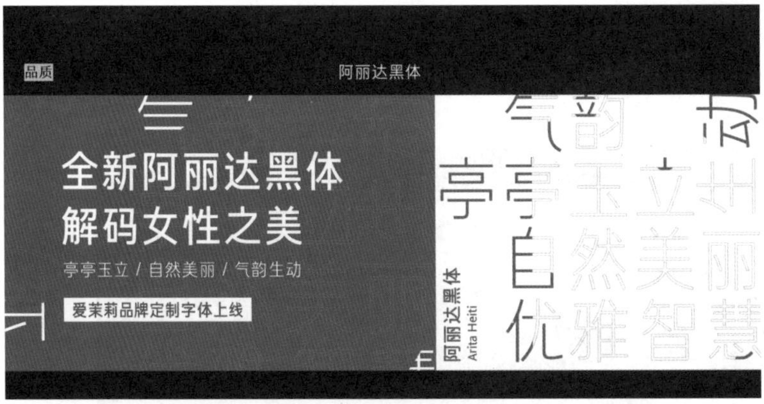

所以品牌可做的事情非常多，维度也非常多。关键是你在做的时候要知道自己想要的是什么，在这个阶段要解决的问题是什么。

这个案例是跟阿里合作的智能黑体。其实对汉仪来讲，诉求就是持续不断地强化自己的科技感，这个科技感是年轻人非常感兴趣的。我们为什么跟阿里合作？因为这款字体在阿里生态范围内是一个免费的字体，而且它是用人工智能的方式生成的一套字体，扫码可详细了解。

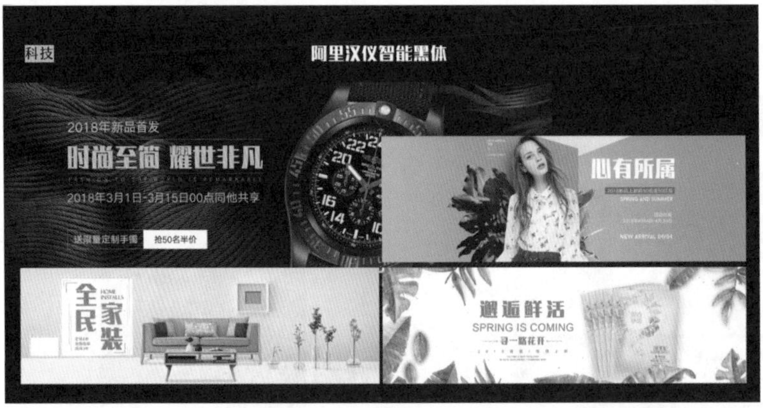

如果从我们自己单独的商业利益角度来考虑，你要用人工智能的方式来生成，可能未来会替代掉字库公司；你的产品在生态体系内还不收钱，更加损害我们的商业利益。但是，我们觉得还是要保持一点对未来的探索。其实我们自己也已经开展了一段时间对人工智能字体方面的研究。所以，基于这样的考虑，我们跟阿里进行了这款“阿里汉仪智能黑体”的合作。所以，我们不断地在探索，探索的时候也依然没有忘记用科技的方法去做。

下面是我们跟清华大学的陈楠老师一起做的一个甲骨文的再设计。甲骨文实际上是中国几千年前我们引以为傲的老祖先留下来的，是汉字文化的起源，但我相信在大家的记忆当中，甲骨文都是一些在龟甲、骨头上的有尘土气息的东西。

从我们自己的责任感、专业度出发，认为有必要、有责任让甲骨文为年轻人所了解、所认知，所以我们跟陈楠老师合作尝试了陈体甲骨文，它是以时尚化、年轻化为指导的再设计。

基于陈楠老师多年网格理论的研究成果，大家共同延展出一个包含3 000多字的字库产品。这个就是甲骨文的图片，它很难跟我们现在说的“设计感”“时尚”“精致”这些词汇联系在一起。

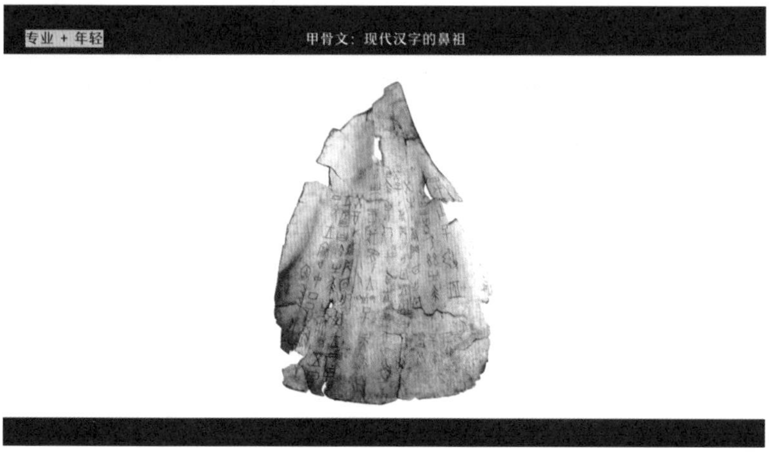

但是我们在有了那么的产品之后，在产品层面我们是用时尚、精致、年轻化的理念在打造。同样。它出来之后，我们也要沿着这样的思路去走，才能形成一个品牌和产品的闭环。当时正好是嘻哈比较火的时候，我们为此专门做了一段嘻哈，可扫码观看。

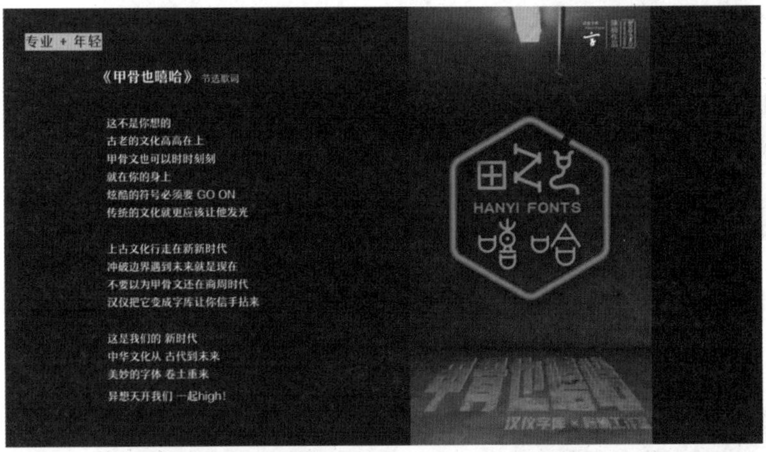

能够看到嘻哈从画面到视觉呈现、到语言，全部都洋溢着年轻人那种非常自信、时尚、坚定的感觉，这其实就是我们想找的。

除了这个之外，我们还在寻找更多跟年轻人交流的方式。这个是甲骨文在线转换器，你可以输入一个词语，它会自动帮你生成甲骨文，你可以跟非常好的朋友去分享这个密码，甚至去表白。

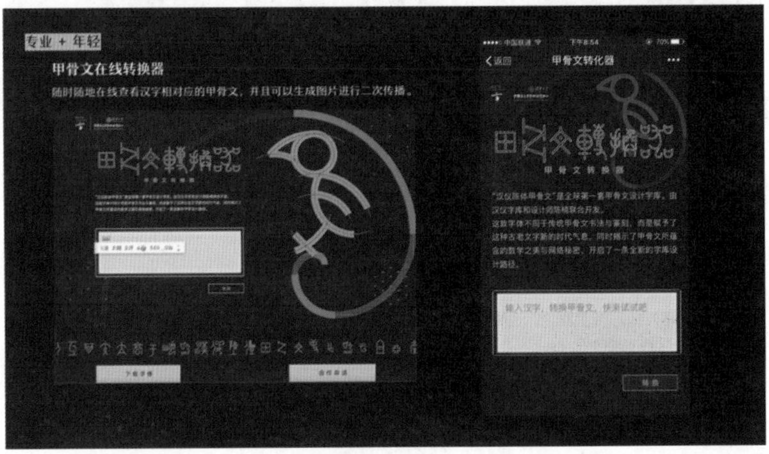

除了这个之外，我们还在探索跟时尚界明星结合。我们跟鹿晗有过一次非常好的传播互动，鹿晗在他的愿望季的活动当中也能够对中国文化进行传播。从我们的角度，这次合作赢得了非常大的流量，但从鹿晗的角度，他的流量在做这一期活动的时候下降了很多，这是一个绝对和相对的概念。

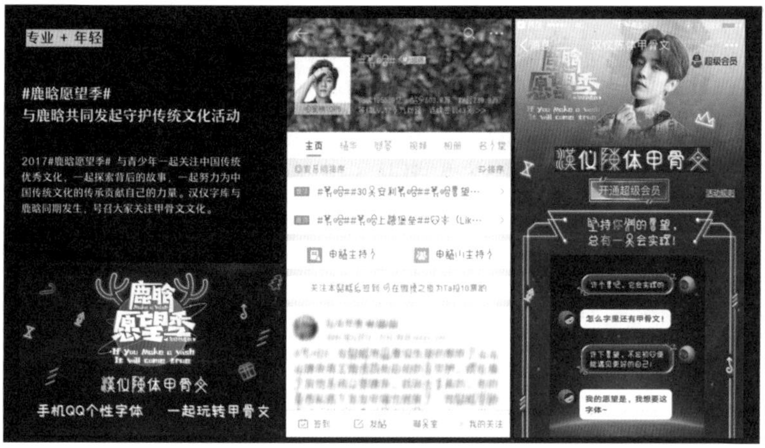

所以，不同群体对同样事件的感知，也是在做品牌活动的时候需要考虑的东西，其实也就是你的用户究竟是谁，他是不是能够理解你所传递的东西。

因为我们依然强调专业度，所以推出了前面那么多媒体展现形式之外，也做了非常专业的展览。这个展览在2017年751设计周中竟然获得了第一名，是好评最多的展览。这个案例属于里程碑，因为在这个案例当中我们真正实现了把字库产品从工具往媒介的转变。

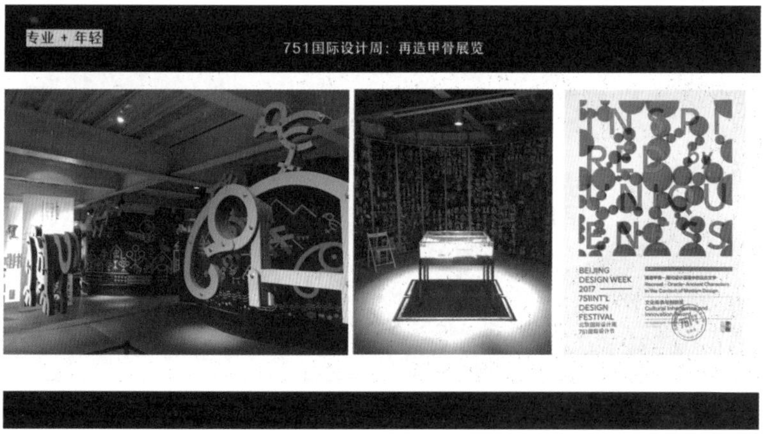

我们也跟上海麦利博文广告公司合作了针对阿尔茨海默病，即我们俗称的老年痴呆症的字体。这个病主要的表现就是遗忘，所以这个字体当中所有字的笔画是不全的，以此表达老年痴呆症患者以及家属们遇到碎片性遗忘的痛苦。因为这是不同字体类型和风格笔画的混搭，在阅读、使用上其实不是那么舒适，但我们认为它应该强调病症的特征，而不是字库本身的可用性。

所以，我们把字库产品看成一个媒介，它也取得了非常大的成功。无论是在字库产品的领域还是广告领域，它都是一个创举。我们做了6 000多字的字库，用近乎是零的传播预算取得了超高的产品曝光率，还获得了戛纳创意奖的银熊奖。

所以，再总结一下，品牌和产品不是孤立的，所有的行为会形成一个闭环，前提是所有的品牌部门和产品部门以及在这个链条上所有的人，要对公司战略及用户价值有一个共同的清晰认知，在这样清晰的认知下，把这种认知不断扩散到品牌和产品不同的行为方式上。

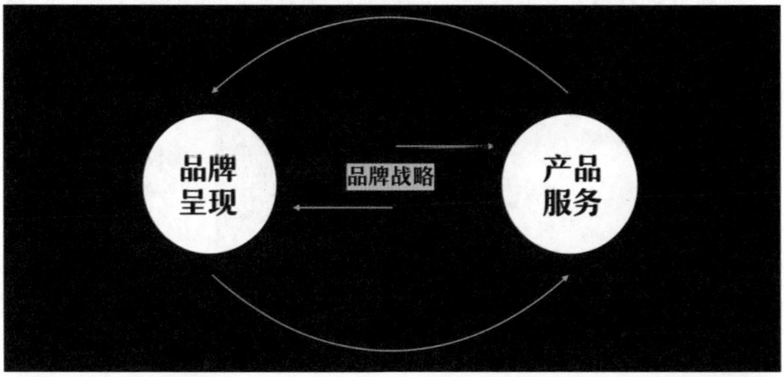

例如我在品牌方面的传播会影响产品，我在产品上跟用户的互动，又会对品牌的精神财富、无形资产形成强化和积累。这样的话，不断形成一种闭环。如果你对品牌战略的理念认知越清晰，闭环的链条就会越紧密、越完整，最终你收获的效果就会越好。

马忆原

汉仪字库，COO

清华大学法律硕士、MBA，中国工业设计协会理事。汉仪字体之星大赛评委，中央企业青年五四奖章获得人。长期致力于推进汉仪字库产品的创新提高、应用拓展和字体文化公益传播。

05 品牌新势力，做有温度的品牌设计

◎ 单鹏赫

今天我给大家分享的一个课题是品牌新势力，以及我们如何去做有温度的品牌设计。在今天这个分享里我会讲到两个环节：①当下的一些品牌认知；②转转的品牌路径。

所以，前面的环节强调注意什么，后面强调怎么做。

当下的品牌认知

讲到这种当下的品牌认知有以下三点：①品牌在哪里？②品牌的发力时机；③深度的品牌。

我们很多人买了iPhone的手机，但也有很多人买了小米、华为、VIVO的。除了产品本身所积累的品牌影响之外，大家选择iPhone的一个原因是它功能的独特性，只有它有iOS操作系统，体验非常流畅。

在美国短租服务某知名公司进入中国之前，国内已经有很多短租市场了，但其实在它来之前这些市场并没有受到大家的关注。美国短租服务某知名公司来的时候其实发生了一个很大的变化，包括从资本市场的层面也能够看到，有越来越多的短租公司获得了融资、获得了市场关注。为什么之前的短租没有受到关注，没有被赋予那么好的意义？大家选择美国短租服务某知名公司在我看来是因为它所传递的生活方式和态度，让你能融入当地的生活。

还有很多人去买房子，选择了某知名地产巨头。我线下了解到很多人买某知名地产巨头房子的原因，一方面是房子本身的价值、地段、格局等，但其实还有一个非常重要的原因，是它的物业。某知名地产巨头的物业非常好，除了能提供常规物业所提供的服务外，他们非常负责。没有一个人能够轻易进入某知名地产巨头小区，物业也会组织大量的活动，包括万圣节给孩子们去送糖、在冬季寒冷的时候给每一户家的门把手放上一个针织的布套等。

所以，我想说的是一个商品从理念到功能、售后这么多环节都会影响消费者，包括互联网公司、线下公司，你不知道哪一个环节的品牌体验能够触动用户去改变用户对企业以及商品的认知，最终让他决定去购买、去宣传。因此，我在这里说的品牌体验是一个整体体验，并不是一个标志或标语，或者是品牌设计如H5、海报等，这些东西是工具或行为，有它们背后的原因。

品牌的发力时机

在市场营销、产品客服、后服务等整体环节发力之外，设计团队的品牌设计其实也是一个发力点，是一块敲门砖，能够驱动整个链条的改变。

时间倒推5年，想象一下当下这些比较红的互联网公司那时候的状态。最早期的某知名团购公司其商业形态其实就是团购，没有像酒店、旅行、电影票这些东西。而最早期的滴滴也没有这么清晰的品牌定位，打车只能打出租车，没有快车、专车。快手早期是做GIF图的，也不是做短视频的。那时候我们看这些公司不能说没有品牌，但至少没有在品牌方向上特别发力，他们的品牌发力都是在近两年中有所提升。

其实品牌的发力取决于商业系统与市场的成熟度。这里面包括了商业功能的完善、商业系统的成熟以及满足爆发性负荷的能力。前几年是一个电商爆发的时代，但很多电商公司因为做品牌广告火了，也因为做品牌广告死了，原因是什么？你的企业在没有能力满足爆发性负荷之前，你的客服、仓储、物流甚至基础功能都是跟不上的，如果你去做品牌，一定会对自己有很大的损伤。因为越来越多用户进来的时候发现原来产品的体验这么不爽，原来我买了你还不能发货，发货了还有问题，还不能解决。

所以，这是一个非常损伤自己的事情，在这种情况下，企业是不应该做品牌推广的。

深度的品牌

深度的品牌，在我的理解中大概有几个特征。

（1）好的产品。品牌的发力以及品牌后面的关系真的是取决于你的产品好不好，如果整个产品以及商业链条没有那么好的话，做品牌意义也不是很大。

（2）清晰的使命。你要知道你的品牌以及产品服务、你的公司到底要给用户带来什么样的价值，给他们去完成哪些目标，这也是一点。

（3）记忆度。在我看来记忆度是品牌体验、品牌设计、品牌策略中非常重要的一环。很多公司都在做品牌、做产品，包括今天有大量的H5、海报、线下的活动、地铁候车厅广告等这么多的媒介，但有多少能在用户心中形成印象？我们所做的品牌设计很多都是尽可能去追求高峰体验，以此来给用户带来深刻的记忆度，带来以下认知：你到底是一家什么样的公司，我要不要用你的产品。其实这里面深层次所考虑的是个人和企业产品价值观的一个连接关系。

（4）触点体验。这个有点像我们当今的服务设计和全链路设计。从互联网企业来讲，其实产品和用户接触的触点有很多，例如App从启动、登录、搜索、浏览，到购买、转化，包括去线下体验等，都是能够发生品牌触点的地方。理论上最好的状态是在每一个触点做好品牌体验，让它们连接起来，形成一个整体的印象。

转转的品牌路径

转转到2018年其实也就发展了三个年头，它最早是58孵化的项目，在此之前市面上做二手的已经有闲鱼了。闲鱼比我们早做了两年半到一年的时间，当时我们在做Web端的二手业务。后来我们决定把它做成闭环体验，当时没有特别想在品牌上发力，因为那个阶段，把功能做完善、把整个流程跑通、让数据和后台比较稳定是我们的目标。

到2017年的时候我们逐渐开始在品牌发力，当时我们考虑到应该把IP好好包装一下，就设定了两个定义：

定义一：没有转转的世界就是不流转的，人与人之间不是一个连接的关系。

定义二：缺乏价值感。从人的角度来说，是要找回我的自我价值；从物品来说，它也要找回自我价值。我相信每个人家里都有大量的闲置物品被放在那里，没有完全去发挥它的价值。

在当今社会条件下，其实我们也观察到有一类人群是非常孤独、焦虑的，所以这时候人们需要重新掌控自己的生活。有了转转，世界开始流转，我们能够通过交易二手货去赚回自己的价值，能够去除焦虑，掌控我们的生活。

这是我们前期在品牌方面的一些思考。我们还需要从视觉上告诉品牌的世界观是什么样的，除了这种品牌的世界观，我们还需要一个超级符号。

来看一下转转的IP塑造。这个原有IP是在2015年、2016年的时候就开始做了，当时也是考虑到市场行为和运营的需要。现在看起来这个IP会有一些问题，例如说它比较低幼化，这和年轻化不是一码事。当时我们管它叫“转转熊”，旁边那个蜜蜂是它的小伙伴，叫“阿嗡”。它看起来又像个吉祥物，吉祥物和IP不一样，吉祥物可能是一个有性格的宠物、物品，但IP是有它的世界观的。它看起来也不是非常时尚，延展性欠佳。后面因为这个熊的题材问题，我们做品类延展时只能用到这一个熊，做动作、做表情相对来说都是比较有难度的。

所以，我们要做一个品牌的全面升级。我们到底需要一个怎样的IP?

从转转的平台、用户、品牌传播、前沿性四个维度出发，我们找到交叉的环节。从转转平台和用户的角度去看，我们需要的是一个家族，因为转转下面有很多品类，单纯的一个转转熊不足以表达这么多的性格、价值观。

从用户和品牌传播的角度来说，要找到一个超级符号，制造记忆点，去占领用户的心智。

从转转平台和前沿的角度来说，我们整体的风格应该是扁平化的，这就回到了设计本身，包括线上、线下的易用性、通用性。

从品牌传播和前沿的角度来说，我们要找到一种年轻化、差异化的气质、个性。当今品牌如果说能够做得更有个性一些，理论上更容易被用户所接受。可以看到越来越多的用户会倾向于选择和自己性格、价值观一致的物品，会购买那个能代表自己的物品。

所以，很多人去买商品不是因为这个商品好，而是因为认可它的价值。我们找到了IP应有的性质：热心、灵动、积极、轻松。那转转熊的特征该是怎样的？

（1）手臂有力，因为它要转动发条。

（2）眼睛要大，因为它要发现闲置。

整个IP形象的设计过程大概分成了三个阶段：前期准备、设计、延展应用。

IP形象设计过程

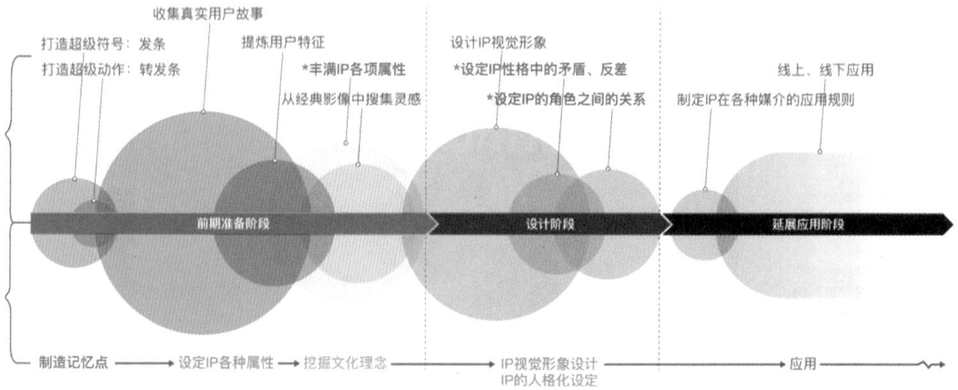

从整体上来说我们考虑记忆了点、IP属性的设定、挖掘文化理念、视觉和人格化的设定及应用，这个圆的大小代表了我们在一个IP设定中所投入的时间和精力。

我们给IP设定了一个非常丰富的性格，为什么这么做？古龙在采访中曾被问到为什么能把小说的角色塑造得这么丰富，他说是因为把角色的个性塑造得极其具体，当达到这一步的时候，这个人在整个剧情里会自己跑起来，他该干什么、不该干什么，该说什么样的话自然就出来了。

所以我们做了转转熊家族，这是第一期：小转转、Share、Gugu、Mis C。他们几个分别代表了转转里不同的品类，有不同的性格。

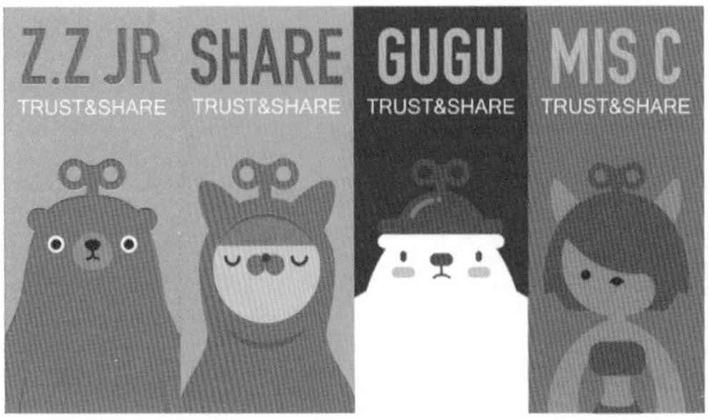

做到后面我们就考虑其实人们需要的不仅仅是IP和一个偶像，大家更需要的是生活方式的引领者。就是说用户会更喜欢一个有血有肉的形象，还喜欢和它一起经历成长的过程。

所以，我们在以下四点做了一些考虑：

IP故事；性格喜好、生活态度；行为；所扮演的角色。

我们设计了一个非常完善的故事，以转转熊为例，它做事认真、有强迫症、会自言自语、喜欢思考，代表了转转平台。它的姓名、性别、体态、血型、星座、生日、座右铭、口头语、性格偏好、心理特征、行为特征等全部都会规划出来。

这是另外一个IP，和前面一样的思路，总共是四类人群，这是我们对它的一个三维的设定，这个原形坦白说参考了大白，因为它更有这种孤独的感觉。

之后，我们会对品牌的整个风格和视觉气质进行探索。下图海报中第一个IP强调分享，它有很多东西喜欢分享给别人；第二个IP强调极致的精神，它的家里只有一个闹钟和一个冰块，其他东西都卖出去了；最后一个IP强调孤独，只有一个企鹅在跟Gugu说话，它的表情非常漠然，符合它的性格特征。

下图是结合真实生活场景的设定。

做具体设定的时候每个角色都有个性反差。例如转转熊是一个胖子，胖子在大家印象中会比较笨重，但我们又赋予了它超能力，这是性格上的反差。通过性格上的反差，就可以寻求以更多的方法去塑造差异化的记忆。

	生活方式代表	个性反差	人群代表	兴趣圈代表	关注品类
	用神奇发条转动世界	胖子 VS 超能力 坚定 VS 发呆	转转平台 品牌价值观		
	用断舍离的方式 让心灵归零	大叔 VS 书痴 断舍离 VS 强迫症	知识分子大叔	有断舍离生活理念的人、收纳控	书籍、收集者/文化用品、文化爱好者/古玩收藏
	分享的快乐： 让多余成为必须	高贵 VS 夸张激动 辣妈 VS 少女心	年轻爱美女性	母婴、服饰、衣帽	时尚搭配、育儿经、变美攻略
	遇到温度等于告别孤独	大块头 VS 居家暖男 关爱朋友VS 沉默寡言	居家暖男	家电、家具、代步工具	书、家具、家电圈、打折咨询、团购信息、生活小窍门
	保持新鲜 是走在潮流尖端的小秘密	外表冷酷 VS 内心温柔 高智商VS 四肢发达	3C发烧友	3C数码、潮牌潮物、手办、古着	限量版收藏、潮酷资讯、黑胶、球鞋、滑板......
ZHUANZHUAN FAMILY	转转平台倡导的生活方式	差异化记忆	平台主要消费人群	平台主流圈子文化	平台核心品类

下图是角色间的关系。

被动 / 主动	Z	O	S	G	C	ZHUANZHUAN FAMILY 老友记、家庭、恋物世界
Z		[良师益友]Z喜欢与0聊天,他们是书友，因为他的疑惑0都能解决，Z在听0谈天说地时总是星星眼，遇到困难会想起0的教诲。Z崇拜0，觉得他是行走的百科全书。	[暗恋cp]Z默默地喜欢S，S并不知道，Z常常为S制造惊喜，有时候控制不好会变成惊吓，有时让S哭笑不得。	[吃货基友cp]Z的好基友，他们形影不离,G是唯一能受得了ZZ自言自语的人。即使ZZ做了一件大家都不理解的事，G也会支持，有时甚至是盲目支持。两个人共同的爱好是吃吃吃。	[模仿]Z觉得C比一般男生都爷们儿，常常忘记她是个女生，喜欢坐着C的机车一起兜风，在C面前甚至有些小鸟依人，觉得C很酷会模仿C，却是事故现场。	团队核心 老大 行动发起人
O	[上进少年]0觉得Z是个有梦想的少年，常常鼓励他。在跟Z聊天的时候会显得很自信。		[无脑花瓶]0认为S是个善良的花瓶，单纯、漂亮但没有文化。0觉得 S 说话太大声，笑声太刺耳、太呱噪，见到 S 开始兴奋会转头就跑 。	[安静的梯子]0喜欢和G在一起，因为G很安静，不会打断他思考，同时G能帮他拿到由于自己身高受限拿不到但东西。	[搞不懂]0完全搞不懂C，觉得C的穿着打扮很怪异，兴趣爱好不务正业，熬夜打游戏十分浪费时间，但是当C聊起新潮事务时，0会竖起耳朵听。	智囊 军师 新闻来源
S	[gay蜜cp]S视Z是自己的好闺蜜，乐意给Z分析自己的小秘密，一高兴就会给Z一个大大的拥抱，搞得Z总是脸红害羞。	[精致老古董]S觉得0是一个老古董，当0开始滔滔不绝的时候就会面露无奈、狂冒汗，但是顾及形象会假装在听。S觉得0是很精致很有品味的。		[兄妹]S觉得G像自己的亲哥哥，有种天生的亲切感，伤心、害怕都会钻进G的怀抱。别人都说S做的饭是黑暗料理，但G会微笑着吃完。	[塑料cp]S和C在一起会变成戏精，女生间天生的妒忌，但是两个人一聊起古着、音乐就会有说不完的话题。会跟C推荐化妆品，有百合向。	开心果 八卦来源
G	[吃货基友cp]G在Z不开心的时候会给Z做各种奇怪的美食，类似笑脸便当,曾经尝试和Z一起运动减肥，结果一起去大吃了一顿。喜欢和Z一起发呆，而他真的是在发呆。	[安静的梯子]G是0的人肉梯子，举起0轻而易举，G在听0讲故事时总是慢半拍，过一会儿才会做出反应。	[兄妹]G很喜欢单纯善良的S，S靠在她肩膀时G会像大哥一样献上摸头杀，他喜欢在S逛街的时候当她的衣架。		[懵懂cp]G觉得C是另一个世界的人，但对C的收藏很感兴趣，在网上见到C喜欢的孤品、限量会作为礼物送给她，看到C开心的样子，G会觉得心跳加速。	厨师 移动背景 聆听者 打探消息来源
C	[吐槽]C总是在Z自言自语时,边大声复述Z说的话，并加上自己腹黑的吐槽，但是见到Z有解决不了的问题会两肋插刀，不遗余力地帮助他。把Z拖出去健身。	[互掐]C平时和0相安无事，但是在C发表对潮酷事物的看法时，会站出来冷嘲热讽，两个人经常掐架，但是团队遇到问题，两人是团队的大脑，可以并肩作战。	[塑料cp]C觉得S穿着很俗气，但是会偷偷去买S推荐的美妆产品或者内衣等物，S 生病了也会霸气地公主抱带她去医院。刀子嘴豆腐心。	[懵懂cp]C总是记不住G的名字，所以总给G随口起乱七八糟的外号，无意间知道G喜欢自己的藏品，会故意把有趣的藏品放在G常出没的地方，G欣赏完了会还给C，这也是两个人的默契，可以拖起G。		智囊 健身队长 新奇事物、话题来源

我们是先做IP、后做logo，之前的logo其实就是一个头像而已，但后面我们做了一个改变，这个改变背后的原因就是要让用户的记忆点发生变化，从记住翻白眼的熊，到记住发条。

为了实现对品牌文化的塑造，我们走了两条线去做IP形象，通过线上、线下产生一种复合效应。

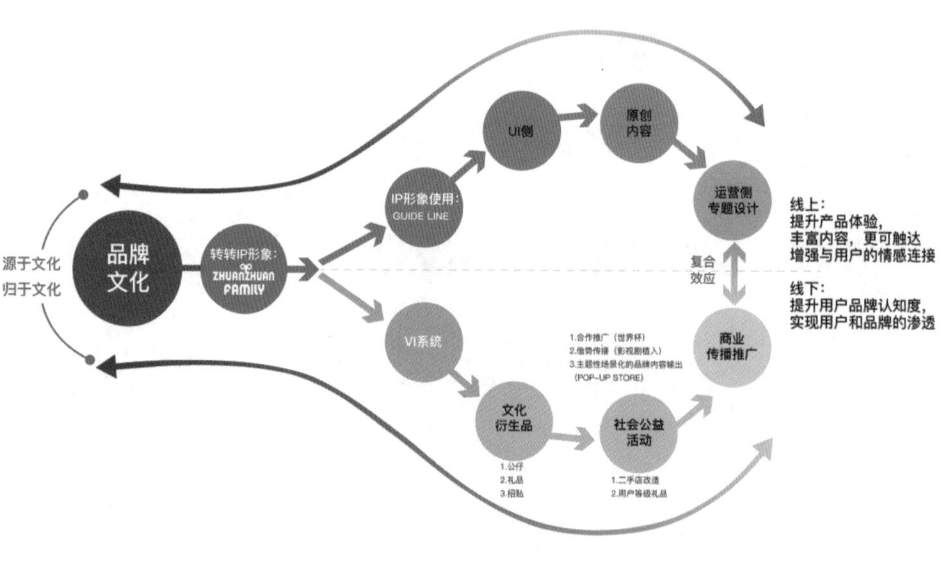

这是世界杯的IP熊，基于原来的熊的形象，我们把巴西队几个人物的发型、肤色套在上面，实现比较好的对应关系。

线上客户端的界面也有涉及发条的元素，而一些404页面也用到了IP形象。

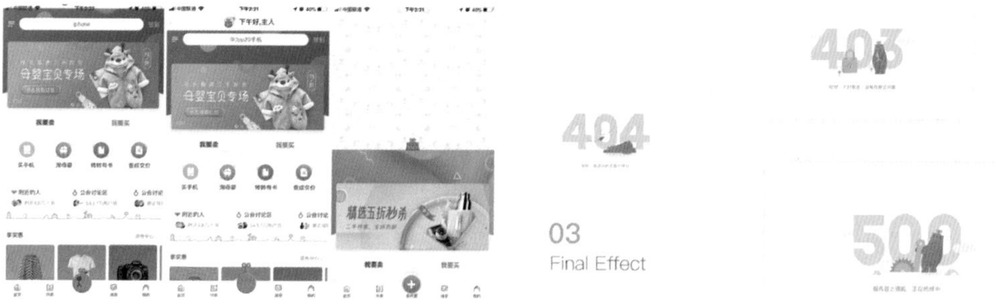

单鹏赫

转转，设计总监

现任转转高级设计总监。曾任58赶集集团神奇大讲堂认证讲师。8年用户体验与互联网行业从业经验，5年设计团队管理经验。先后负责过58同城App、58M、违章查询、番茄快点、58心宠、驾校一点通、转转等项目的设计与团队管理工作。曾任北京工业大学艺术设计学院外聘讲师。有丰富的视觉设计与用户体验设计实战经验，经历了5年的设计团队管理经验，对设计团队管理中的痛点如数家珍，结合设计团队的特殊专业性，摸索出一套具有实战意义的管理方法。负责过的移动产品曾荣获多项业界大奖。

06 95后品牌观的启发：如何颠覆品牌和设计策略

◎ 王潇

随着第一批95后步入社会就业，个人的生活形态逐步成型，这一批全新崛起的消费力量背后到底蕴藏着什么样的价值观和驱动力成了各大企业的议题。品牌之间的竞争，已经从“心智”争夺战发展至“时间”争夺战、“注意力”争夺战及“精力”争夺战。作为企业，在面临95后产品决策流程的过程中，该如何了解品牌和设计的权重？品牌之于设计的关系是什么？设计给品牌带来了什么？在互联网驱动消费体系、95后即将成为主力消费群体的充满不确定性的未来时代，本文希望带来更多颠覆性的品牌策略和思路，帮助企业以相应的体验和设计去吸引“忠实转换者”。

大家都在对标的大品牌现在怎么样了？

作为全球创新设计咨询公司Continuum的资深设计策略顾问，我总是会得到客户这样的需求：我们想要做一个中国的星巴克、我们想要打造一个中国的苹果公司。在年轻人渐渐成为主力消费人群的今天，这些品牌的情况怎么样了呢？其实可以从可口可乐和星巴克这两个品牌的变化观察。

截至2017年12月31日，可口可乐公司的净利润为11.8亿美元，同比减少了81%，百事可乐的净利润也比上一年同比减少了23%。或许是意识到越来越多人把喝可乐当成一种“罪恶”，可口可乐还把广告语从“Open HAppiness”（畅爽开怀）调整为了“Taste The Feeling”（品味感觉）。可口可乐与游戏产品、蛋糕甜点、电影娱乐同属于享乐型产品，在消费者心中，本来就不属于健康的范畴。虽然有零度可乐的品类想要去达到健康的观念，但是数据表明其销售额并不理想。年轻人选择可乐的最重要原因其实还是对其口感的喜爱，而不是期待这是一款健康的饮品。就像你排四个小时队就为了喝一杯喜茶的时候，往往不会考虑它是否对你的健康有好处。从这些改变中不难看出，品牌断崖式的利润下滑跟年轻人越来越注重健康肯定有一定的联系。

星巴克准备把全球所有吸管都取消的新闻让消费者颇为关注。2018年6月19日，星巴克发布声明，预计第三季度全球可比店铺销售额增长1%，远低于市场分析师预计的3%，这也是近9年来的最低值。星巴克决定2019年财年将关闭全美约150家门市。同时还有报告称近年来美国餐馆的午餐成交量下降了2%，尤其是千禧一代，他们更倾向于用水果、酸奶和薯条代替正式的午餐。

这些转变的信息都在不断地告诉我们，曾经一度被年轻人追捧的品牌，可能在今天也面临着被遗忘的危机。

新时代的年轻人改变了什么？

风靡大街小巷的瑞幸咖啡于2018年1月1日试营业起就占据了“咖啡新零售”的头条，目前已经在全国开了超过525家门店。Continuum非常荣幸帮助瑞幸咖啡从0到1地成为估值10亿美元的独角兽，只用了短短6个月。我们帮助瑞幸打造了可以说是一个现象级的品牌。根据对消费者，尤其是年轻消费者的洞察，我们提出了全新的价值主张，包括从品牌定位到视觉设计，从数字交互到服务体验设计。我们的设计不仅致力于满足消费者在不同情境中对空间、产品及数字辅助的需求，还思考是否能为消费者提供更高的精神价值，可以开创出具有品牌体验记忆度的“特性”，营造其有特点的灵魂。

这些年，Continuum服务过的品牌从餐桌到厕所、从金融到娱乐、从出行到教育、从奢侈品到创业公司，包含了方方面面。在这10年间，我们一直都在感受着年轻人的变化。不仅因为年轻人是我们消费群体中非常重要的占比，更因为可以通过洞察他们的变化，去发现新时代的需求以及深层价值观的变化。

大约在10年前，Continuum帮宝洁做了“漂亮妈妈”线上购物平台的产品及品牌设计。当时对比70后的妈妈，我们洞察到80后的妈妈已经不再把自己全部的心思放在她的孩子和家庭上，如果用一句话去总结的话，就是当时我们为品牌提出的红极一时的广告语：“为了宝贝、宝贝自己”。当时的观念是宝贝很重要，自己也很重要；宝贝要美，我也要美。

而如今当我们去洞察一位新时代的妈妈时，我们发现了颠覆性的改变。这位被采访的新时代妈妈表示：有孩子不是自己最理想的生活状态，因为孩子会争夺原本属于我的时间，金钱和精力。为了保持自己的状态，我仍然会把自己放在第一位。可见假如今天有机会重新为新时代的妈妈设计这样一个平台，设计理念也一定是截然不同的了。

在一场调研中，我们邀请被访者一边描述自己未来理想的生活，一边画一张“我未来的生活圈”。在行为习惯的驱使下，被访者会在画圈的时候潜意识地把他们认为最重要的角色放到这个圈的最中心位置。从结果中我们观察到大部分的被访者所画出的中心圈里都写着自己。由此可见，这些被访者认为最重要的自己生活的重心是自己。

新一代的年轻人倾向于把自己放在一个生活的最中心的位置，不管是有没有宝宝，或者是有没有未来的家庭，自己都是最重要的存在。同时还有两件事情很重要，就是变美和变富。

品牌和消费者之间如何交流?

品牌并不是你说什么就是什么，而是客户对你的感知和看法。一个完整的客户体验包括了很多触点：产品体验、空间体验、品牌宣传、数码体验、服务体验。每个环节都须服从大的品牌战略，彼此要相辅相成。

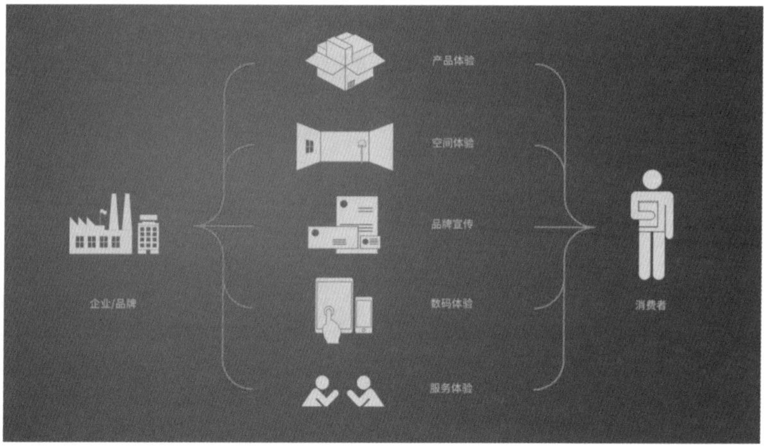

我在2016年的时候创立了自己的第一个消费品牌：摆花街。在创立品牌的过程中，通过多年咨询行业的经验以及和第一线消费者的接触，我发现年轻人特别是95后对于品牌的态度有以下几个特点。

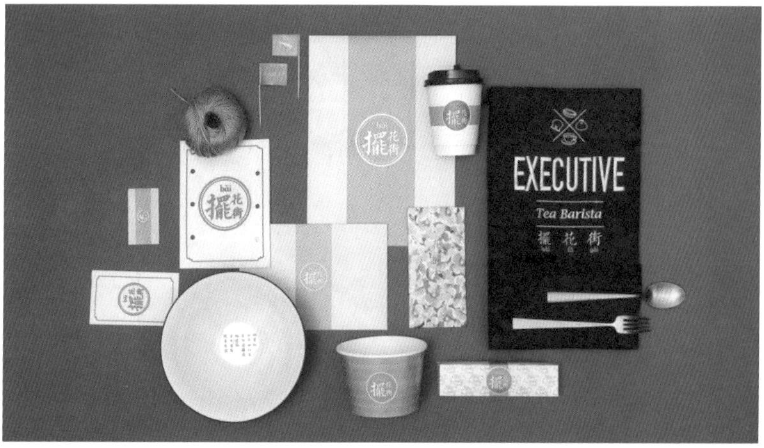

1）海外品牌对年轻人不再具有绝对优势

相比起80后一代，这一代的年轻人对中国的国力更为自信，国产品牌在他们心中的地位和原来相比有了很大的飞跃，当购买一些产品时，他们往往不再第一时间考虑购买海外品牌。

2）品牌画像变得更多元

在调研中，我们往往会利用一个方法让被访者把自己心目中认为最理想的一个品牌（可能是一个非常抽象的概念），通过描述一个代表人物，将它变得更具像化。在这个过程中，我们再去领悟他对于理想中品牌的理解。

这两张图代表了10年前后被访者心目中最理想的品牌代表的形象。我们可以看到消费者对品牌的形象描述和认知变得越来越多样化，有高冷的桂纶镁，也有非常接地气的小米的雷军，也有像石原里美、麦瑟尔夫人等。相比起10年前的杨澜，关于成功女性或者是用户认为理想的女性角色已经发生了很大的变化。在男性的角色上，我们发现年轻人越来越崇尚创业精神。

3）"期望经济"之下，用未来的钱满足今天的愿望清单

在"借呗"上借1万元钱去买衣服，这样的行为，在现在的年轻人身上已不罕见。"种草要拔草""愿望清单很长"这些都是他们的口头语。在他们的概念中，买东西已经不仅仅是用这个月的钱去买这个月的东西，而是如何用未来的钱去满足我今天的愿望清单。所以买东西已经不仅仅是为了实用价值，而是上升到满足未来生活期望的感官价值。

4）品牌对于消费决策的权重减少

在现在的年轻人中，他们的心智带宽变得越来越窄。曾经我们可以说如果品牌占领了一个消费者的心智，就可以相对地在消费者的心智中灌输某个意识，每当他想到这个意识的时候，就会想到你的品牌。现在，虽然消费在升级，而且用户已经能够有足够多的资金去满足现在的愿望，但是，他们的心智变得越来越珍贵了。所以，心智带宽和经济条件之间的交集也变得越来越窄。

5）年轻人对其他年龄层消费影响力变大

对比中国年轻一代的消费者和国外年轻一代的消费者，我们不难看到差异。在欧洲等比较发达的国家中，我们发现不论从客单价还是购买力上来看，40～55岁的人群是主要消费力。但在中国却截然不同，我们的消费主力呈现一个更低龄化的趋势，由于消费渠道的剧变，年轻人成为家庭中的主要买手。长辈想买什么东西都会问年轻人，年轻人会告诉爸妈妈哪个品牌比较红、什么产品更好用。他甚至会成为家里帮父母辈及祖父母辈“代购”的角色。由此可以看到，抓住年轻人的心智，是品牌设计中的重要环节。

6）从品牌差异化到 品牌独特性

为品牌打造差异化，能够帮助我们将品牌植入消费者的心智中。在塑造差异化的过程中，也是与我们的同质品牌产生竞争关系的过程。但是，如今的市场环境已经不仅局限于同质的竞争了，而是在不同品类中的大混战。我们的品牌需要在消费者心智带宽越来越窄的情况下，在他们的心智中占有一席之地。

7）从理智说服到感性吸引

最后，我们在调查中经常会听到新时代的年轻人描述他们对一个品牌“没有感觉”。“没有感觉”是什么感觉？当他们觉得自己是在听一些干话、空话的时候，就不会被品牌打动。如何跟新一代的年轻人进行品牌沟通，也是我们如今的一个热门话题。我们要跟消费者说“人话”，这里的“人话”其实是一种感性的吸引，Continuum通过在项目中打造五感体验，从感性层面为品牌吸引消费者。

“不识庐山真面目，只缘身在此山中。”这幅插画是上海办公室的同事为项目所做的产出。Continuum的品牌价值观是深度挖掘市场前沿消费者的价值观以及他们所喜欢的东西。我们想要展现给大众的并不仅仅是现象的罗列，设计师就像在水下的这些潜水员一样，要去挖掘现象背后的真理及价值。同时，设计师又像飞行的领航机，要不断地去寻找和观察前沿创新的文化，引领未来的市场趋势。

王潇

Continuum，资深设计策略顾问

王潇领导团队在消费者洞察领域，通过创新的设计思维与灵敏的商业嗅觉，为品牌以及客户打造能够行之有效的设计策略方案，包含消费者体验设计、交互设计、品牌设计和产品设计。她积极地寻找在极致的消费者体验与卓越的商业价值之间的平衡点，并由此生成相关策略与执行方案。

07 企业应用中的消费者化

◎ 吴冰

大家好，我们是做云端office的，今天跟大家分享一些我们的经验。

中国企业级应用的市场已经非常繁荣了，不过抛开整个中国市场企业消费者的行为习惯和付费习惯，实际上我们的产品还是在很多方面远远落后于欧美的企业级服务产品。

今天我想讲的是，企业应用中的消费者化，这个其实非常重要。企业软件的消费者化让软件公司重新定义了用户体验，并且让企业服务更加像消费者应用服务。

消费者应用

消费者应用在用户体验是非常重视的，但是普遍来讲，企业应用在中国市场大部分还并不是特别重视用户体验。

举个例子，例如说Uber，美国或者其他地方的Uber界面会给你一种回到原来索尼或者IBM的感觉。一般To C公司会非常注重用户界以及品牌给用户的感觉，但To B基本上很少关注。但并不是说To B企业没有做，欧美的To B应用已经开始非常注重这个方面了。

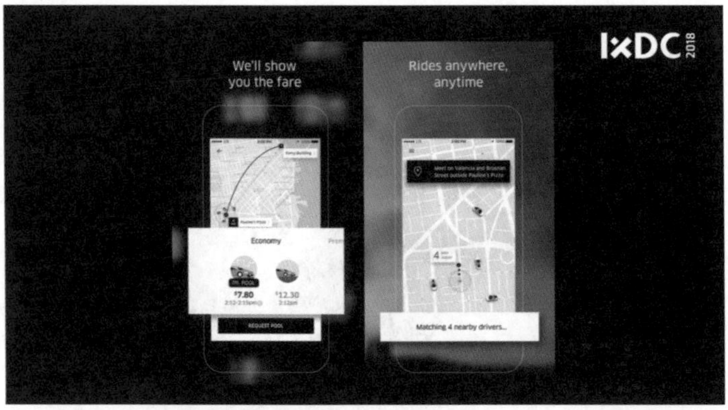

SaaS 历史上增长奇迹

最典型的就是slack。slack就像钉钉或者企业微信，大家在工作中使用。这家公司的创始人是Flickr的，之前他是做照片服务的，非常注重用户体验，所以在slack在UI上面也非常重视。slack一出现，它在UI上面的水准就达到了To C产品最一线的水平，像Instagram、Facebook等。它的数据成为SaaS行业的增长奇迹，它发布之后，日活跃用户数量（DAU）在6个月之后的18个月基本上涨了50倍，每周的DAU增长是5%～7%，前几个月基本上是翻倍增长，前5个月的DAU每个月有100%的增长，前2年每月的DAU平均增长是20%～40%，3年就做到了230万的日活，其中有30%是付费用户。现在它应该超过了500万日活。

下图是我在Twitter上截的图，一个硅谷非常有名的投资人Marc Andreessen说："我从来没有看到一个企业服务的App如此高速地增长，而且全部是口口相传。"这就是在企业服务领域里面最优秀的用户体验所带来的效应。

前5个月，DAU每个月增长100%。前2年，每个月增长20%～40%以上

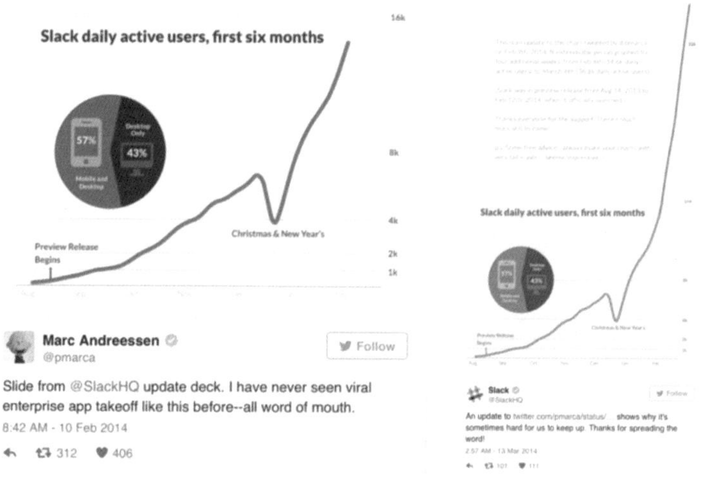

当然我不否认，可能slack当时踩到一个企业想要更好沟通的点，但是它的视觉体验是完全不亚于Dropbox、Facebook、Instagram的，这不一定是一个巧合。

不可忽视的视觉设计、用户体验

在企业办公领域，我们经常说的销售、功能、安全性非常重要，但是在这个时代，你要让你的产品能够走得更远、更好，很重要的一点就是要注意用户体验和设计，这个跟To C是有一些交集的，这是我感觉很多企业都会忽略的部分。

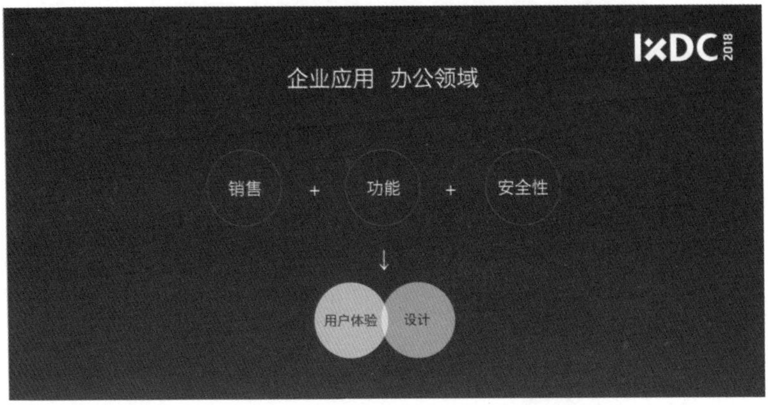

品牌方面也是一个重要部分，例如说可口可乐就是一个糖水，但是你可以感觉到它的品牌力量；品牌做得更好的像MUJI，大家也可以感受它的品牌力量。

品牌是大家对这个东西的一个感性认知，就像你认识一个人、认识一个产品一样，如果IBM出一个产品，你会大概知道IBM出的产品是什么样的，它的功能肯定比较扎实、完整，也有黑金属科技的感觉；如果苹果出一个产品，可能它还没出的时候你就有一个想象；如果淘宝出一个产品，那你也有一个想象。所以每一个品牌的背后，用户对其是有一个认知的。

品牌对于企业来讲也很重要，我不觉得只有大公司能花钱去做品牌，品牌不是你花钱让所有人知道你这个名字的，其实品牌是让接触到你的人对你有一个感知。就像你去约会的时候，你可能只能影响一个人，但这也是品牌。而你在直播间或者在人多的时候喊一嗓子大家也能知道你。所以品牌不一定要影响很多人，但问题是影响的人对你是什么样的印象。

我先举几个To C的例子。大家都知道苹果，苹果最早的时候做了一个定义，要找最好的设计。好多人去参赛，最后艾斯凌格胜出了，他从德国搬到了加州，给苹果做了很多设计。大家能看到所有的设计都是一致的。iPhone的背面到现在仍然有Designed by Apple in California，所以这就是品牌，就是大家对它的认知。

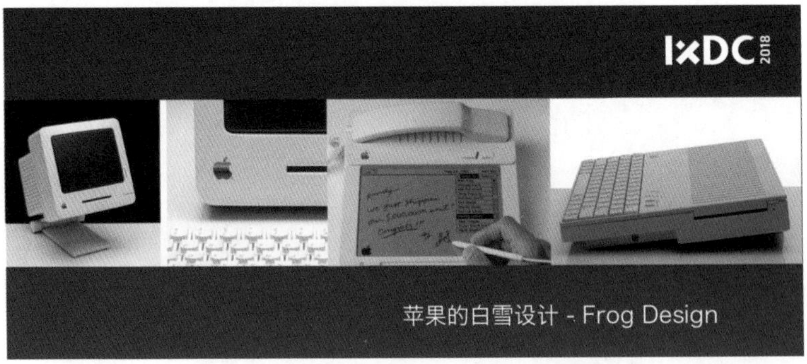

在Macbook风靡之前，IBM ThinkPad是最厉害的产品，包括它中间的小红点，还有它键盘的感觉。设计这个产品的也是一个大师，从T40开始有一种整体的感觉，所以这个品牌的形象打造出来，大家觉得是一个黑科技或者很扎实的形象。

我觉得最成功的是MUJI，它的品牌给大家什么感觉？首先它的环节上面肯定是环保的，而且它去除多余的环节；它的设计上面肯定是比较简洁的，而且会让你有长久的舒适感。

例如说一个包装纸，如果要漂白的话，这是不是一个多余的工序？如果不漂白，那么你拿到的就是一个原色的包装纸。所以就风格而言，MUJI并非是极简主义，它如空的容器一样，能产生更多思想终极的自由，这是MUJI的品牌。

艾斯凌格说过，用户购买的不单单是一个产品，同时买的也是一个价值观。

企业应用中的另类用户体验、设计、品牌

我说一下我们的实验。文档产品就是一款书写产品，要安静地在一个书房里面使用，书房的感觉就是舒适和安静。

大家知道通知一般都是小红点，我们就会觉得这个小红点让人很烦躁。我们的通知就使用蓝色的数字，我们觉得这令人专注。

这样的一些设计想法源于我们2015年做的产品。后来我2016年去苏州博物馆的时候进到一个房间，那里面是明式家具，我当时一进去就觉得这个地方好像石墨。它也不是互联网产品，为什么感觉那么像石墨呢？我转头看了一下介绍，明朝中期的文人墨客常常摆设自己的书房，营造出一种很好的氛围。这是一个热潮，这种热潮甚至于大过于读书写字。那个时候就产生了一系列明式的家具明式家具基本上在家具历史上是审美的巅峰古人秉持的一种审美的态度是什么呢？宁古无时、宁朴无巧，宁俭无俗。宁可古朴一点，我也不去追上时尚；宁可朴素一点，我也不去追求精致精巧；宁可勤俭简约，我也不去追求世俗的东西或者奢华的东西。

IxDC 2018
"宁古无时、宁朴无巧、宁俭无俗"

古人认为这样的审美是更好的审美，他们就会觉得简简单单包罗万象。后来我想，这跟我们特别像，我们当时提的就是一个精简的设计，不仅仅是你刚进去觉得很绚丽，而是你用了几年后仍然觉得它是很经典的。

根据上述想法，我们2015年选择文档图标的时候，从上面一排选择出两个。因为印象里面最深刻、最熟悉的文件夹、文档图标就应该是这样，它没有任何新的东西，只是最旧的东西，它能穿越几十年的记忆。这样用户进来的时候，辨识这个东西花的是最短的时间。

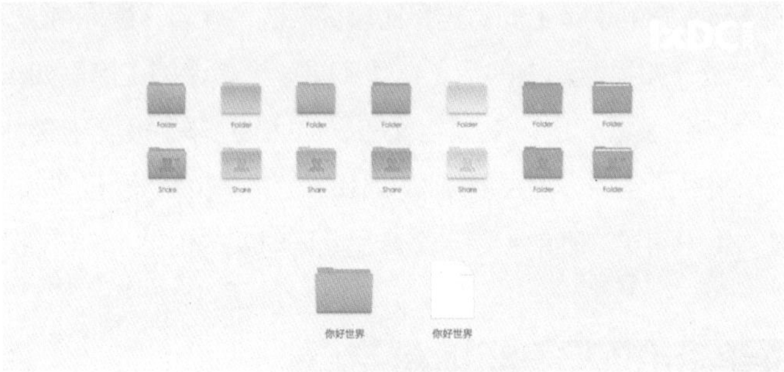

所以石墨的桌面是这个样子的，我们要简单、舒适，我们要有一点点怀旧，因为只有这样才是经典。回到20世纪八九十年代大家小时候，在你们那个院子里面跟小伙伴一起奔跑、玩耍，旁边是梧桐树……那种感觉是恒久的。

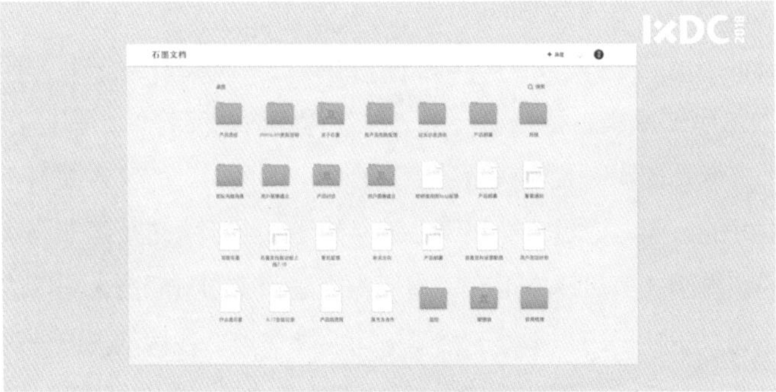

最后在设计logo的时候，我们想既然是个书写产品，就自己设计字体吧。我们的灵感来自于活字印刷。活字印刷在北宋被发明出来，从而取代了手工抄写，无疑是文字历史上的一次颠覆。对于琳琅满目的办公商品，“石墨”摒弃了繁杂和沉重的操作环境，一切回归到俭朴的起点，何尝不是另外一种颠覆。

传统宋体是为印刷而生的，所以多处笔锋会出现喇叭口，为了防止油墨外溢，在纸张上会清晰可见。我们把这些都去掉了，修正了笔画中粗细的比例，使之有更多的空间，这样也符合“石墨”产品本身轻便的特质。我们还做了几款不同的改版，最后确定了一个字体。

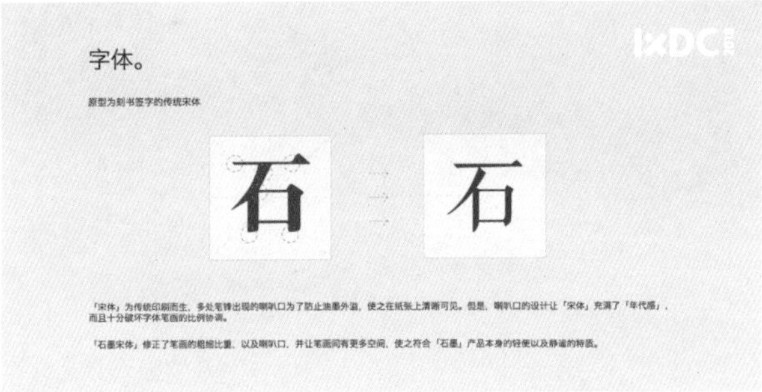

还有一些其他的设计只有在微信版能看到，给人一种品牌感。用户会觉得我用的产品是有文化、有不同色彩的，它代表我的价值观、审美、品位，这是一个中国的美学。

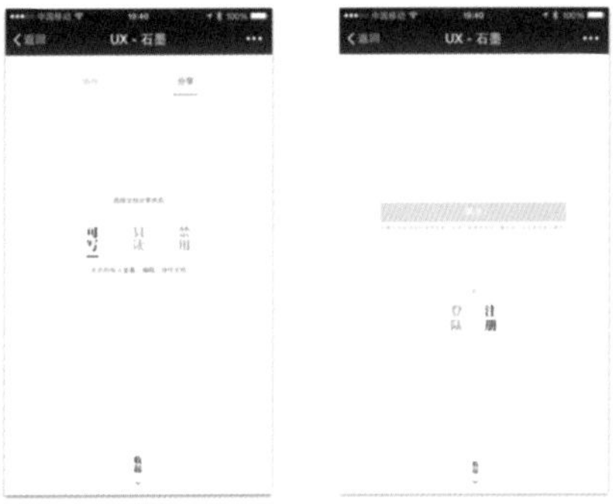

说到品牌，我刚刚说了，品牌不一定是影响了多少人，最重要的是你想对他产生什么样的影响。所有用户能接触到的细节，如每一张图、每一个文字、每一个用户体验都做好了，最后他对你才有一个完整的印象。我们会有规范来统一大家做的图或者对外的宣传，还有用户的体验。其实文字也是一样的，举个例子，“让人耳目一新的云端Office”，我觉得“耳目一新”这个词可能没有那么完美，有一点广告感，广告感跟我们想要塑造的品牌形象不一样，我们是要朴实的，不是那种喧闹感。所以这句话其实还有优化的空间。

还有“招聘会写诗的程序员”，这是个俏皮话，我们不是真的要招会写诗的程序员，它表达的是这个团队和产品是不一样的。所以它很有趣，这是跟我们比较一致的。

我们觉得企业服务的功能、安全性是非常重要的，但普遍的场景下，大家会忽略掉用户体验。可能现在不那么明显，但相信在未来，拥有良好的用户体验，又有功能性、安全性，销售也很强大的时候，会成为非常强的竞争力。

吴冰

石墨文档，创始人 & CEO

本科毕业于武汉大学软件工程专业，获得哥伦比亚大学计算机科学硕士学位，后在华尔街巴克莱资本银行工作。2012年回国，2014年5月创办石墨文档。

第5章

金融应用及新零售

01 移动场景下的金融体验思考

◎ 傅小贞

我演讲的题目是在移动场景下怎样更好地给大众用户提供金融服务，来提升用户的金融服务体验。我现在在蚂蚁金服设计事业部负责网商银行设计，之前负责财富事业群体验设计，也在手机淘宝和移动研究院做设计与管理工作，是《移动设计》的作者。

余额宝是开启中国互联网金融的第一款产品，但余额宝也不能满足人们日益增长的金融服务需求。余额宝唤醒了大众的理财意识，市场自然将推出更多的金融产品来满足用户的需求，那这么多金融产品怎样来满足大众用户的需求呢？

我们先来分析一下大众用户的一些基本特征。他们的资产数量是比较少，时间是比较碎片化，金融知识是比较匮乏。从这三个维度来说，大众用户又可做一个简单的区分：

（1）可投资产本身就是比较低的一类用户；

（2）有钱但没有任何理财意识的用户；

（3）有理财意识但没有金融知识的用户。

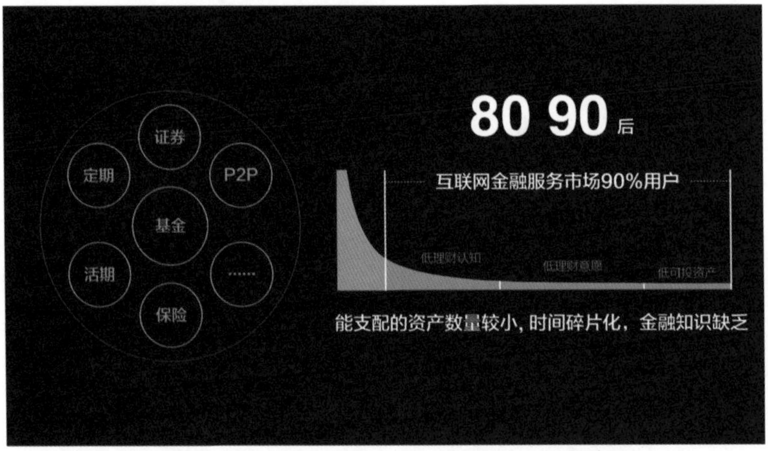

对于这三类用户，给予他们越多的产品，他们越难以决策，会产生更多的问题与困惑。那到底有哪些问题和困惑呢？可以分为三大类。

一、认知问题。在移动的场景下人的认知会发生很大变化，人的认知浅加工和金融产品决策链路长之间是有一个很大矛盾点的。

二、知识经验问题。用户的知识经验是很缺乏的，但金融产品是很复杂的，这么复杂的金融产品和知识经验，与这么浅显的用户之间是有一个冲突和矛盾点的。

三、学习投入度问题。金融产品品类非常多，但用户愿意投入到金融理财当中的时间是非常少的，这两者其实也会有一个很大的矛盾。

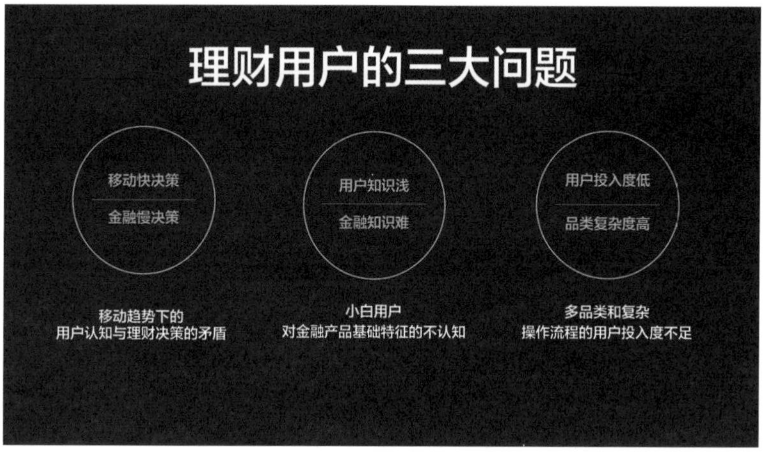

接下来，我简单讲一下这三个矛盾点在体验上应该怎样去解决。

移动趋势下的用户认知与理财决策的矛盾

现在的研究中发现，在移动场景下，工作记忆的广度其实在持续地减弱，我们可以比较清楚地知道：

（1）信息爆炸的时代，用户要去掌握他自己的关注信息是需要额外的注意力的。

（2）在移动时代，信息往往是碎片化的，碎片化意味着多任务，那用户去关注单一任务或决策单一任务的认知资源其实是减少的。

有实验表明，原来我们认为的工作记忆容量是7左右，在移动场景下基本上都是4左右。而用户去对金融产品做决策的时候，链路是很长、信息量是很多的。

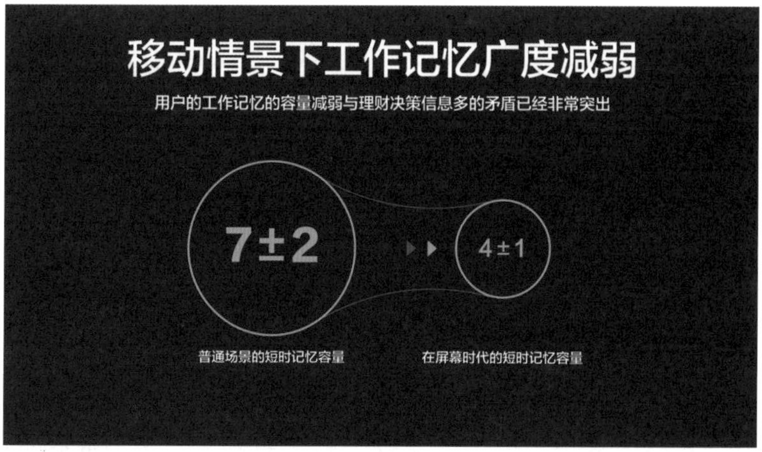

那怎样能够在这样一个条件下去做好决策呢？我们觉得可以有三个维度。

维度一：场景化设计。

我刚才说我们有一大类用户其实是没有理财意识的，需要去启蒙他。让他去认知复杂的金融产品几乎是不可能的，但他愿意去关注他自己的一些生活场景，特别是生活中用钱的场景。例如有孩子的人可能会去关注儿童教育基金，他会通过这类场景来开启他的理财，而不是从理财本身切入。

所以，对这类人要去挖掘他们关键场景中用钱的地方是什么，把这个场景进行包装提供给用户，通过这样的场景把用户引入理财领域，而不是让用户认知很多金融信息或金融产品，通过这样一个方式去降低用户对金融产品的认知门槛。

维度二：信息组块。

我们知道任何一个金融产品其实都有非常多的信息量，我们应该通过有序的方式把这么多的信息量组织起来，以用户可以认知的方式提供给用户。

举个例子，基金有非常复杂的各个维度信息，在基金详情页中，我们可以看到每一个参数、每一个信息，但让普通用户去认知这样一个页面是非常难的。在设计中触达用户时，往往会把绝大多数基金信息包装成一些用户容易理解的过渡页面，把里面的信息以有序的方式变成几个用户可以认知的信息模块。一般来说每一个过渡页都不会超过4个模块，用户可以通过这样几个模块快速地去做决策，通过这样一个方式，将会大大提升交易的转化率。

维度三：这么多信息量我们不应该在同一时间点提供给用户，更不需要用户去记忆。我们需要在每一个时点以界面元素的方式去提醒用户去记忆，而不是让用户主动地去记忆。我们会在每一个时点把所有的信息去做分类或区分，同时以信息凸显的方式给用户提供关键的信息，去帮助用户做决策和减少他的记忆。

这三点是去解决工作记忆减弱的问题。另一个点，除了认知的广度正在减弱以外，其实认知深度也在变迁。现在互联网行业有一个比较大的争论，即“碎片化阅读”，用户的碎片化阅读到底有没有吸收到知识？当然我们觉得用户碎片化阅读肯定能吸收到一些知识，但用户其实很难对这些知识进行深度加工。

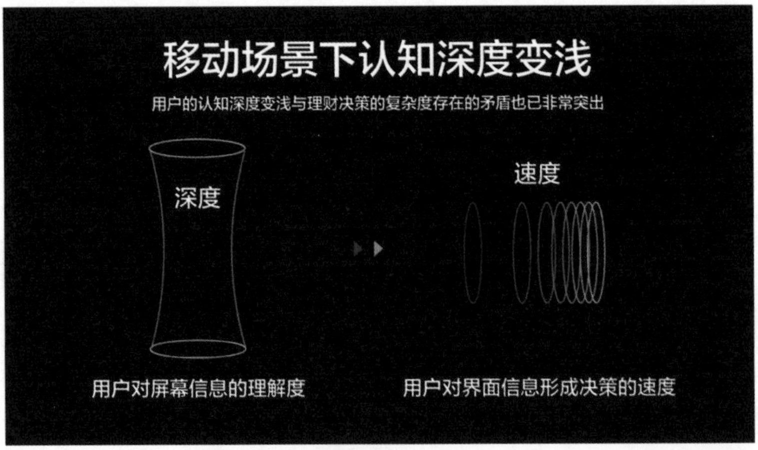

原因是碎片化阅读会特别快，但看了非常多的东西后，用户所关注的信息没有与自己的知识经验去做一个连接，很难把这些知识融入到自己已有的知识体系中，也很难深入对这些知识信息进行认知上的深度判断和决策。理财产品是非常复杂的，在这样一个场景下，我们

怎样能够让用户去做准确的决策，这是非常重要的。那我们应该去做一些什么样的事情呢？我觉得有两件事是非常重要的。

第一件事：需要对金融产品信息可视化。信息可视化不但是图表的可视化，还需要保证表意的可视化。

例如说黄金品类，我们可能会提供一个金色的界面，但也要让用户能够快速地去理解高、中、低风险等信息，同时我们也应该做一些信息叠加的整合可视化。举一个简单例子，在基金业绩走势图里直接叠加买入、卖出点，用户就可以非常清晰地看到基金的走势以及自己的投资情况，方便他进一步去做决策。

文案也要通俗化。因为金融信息基本文案都是非常专业的，用户其实很难理解。例如“7日年化3.5%”。但表述成“1万元钱每天能获得1元钱的收益”，用户就很好理解。所以，我们需要在合规的前提下把一些术语建立体系进行再设计，这也是非常重要的。

认知角度最重要的三件事情是：① 场频场景化。② 信息可视化。③ 文案通俗化。以上是解决用户和金融产品体验之间碰撞的问题，接下来讲第二点。

用户知识经验浅显与金融产品复杂的矛盾

用户其实对金融产品的基本特征也还没有清晰的认知，我从用户的动机角度来简单说一下这个事情。我们有一大部分用户是没有理财意识的，有理财意识的用户最基础的动机是存钱。存钱最大的问题就是安全性，而当用户满足了存钱的需求后可能会去考虑保值，保值的话就要去考虑是不是能够赶上通货膨胀，那收益率就会显得很重要。

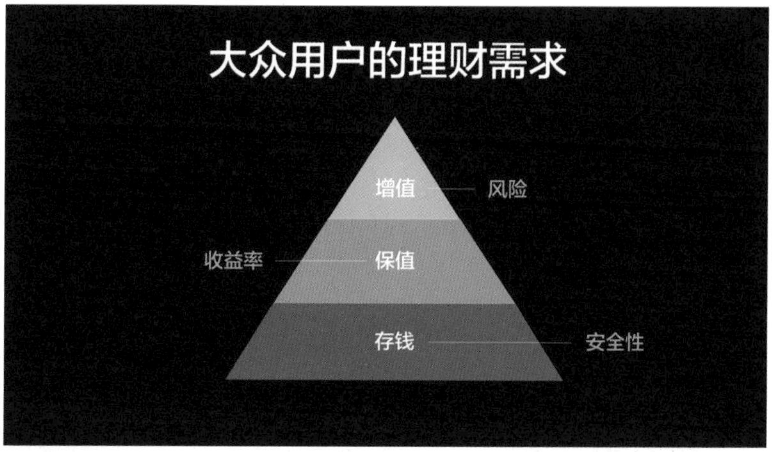

在保值基础上，再有进一步需求可能就是增值，增值的时候才会涉及更多风险维度的东西。安全、收益率和风险是金融产品的三个基础知识，但即使是这三个维度，对大众用户来说也没有清晰的认知，那应该怎样在设计上去解决这样的问题？

首先平台要去营造一种安全感，让用户认知到安全。从平台的特性来说，必须要在技术底层让用户达到真正的安全。

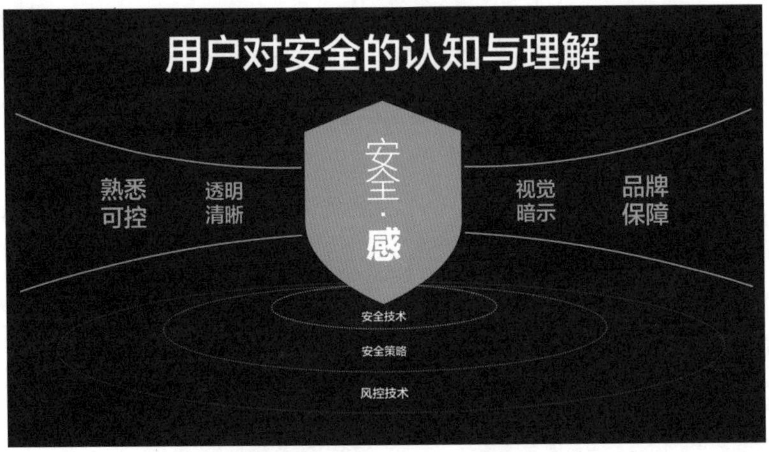

除了这一点以外，我觉得在设计上还需要去关注以下三点：

（1）要在页面上去营造熟悉和可控感，让用户知道这个场是他所熟悉的，所有的操作和流程是可控的。

（2）所有的资金明细和收费明细都应该非常透明和清晰，同时还要再去营造一些视觉提示，让用户感觉到它是安全的。以收益为例，我们去三、四、五线城市去做用户调研的时候，其实有很多用户知道余额宝但不把钱存进去，因为他们对收益不清楚，我们需要非常清晰而通俗地给用户提供收益信息：

- 构建相对认知，让用户明白余额宝的收益优势。
- 对收益进行包装，让它有一个生活化的表达。例如说余额宝最开始的时候就是传递这样一个理念：如果存钱进来，你今天可以多买一个包子、多喝一杯咖啡等，这样的表达方式用户是很好理解的。
- 要让用户感知到收益。现在各个公司做的各种营销活动都在把新用户引入，但如果用户只存了50 元钱到货币基金，其实每天几乎是看不到任何收益的。这就需要有一个收益阈限值的引导，让用户尽量存钱进来能看到收益。

此外，许多大众用户对风险是零容忍的，哪怕买了基金亏了千分之几，都会有非常多的抱怨。所以，我们一定要让用户能够感知到哪些是负收益。

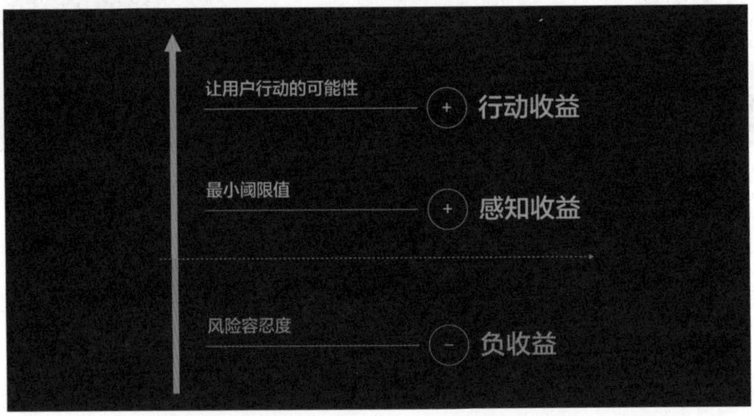

最后，还需要让用户有行动的收益表达。因为有很多用户不愿意存钱进来的原因是他知道本身就没有多少钱收益，例如我存5 000元钱进来，每天收益非常低，他就不愿意存钱进来。那我们是不是可以通过一些描述，让这个行动能够变得更积极?

例如你存2 000元钱进来，每天的收益是几分钱或几角钱，如果直接表达“每天赚几分钱”，用户一看就会认为价值不大。但如果说“收益可能比余额宝高百分之多少”，用户就有可能存钱进来。

所以，激发用户行动的可能性也是非常重要的。从收益的角度上来说，我们需要去关注以上几点。

（3）让用户认知风险。其实很多用户知道风险，他们都知道股票会涨会跌，但他们不理解风险的真正含义是什么。风险其实是分两个维度的。

维度一：用户的风险承受能力。维度二：用户的风险感知承受能力。

有些人的风险承受能力很差，但他的赌性很大，他的风险感知承受能力是很强的。但有一些人风险承受能力很强，但他对风险感知承受能力差，经不得任何的亏损。这两类人从金融本身的角度上来说， 都没有最好地发挥自身的价值，我们需要让用户认知到两者之间的关系。对风险感知来说， 我们还是要通过可视化的方式去表达风险到底是什么，让用户能够看出有什么样的风险。最恰当的方式是让用户做一些小额的尝试，让他真正经历过理财、经历过涨跌，他才能够比较清晰地去认知风险。

综上，从金融特征最基础的三个维度来讲，我觉得我们应该做到这三点：

第一点：安全。我们要营造一种感觉，让用户知道这是安全的。

第二点：收益。可以通过类比或对比的方式，让用户能够清晰地知道收益到底是什么。

第三点：风险。要让用户认知到风险真正意味着什么。

多品类和复杂操作流程下的用户投入度不足

绝大多数理财用户的投入度其实是不足的，但我们现在品类又很多，用户如何在此基础上来进行理财达成自己的目标？这里我们核心要做的是怎么让用户快速地认知并学习这么多理财知识，让他在多品类之间进行知识迁移，找出共性，去构建一体化的设计。如果让用户对单一品类做交易流程转化的话，其实都会有下图的思考过程，在这样一个思考过程中，我们可以去构建一整套交易链路体系。

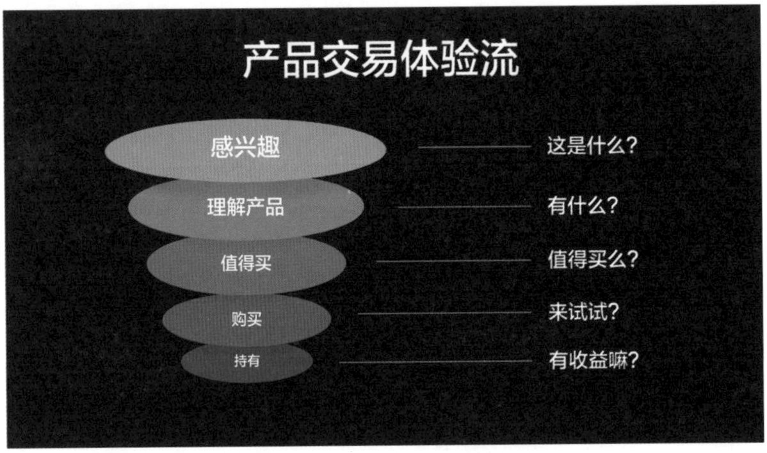

在交易链路体系里我们去收取所有共性的点，让用户知道所有品类到底有哪些共性。在这些共性点里每一点都有一个自己的决策要素，对决策要素进行分析后再去构建优先级，就能非常清晰地知道每个决策链路节点里用户决策要素的优先级是什么，基于优先级去构建他整套的框架体系。

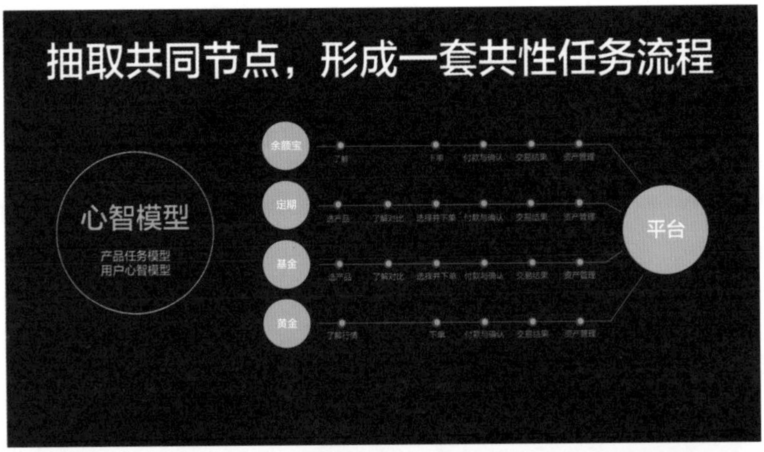

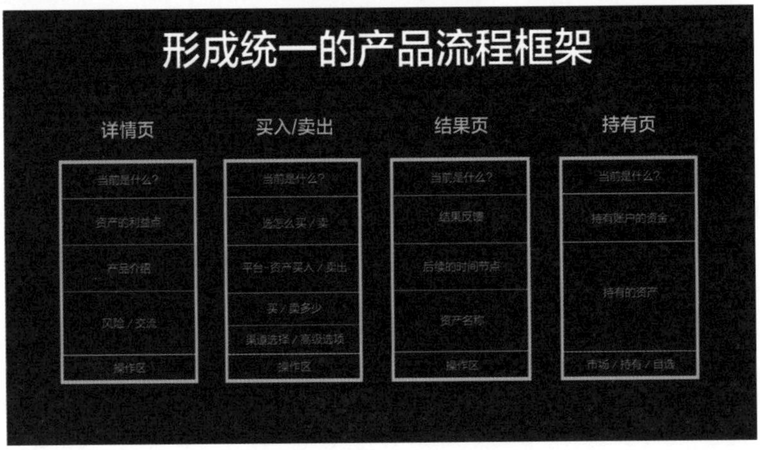

当然，不同品类整个认知框架体系里每一个点不可能完全一样，但相同的点我们应该有一套相同的设计逻辑，让用户能够在看品类A、品类B的时候能够很清晰地认知到它们之间的关系。

前面说的是整个链路里核心的方法论和最基础的点，但我们要去构建用户整套体验的话，除了框架流程以外，对整个交易链路流程，对资金的流入、流出明细，对消息提醒，对知识的建议等都应该去做一整套的分析，这样的话用户就能够很快地进行多品类之间的知识迁移，帮助他在品类比较多、投入度不足的时候优化和简化理财决策。

一站式理财平台

最后，总结一下我刚才说的三个问题。

（1）在认知趋势的变化下，我们应该基于平台化体验，以产品场景化、信息可视化、文案小白化的方式去解决现在认知链路上出现的一些问题。

（2）用户对品类、金融产品的知识经验比较浅，我们要把最核心的基础理财做到位，去构建“安全”“收益”和“风险”的基本认知，让更多的用户对这些知识有认知之后进入平台。

（3）在投入度不足的时候，我们要去构建一站式的理财平台去解决用户投入不足的问题。

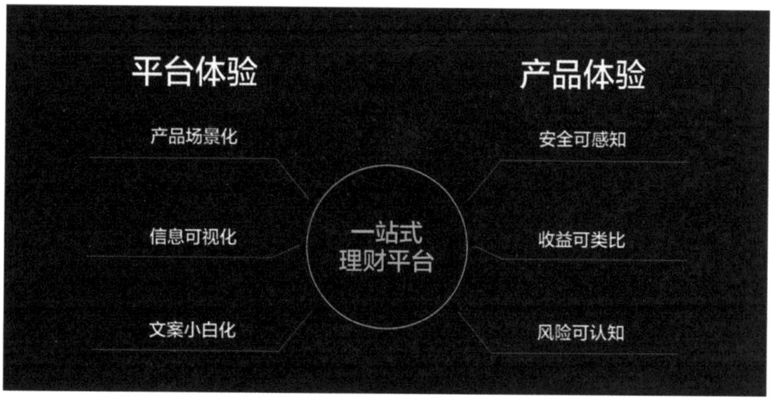

傅小贞

蚂蚁金服设计事业群，
网商银行设计负责人

现任蚂蚁金服设计事业部网商银行设计负责人。浙大心理系毕业，曾担任淘宝移动交互设计和用户研究工作，负责组建过淘宝移动设计团队，领导淘宝移动主站和主客户端的设计。

02 营销导向互金产品体验设计

◎ 张贝

我今天的主要角度是营销导向。理财产品、金融产品、保险产品有很多，最近失败了一大批。对于这些产品体验设计师的机会点在哪儿？如果问一个体验设计师能不能改变一个金融产品的印象或者是品牌，我觉得是有可能的。

我们要建立设计角色感，正确定位自己，明确自己到底能干什么，怎么把自己的能力赋予到比较严谨的、需要安全感的金融产品的体验设计里面。

当我们谈论智慧金融，我们在谈论什么？

前两天我专门跟我同事聊了一下智慧金融是什么，最后大家觉得其实金融自古以来就有，从有钱甚至有资产抵押、典当这种事情出现的时候，金融就有。那现在的智慧金融集中在哪里？我等下再告诉我们的结论是什么。

首先，传统金融的互联网化大概有以下几种类型：

第一，网银。最早是银联，跳一个网页，让你输一堆密码。

第二，保险。现在有很多保险公司上市了，但也有一些保险买了之后，并不保你的险。

第三，证券。以前买股票，不知道钱打到哪儿去，怎么提出来，然后密码也容易忘。现在你在微信上买股票，只要记住自己微信号就行了，所以简简单单把账户集合在一起。

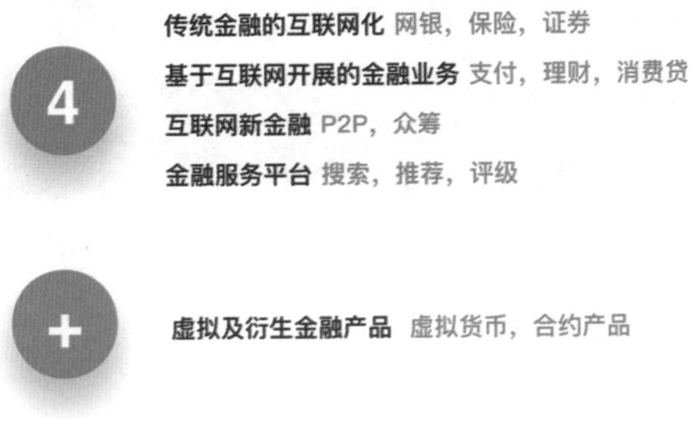

4
传统金融的互联网化 网银，保险，证券
基于互联网开展的金融业务 支付，理财，消费贷
互联网新金融 P2P，众筹
金融服务平台 搜索，推荐，评级
+
虚拟及衍生金融产品 虚拟货币，合约产品

所以，传统金融互联网化也很急躁，很着急把这一块东西吃下来，免得互联网公司去做。那互联网公司做什么事呢？支付、理财、消费贷。那对于贷款这种业务来说，核心其实就是收益额，我往外借钱关注收益，我自己借钱关注利息。

那其实再往后，就是互联网新金融。包括P2P一类大家可能忽视的，就是众筹。例如你现在在京东、淘宝上买众筹的东西，最后产品没有出来，钱也不退，这也叫金融。

还有就是一些金融服务平台，其实这是最有价值的。什么叫金融服务平台呢？它会推荐哪些金融产品现在值得买，哪些证券值得买，然后它教育你怎么去理解金融产品。

最后一类就是新金融。虚拟及衍生金融产品中最典型的就是虚拟货币，也就是区块链发展出的空气币、比特币。当然空气币是不好的，建议大家不要去买。

虚拟及衍生金融产品还包括一些合约产品。所以，说了半天智慧金融，无非把用户的资产进行碎片化或者是智能化、个性化的一个分配，这是教育问题。

智慧金融

智慧金融包含三层含义。其实把技术赋能这一层消化之后，体验设计师就开始包装场景了。

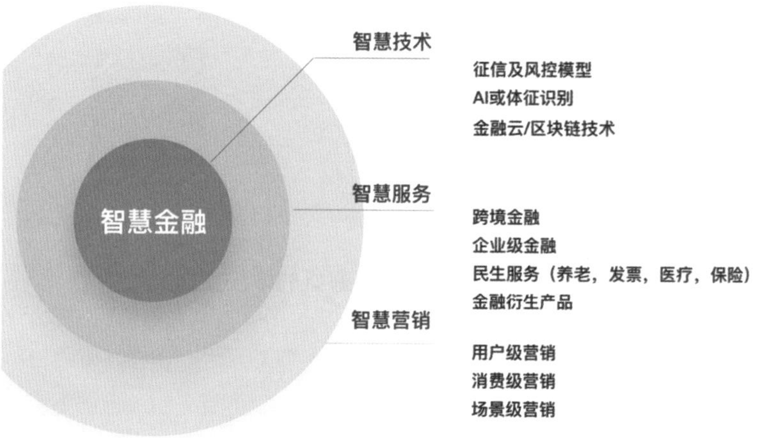

智慧金融的三层含义分别是：

（1）内核，也就是智慧技术这一块。

（2）场景，就是智慧服务。以跨境金融为例，现在离岸人民币汇率下降，在岸人民币汇率上升，造成一些波动。这其实很大程度上就是因为人民币在境外的流通，开始被我们这些行业的人慢慢带进去了。什么东南亚、东欧、北美，大家都在用微信、支付宝支付。

智慧服务还有一个方向叫企业级金融，它面向很多新的领域，甚至是养老、开发票、医疗报销、保险报销等。还有一些金融衍生产品，如各种合约、期货。体验设计师要在这儿进行一层包装和深化。

还有很重要的一个点就是第三层，智慧营销。其中，用户级营销、消费级营销、场景级营销，是我们想要做的三点。不管我们去做体验，或者是传达、包装一些东西，都属于营销导向。

建立一种营销导向的金融产品商业设计战略

我们的核心是希望提出、建立一种营销导向的金融产品商业设计战略。有一本书的观点叫设计增长，这个观点和我们的想法异曲同工。

看一个案例，比特币跟红包。这两个产品大家有没有觉得有什么共同的地方？比特币怎么颠覆微信？我们想象一下比特币为什么成长这么快，因为它的收益率特别高。很多平台承诺说，现在只要到我这个平台上来，在我这儿待够一年，或者是待够半年，或者说投资额达到多少，我承诺你买的虚拟货币可以升值20%。那这就是类似于一种区块链驱动的众筹业务，大家都会涌进去。涌进去之后，不能光等着利润，要花钱，平台就建立生态，基于虚拟币去聊天、转账等，这就变成一个虚拟的帝国。这种虚拟的帝国其实获客成本是非常低的。以前微信要做大量的广告，它只要说来我这儿有钱拿，大家就愿意来。

所以说好的金融产品本身就是最好的增长工具。这一句话是我今天的重点。

好的金融产品本身就是最好的增长工具

如果问一个设计师给你多少钱花多长时间能拉到5 000万用户，你怎么回答？如果你不去考虑一体化的体验整合，光给别人钱而不把体验能力赋予他的话，这个业务是完不成的。

所以，我们看体验增长集中在客户增长、利益增长、场景增长三个点。

所谓的营销导向的体验增长战略，其实是我自己给的定义，也就是营销导向的目标就是促进增长。有一点很重要，设计师经常忽略业务的同理心。我们希望从难以企及的视角，通盘考虑金融产品或者是其他产品。

GROWTH DESIGN
营销导向的体验增长策略

体验增长策略是介于产品策略和营销策略之间的新型竞争力，主要依靠精确的体验定位和体验动力来达成各种产品营销目标，而非传统意义上靠砸钱来获取用户的产品运营和营销策略。其核心是从设计师时常忽略的角度和难以企及的视角通盘考虑影响产品发展的因素，提出基于用户心智和商业模式本身的体验策略，以切实的体验依据、相对较低的成本、可控的用户预期来达成用户增长、效益额增加等商业目的。
简单来说，就是低成本地用“体验网络效应”来让产品获得有效增长。

那么最终要用低成本去整合技术场景，达成体验网络效应。红包就是一种体验网络效应。例如，我给我妈发红包，她用了之后，就变成我的用户了。所以这个体验网络效应不是说你想不想用红包，而是别人会不会给你发红包。所有的增长从PayPal到支付宝、红包都是这样的，你身边人开始用了，你不得不用。所以，我们希望体验增长的核心是达成这一点。

那体验增长的商业模型有两个关键点，它是一个漏斗。

体验增长是一个商业模型，它不应当是一个产品形态。例如我设计一个红包，它不是一个产品形态，它更当是一个运营手段，或者是一种能力。体验增长模型最上面的是流量入口，最下面的是客户的转化和收益。中间就是我们最终的利益导向。

体验增长商业模型

营销导向体验不应当只是一个产品形态，更是一种很好的场景化营销手段和能力

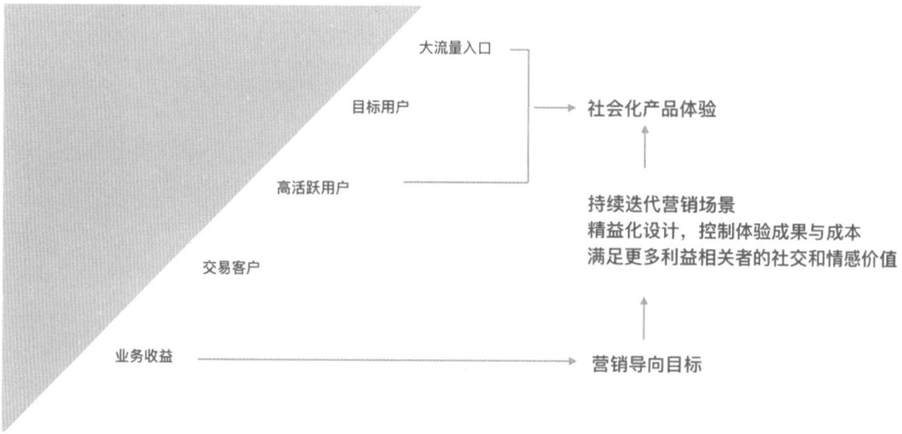

具体实施时，首先有一个核心，就是你要吸引用户来用你的产品，不应该只用钱来吸引他。那如果我们要打造一个与众不同、更容易吸引用户的理由，而不用钱的话，要怎么样做？

首先是定位环节，我们希望把商业和用户结合起来看。其次是决策，所谓产品里面有一个最小可行性产品，体验里面应有一个最小可行性体验。最后是动力，动力来源于哪里？不是来源于钱，而来源于你的内心，你的认同。所以，我们希望体验动力来自于营销路径。

营销路径是什么呢？很简单。买东西之前，大家都想先了解产品，什么内存多大等。但是如果我先问你，你想成为什么样的人，你身边有没有榜样，他用了什么工具？这是从内到外的营销路径。

微信车票是一个增长定位案例。我们的营销主张是希望让朋友、亲人出行更方便，但是要怎么达成这种营销主张呢？我们需要给他一个定位。一个人来到陌生城市，经常得专门下载一个App刷手机进站。我们希望一个人坐车不要变成体验孤岛，有一张别人送的车票，就能马上出发。

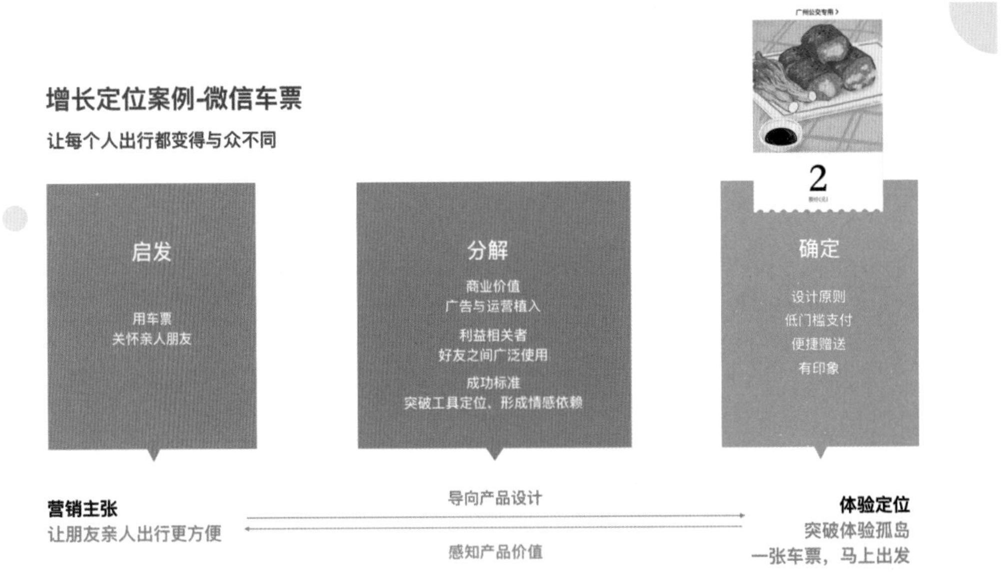

反过来，衡量设计师有没有价值，就看你这个定位准不准。你的A用户通过什么样的口吻来告诉B用户这个产品好用，这是它的体验定位。这个体验定位会反向把你的营销主张加深，让用户感知到产品价值在哪里。

这里主要有三点：启发、分解、确定。

启发是什么呢？例如说用车票来关心亲人、女朋友、暗恋对象、员工等。

分解中首要是商业价值。那商业价值是什么？车票已经脱离了简单的二维码，那我就可以加很多图案进去，广告能力就会渗入。大家可以说这不是产品干的吗？错了，这是我们设计师提出来的。商业价值要找到利益相关者。例如说我天天开车，不坐公交车，那怎么知道这个产品？别人可能会发车票给我，我身边的人需要坐车。所以，利益相关者是一个很复杂的东西，你要找到人与人之间的联合点。

最后还有一个是确定。我们要设计低门槛支付、便捷赠送，送出来的图要一下就记住。

腾讯微+卡则是一个增长决策方面的案例。我们有一个最小可行性体验，会把产品包装成各个小的MVP去看，分四个阶段，但是每个阶段只干一件事情。

刚开始可能就是一个品牌，第二步就是增长培育期，我们可能对权益做一些定制，就是我们所谓的数据、智能、分析、个性化的东西。第三步，要做到增长的爆发期，就是社交的东西要引进去。最后就是增长效益期，把用户全部圈进来之后，会有一些增值权益出来。

所以，这一整套系统很直白，就是一次做一个功能，然后把这一个功能做好。

增长策略决策案例-腾讯微+卡

从可用到好用，贯穿始终的是品牌先行，不断重复的*MVP*策略使得用户预期得到有效把控与培育

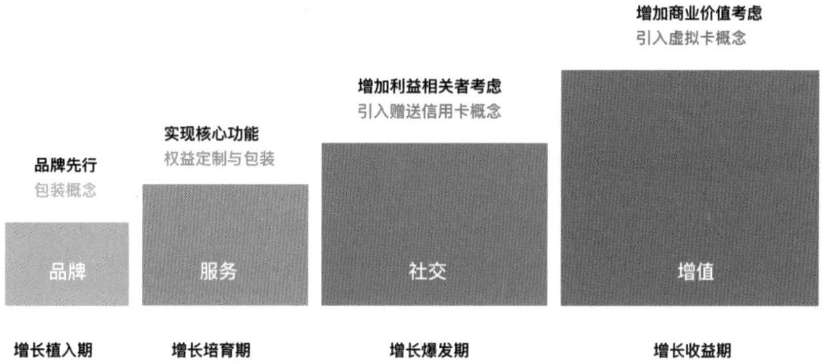

最后是黄金红包的案例，属于增长动力方面。黄金产品给人感觉冷冰冰的，我们要怎么样把它包装得低门槛，然后吸引大量用户来用？我们做了一个黄金红包，为了跟现金红包区别，首先要确定它的营销路径。例如老板用的就是黄金红包，我用了黄金红包会不会也有老板的感觉？

这是一层动力的东西。

那我们看一下第二步，其实就是产品的定义，对应过来就是我们经常聊到的核心价值、种子用户、用户故事、用户转化。

最后一步才是体验。体验动力核心价值就是你的痛点，其实就是有寓意的一些设计传达。这一套东西对应起来，我相信各个场合都能适应，只是金融产品更注意一些利益导向的东西。

增长动力案例-黄金红包

打造情感容器，从场景出发打造不一样的产品印象

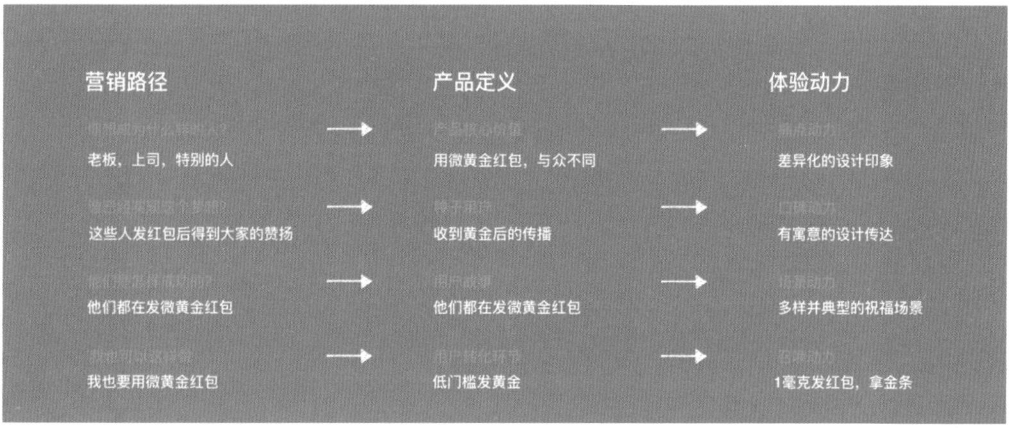

设计创新机会点与角色培育

我们要做的事情就是把技术场景、数据全部整合起来在行业内形成垂直加整合型体验解决方案。大家知道微信支付的设计师在干什么吗？他们在干商务的活。如果他们去加油站加油的时候，发现这个加油站不能用二维码扫码支付，那就自己去解决去谈。谈完之后，把技术、产品形态给对方，最终把这个事解决，场景就算覆盖了。所以，这就是体验设计师干的事情，他更像一个服务设计师，他更像一个4A公司的体验设计师。

注重视角培育，培养业务心理

知识框架

设计师需要被验证的知识框架，而非概念导向，概念导向的结果就是概念设计

学习策略

向内学习的重要性远大于向外学习，用旧的知识框架来对比印证新知识价值

突破峰值与边界

只有被动体验评价才能带来新的业务增长，而非传统的易用性评价体系

除了营销导向、设计增长，更重要的是我们需要一些视觉的培育。设计师需要被验证过的知识框架，大家少提概念，如果提很多概念，出来的东西就是概念设计。概念设计是很难落地的。什么是已经被验证过的？金融产品领域有很多被验证过，生意怎么做你就怎么做，营销怎么做你就怎么做，它是一个自古以来的东西。

之后是需要一些学习策略，以及突破峰值和边界。突破峰值和边界这里需要提一下，我们所有的产品，尤其是金融产品，一定是被动体验才能带来新的业务增长。就我刚才说的，你这个产品一定是有人用了别人才用，你觉得不可能想当那个第一个用的人。所以被动体验就是你金融产品扩散增长的第一步，而不是传统易用型体验评价体系。大家把用户可用性放在第一位，这个产品就有人用了吗？这个有点理想化，不大可能。

回顾一下，我们的营销导向要促进增长，去掉利益导向促进的三个要点为：

第一，找好定位。

第二，做好决策，怎么能快速试错。

第三，把动力找清楚，怎么从营销路径干这件事情。

最后一点就是我刚才也提过的3种未来设计人才。

第一，服务型设计师。

第二，体验型设计师。

第三，顾问型设计师，就是专门提商业设计战略的。

未来3种商业设计人才
设计师的边界只能靠横向来突破，而非垂直能力
服务型设计
关注用户体验路径
提案型设计
关注业务决策路径
顾问型设计
关注商业迭代路径

大家可以看一下这三种类型，这也是我对大家的期待。

张贝
腾讯，金融科技设计中心交互负责人

腾讯高级设计师，腾讯金融科技FiTdesign交互设计负责人，金融合作与政策部体验设计负责人，腾讯学院高级讲师。前商业设计顾问平台“专头”联合创始人，资深商业设计顾问，IXDC工作坊、UXPA工作坊讲师，腾讯《互联网金融体验设计沉思录》出版负责人。

03 one

◎ 曲佳

我的标题为什么叫one呢？因为我们作为设计师，不管你到任何一个团队，设计任何产品的时候，一定会有一个核。你团队里面所有的设计师，包括你所有的工作，只有围绕这一个核去做。才有可能成功。否则的话，你的设计都会相对分散，你只能用传统的积累做一些很表面化的设计，而这不是我们想要的。所以，我要讲的这个one，其实就是我们的核。

你要想找到核心并围绕其工作，要有一些积累。我想说的第一个积累，其实是关于设计。到底什么是设计，很多人未必真的理解。设计本身其实就能带来两种价值：①认知层面的价值；②感知层面的价值。

什么叫认知层面？交互设计师在做很多事情，在影响用户对一个界面的认知。对认知来讲只有一件事情是最重要的，这件事情叫秩序感。不管你的页面如何设计，它有怎样的层次，怎样的结构布局，只有一件事情重要，就是秩序感。

第二讲的是感知，感知指艺术、设计对人本身形成的冲击。例如大家去看外面每一个展台，每一个设计给人带来的感知是不一样的。感知要讲究触动感。你能否一看到这个设计、这个颜色的时候，就联想到这是腾讯或阿里、百度的产品？这是设计给人带来的触动感。

设计给用户带来的价值就是这两方面，一个叫认知，一个叫感知。两个层面带来的东西，是第一个积累。第二个积累是你本身要做的事情。我现在做的事情是金融：你要先了解金融是一个什么样的事情，去掂量两方面的事情。用户的价值和商业的目标。

用户价值是说你的产品能够给用户带来什么样的价值。很简单，例如我要做一个借现金的产品，就有以下最基础的需求：

第一，你是不是能够借钱给用户。

第二，你是不是能稳定地借钱给用户。

第三，你能不能给用户的需求做匹配。

其次就是增值了。如果用户有3个平台、5个平台可以选，为什么要用你的？那可能需求会变成这样。

第一，我用你的东西是否足够简单，随便填几个空就可以得到。

第二，是不是安全。用户在用一个借款产品的时候，输入核心后信息希望信息不会泄露。或者平台是否会有一些复杂的额外费用要收，这都是需要考虑的因素。

第三，是不是快。

所以，当用户使用你产品的时候，你必须把用户价值分析得很透彻、很清楚，才能知道怎么做设计，怎么设计得更好一点。

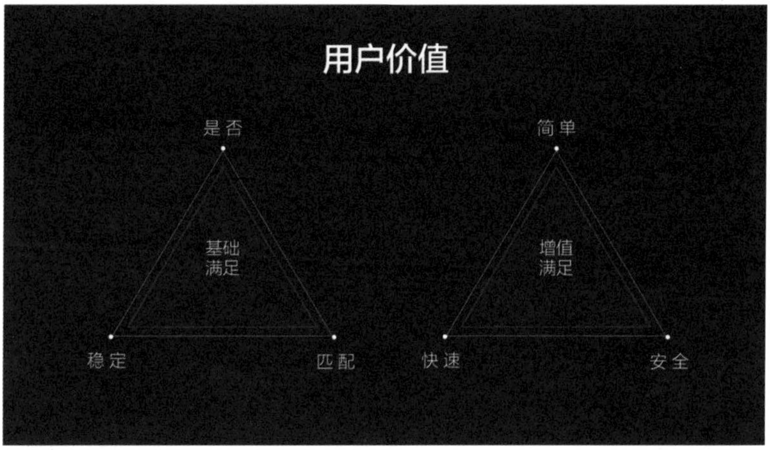

商业价值也必须要知道，也就是一个公司、一个企业做事情，是要赚钱的。借钱这件事情，到底公司怎么赚钱？你的设计怎么能够在给用户带来刚才我说的那些价值的基础之上，还能帮公司去赚钱？这件借钱这件事情很简单，公司的商业价值就是收利息。

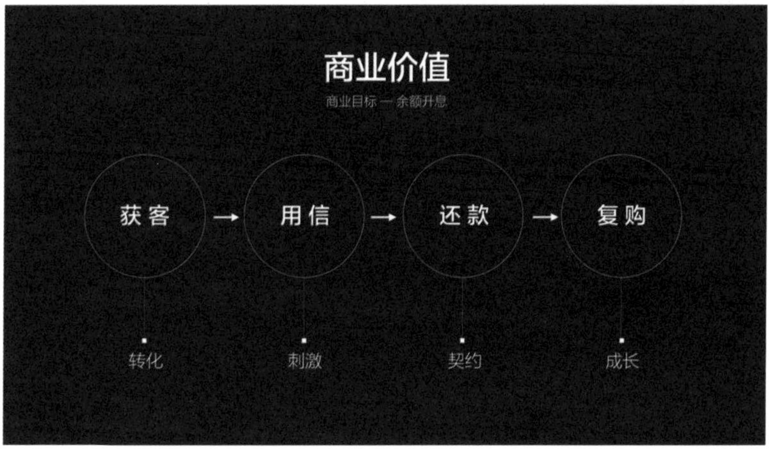

所以，当你去做这件事情的时候，首先要想到获客，即怎么让更多的人知道这个产品。我们这里面讲设计能做的事情是转化，用户看到你这个设计、这个页面的时候，我怎么能下决心使用。

第二，用信。让用户知道自己的额度，在额度之内真的能借钱。这是从刺激用户的视角了出发。

第三，还款。怎么用一个契约似的事情，让用户感知到借钱这件事情很严肃，借了一定要还。不还对未来的生涯、信用有很大的影响。

第四，复购。当用户已经完成这一次使用之后，下一次有需求的时候还会用。这就讲究整体闭环的体验设计。

所以，你在设计这件事情的时候，想想用户要做的事情，就能整理出设计师要做哪些事情。

前两个部分大家都理解了，当我们去接触一个事情要去做设计的时候，先要知道设计本身是要做什么，能够有什么样的价值；其次，要对业务、对产品有一定理解。第三，一定要了解产品的用户是谁。

很多人都会觉得自己产品的用户很统一，大概就那些。每个产品的用户都不一样，看这表，就知道了。这是我们"有钱花"产品里面最主要的用户群，分别是高、中、低三类。

用户分层

	高	中	低
平台	A	A	B
额度	A	B	C
利息	B/C	A	C
灵活	B/C	B/C	C
速度	B	B/C	B
流程	B	B/C	A

怎么解释呢？纵轴是用户关注产品的核心变量。横轴是最主要的三类用户。A是指用户对这一个点非常看重，如果没有或做得不好就不会用。B是这点很重要，但不会说没有它，就不会用。C是这一点对用户来说没有特别重要。

如果用户借的钱越多，越高频，他就是属于"高"这一类的。然后有中度的需求、中度的额度是属于"中"这一类的用户。"低"里面是钱借得比较少的人。

所以，对于第一类用户来讲，大家可以理解为大部分人是做生意的。对于这些人来讲，额度为王。他们需要的是更多的钱，并不在乎你的利息是多少，只要能够比用户赚的钱低，那这个利息就可以接受。所以，对很多人来讲，利息这件事情没有你们想的那么重要。当然利息肯定是越低越好，但是它并不是在产品里面最主要的因素。

对于"中"类用户来讲，大部分和我们现在在座的一样。我们可能要借一些钱，让生活变得更好。但是这一类人对于金融产品的挑剔程度可能会最高。所以，你看到这一类用户很多的点对他们都是非常重要的。他们心里非常清楚哪一家公司会提供更好的服务。这一类用户特别难伺候，是一个兵家必争之地。

这类用户又很特殊，他们其实是大部分平台都不会给贷款机会的一些用户。所以对于他们来讲，额度、利息真的不重要。他们可能需要1 000元钱、2 000元钱来周转。例如，刚刚毕业的学生要面临租房，那时候如果不是家里去支持的话，就会变得特别辛苦。而且刚毕业的学生也很难有人给他提供贷款，因为并不知道你的工作是什么样子的，你能否有能力去还款。所以额度、利息对他们来讲真的不重要。重要的需要有一个非常友好的界面，告诉他们借钱很简单，他们需要提供哪些东西就可以得到这些钱等。

所以，你要先了解你的平台用户都是哪些，你是否真的知道你的平台用户能否精确分一个类。你才知道你的设计怎么做，对于他们来讲是最重要、最好的。所以，很多人去做设计的时候，就靠自己的经验主义去做，这事是错的。

经过以上三个部分的积累，你大概就能得设计的核。你也就知道在做设计的时候，需要分三层。

第一层，基础层。安全、透明、准确、专业、合规是做设计最基础的需求。

第二层，增值层。你做了，就比其他的产品更有竞争力。你做了，就比其他在产品设计上更有说服力。这里面包括降维、减法、匹配。

第三层，服务层。要让用户知道契约感，给用户信赖的感觉。在我这里借钱，能得到最安全的保证，能得到最好、最稳定的服务。

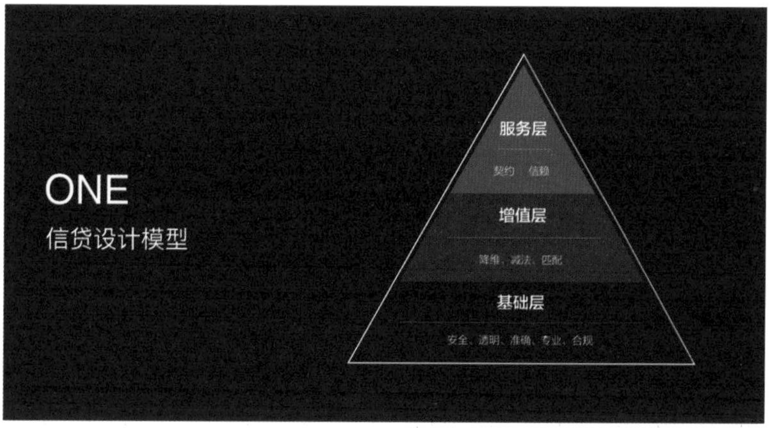

所以这个就是设计的核，团队所有设计师在做产品的时候，都要对核有一个清晰的认知。每个人都知道自己在做什么样的事情，是对你的用户负责，对你的业务负责，这是一个认知核。

当这个核出来之后，你就会知道你要做很多的事情。例如视觉上的，交互上的，这些事情都要围绕这个核去做。

后面有一些简单的案例，包括以前我们做的一些设计。例如我们要做一致性体验的时候，设计本身的迭代都是围绕这个one去做。包括我们整体的视觉语言、层次等，都是围绕着核去做。

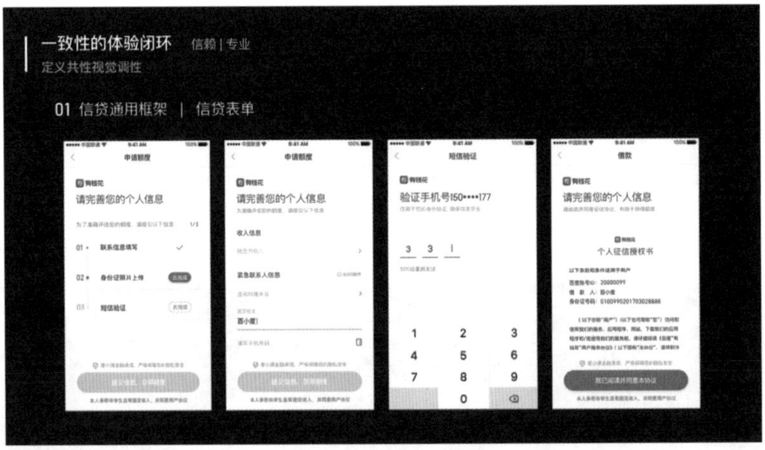

刚才也提到匹配，对于不同的用户来讲，可能你给的设计方案会有一些差异。但是除了在本身的一些设计元素，例如说颜色上面有差异之外，其他还是保持着一个非常高度统一的视觉语言。

包括要做减法。大家都有在银行办手续的时候，给你一个大表单，然后你就填，填完了递上去，再填一个大表单。但是如果这个事情发生在互联网上，你就会觉得这件事情很麻烦。所以，如果你想让别人更快、更好地转化，让用户更容易使用你的产品，就要做很多的减法。

其实最有意思是降维的事，金融这件事情自古以来，不是给每个人使用的。金融自古以来一直是服务于有钱人的，全世界都是一样的。但是现在为什么互联网金融会有一些新的机会？互联网金融大体上叫普惠金融，是告诉每一位用户都有资格去享受金融生活。这才是互联网金融的本质。

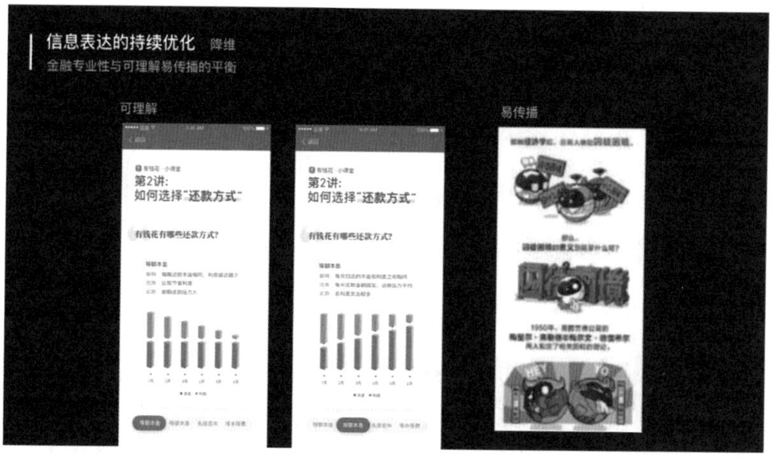

所以，你要想让每一个人都能够去真正理解你的产品，降维这件事就特别重要。这里有一个漫长的路要走，今天我们可能只是走了一小步而已。

金融领域有很多名词用户不理解，你就要用一些图文的方式去给他解释。例如我们现在会做大量的漫画给用户说这个东西是什么。我们要对每一个用户负责，告诉用户所有的东西我们都可以用最简单的方式讲解它是什么意思。在这个基础之上，你自己再去判断用还是不用。

我们也会通过最简单的视觉层次告诉用户哪些点你需要关注、哪些点你其实不关注也行。不想让产品看上去真的特别像一个银行、一个金融类的产品，就想让它看上去接近用户平时的认知。这就是主动降维。

最后我想讲一讲安全感。安全感其实非常重要，我简单整理了一个小的模型。安全感这件事拆分起来很简单，回归到我设计模型上的认知、感知。

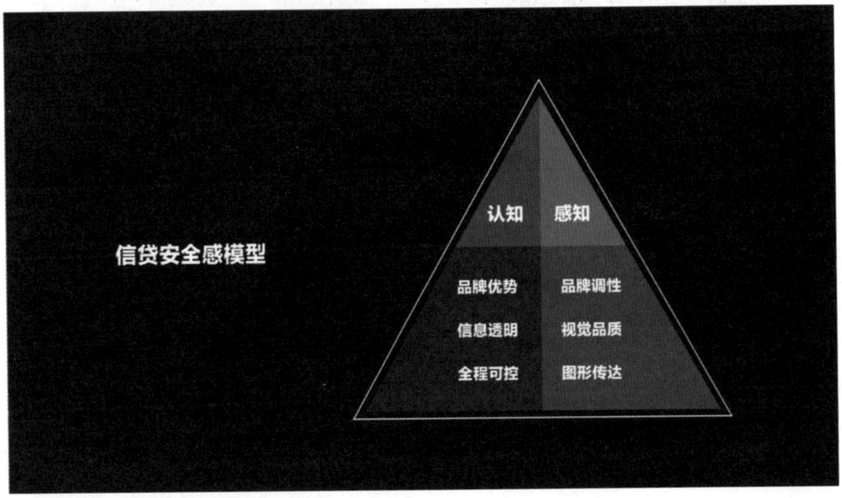

第一是认知。认知上的安全感来自于你来到这个产品平台之后，你心里所顾虑的那些问题都被解决了，这叫认知上的安全。

第二是感知。感知是通过视觉设计的手法来告诉用户很安全。例如当你进入不同的屋子，内部有不同的设计，你心里获得的安全感是不一样的。

对感知来讲很重要的一件事叫品牌，品牌真的会极大提升安全感。因为这个品牌的产品你身边的人都在用，那你就会觉得这件事很安全。那么，你就要通过本身品牌的整体风格来打造产品让品牌不仅仅通过logo而是通过本身的视觉语言融入进去，成为这个产品的核。

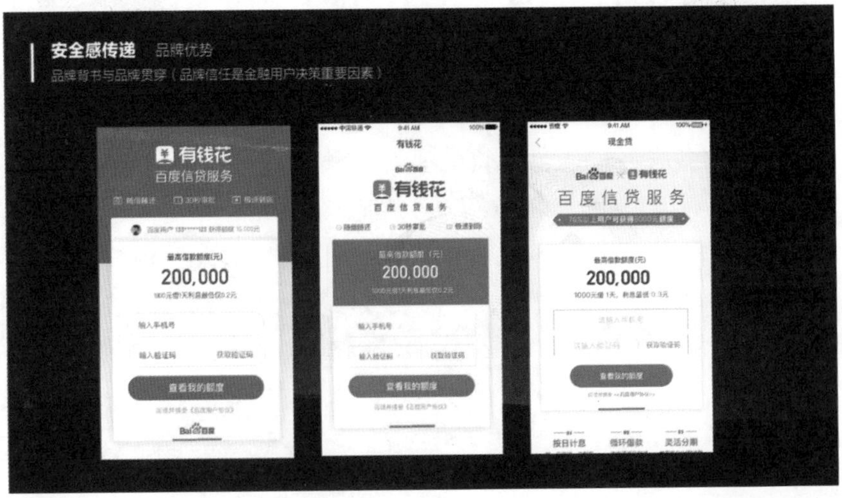

品牌真的是非常重要的一个变量，还有例如说信息掌控感。当用户需要去填一些资料的时候，能否通过一种交互的方式告诉用户需要填哪些，哪些已经完成了，哪些没有完成。因为收取资料是用户心里最忐忑的时候，为什么要手机号，为什么要身份证？你要告诉他收这些有什么用，这里面就涉及要解决用户安全感很重要的一个层面。

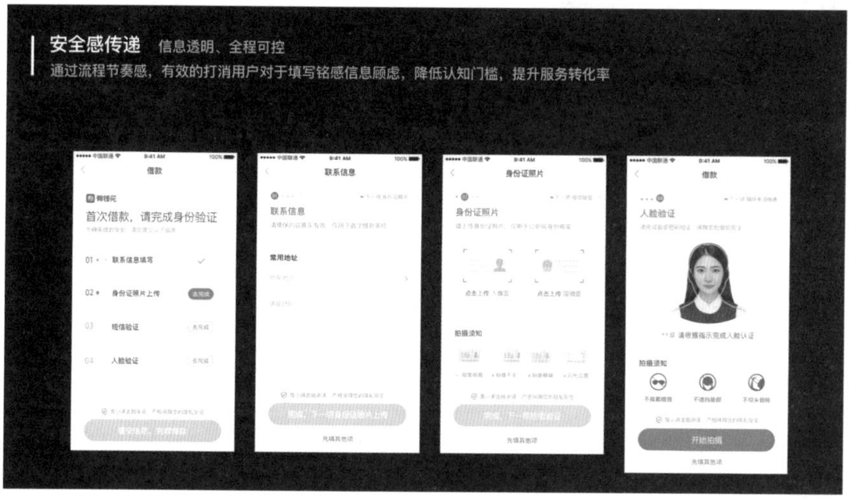

最后，对于落地页很多广告、游戏公司做的时候都会有一些常用的做法，但金融真的不一样，就是你设计的广告感越强，就越容易失败。因为用户会觉得这件事是骗人的。金融产品的落地页更强调信息的透明度，强调信息的客观传达。通过客观的、不夸张的信息传达，解决用户的顾虑和信任感问题。用客观的、简单的表达，把你想说的东西很清楚地展现出来，用一种很有品质感的设计去体现这件事，反而更有助于产品本身的一些转化。

最后我想说的是，其实我今天给大家讲的整套东西是一个方法，这套方法叫“all for one”，all things for one thing。就是在说在你做所有事情的时候，要先想清楚你现在所做的产品业务的那个核是什么，你所有的设计手法围绕的都是这个核。这件事会让你做的设计更聚焦、更统一，让你做出更好的设计。

曲佳

百度金融用户体验中心，负责人

百度金融设计架构师，百度金融用户体验中心（Baidu Finance User Experience Design Center）负责人，原百度地图UX团队负责人，百度首席设计架构师，O2O产品体验设计专家。2010年搭建百度用户研究团队和百度用户体验实验室，2011年起专注于O2O产品的体验设计和研究。2016年加入百度金融服务事业群，组建金融用户体验设计团队。

04 打动人心的互联网保险设计

◎ 商婷婷　张帅　饶瑞

保险是金融领域重要的组成部分，随着公司业务的不断发展，腾讯开始发力保险行业，希望通过互联网改变业内生态，微保在这个背景下诞生了。目前微保拥有保险代理牌照，希望通过腾讯的“大数据、安全、场景”的核心能力，与知名的保险公司深度合作，从用户的角度出发，严选保险产品，通过QQ和微信将产品连接到保险潜在用户。

尽管腾讯拥有强大的社交关系链，有可以触达到亿万用户低成本但又高效的连接方式，但是传统保险公司已经在这一领域深耕多年，有着丰富的产品和经验。而微保作为初创企业，知名度不够高，用户认知度比较低，同时产品还没有形成体系，用户选择度不高，从这个角度来看是无法和知名企业竞争的。

再加上保险又是一个非刚需的产品，用户需求动机没有那么强。当产品也是一个非刚需的产品，也处在从0到1的过程，仅仅依靠好体验其实是不够的。只有在情感层面上得到用户的认同，用户才有可能从潜在用户转变为真正用户，所以微保希望做打动人心的互联网保险产品，从情感层面上得到用户认可。那么，怎么在有限的条件下去做互联网保险设计，打动用户从而为产品买单?

打动人心设计的几个关键点

回顾整个用户体验的历史，可以发现有几个层次。以往人们通过交互设计、视觉设计、用户研究等角色和方法，让产品更符合人机工程，符合用户的心理模型，使产品变得好用。在这个层面还是处于了解用户行为、迎合用户行为。

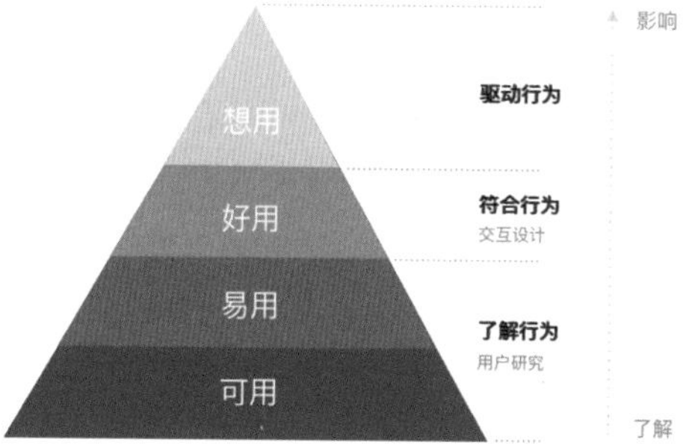

随着用户体验发展到更高阶段，不应该拘泥设计符合行为的产品，而是应该通过设计技巧来影响人们，让用户完成某种行为。这就要求人们了解驱动行为背后的原因，才能够创造可用的设计方案。那么，什么才能驱动用户发生购买保险的行为呢？团队认为主要是靠三个因素：触发点、用户动机、用户成本。

触发点
合适的触发点可以事半功倍
用户动机
动机越强可能性越大
用户成本
成本越低可能性越大

合适的触发点可以事半功倍

触发点可以激活人的某些“需求”“痛点”或“兴趣”。触发点可以分两种，一种是外部触发，它比较简单，就是我们的五官感知。我们直接看到、听到或感受到的那些刺激或提示语都是外部触发，例如非常经典的QQ的“滴滴”声，听到这个声音就知道有新消息了。另外一种是内部触发，它主要是心理上的，在某个场景下，用户的核心痛点会被再次激起。人们常讲的人性弱点、各类情绪以及各种心理学原理属于这种。

《我不是药神》是一部火爆院线的电影，看起来和微保毫无关联性。但是这部电影上映以来微保小程序新用户数据翻番，医疗险、重疾险热卖。这是为什么？

我不是药神
DYING TO SURVIVE
2018.7.6
微医保·医疗险

首先是因为看完电影，让看病贵的问题再度进入人们的视野，影片中反映的现实问题刺痛了很多人的心，唤起了大家内心对健康的需求。大家都害怕因病致贫的可怕后果，所以大大提升了用户对家人的医疗保障的关注。其次是因为那段时间正好投放了院线广告，我们将微保产品和社会热点事件建立了联系。

另外是因为微保作为腾讯旗下的保险平台，依托于拥有10亿活跃用户的微信入口，用户可以非常便捷地通过微信中的保险服务购买微保产品，这让微保客观上成了离用户最近的保险平台。所以看完电影后大家忽然想在微保上买份保险了。

上文说的是社会热点的触点，除此之外还可以设计暗示性的触点。下图是微保航意险的界面，在这个界面上提供了当天的天气情况。设想这里展示的天气是雷暴、大风、台风等极端恶劣的天气时，其实就会暗示用户延误的可能性会比较高，之前免费的赔付不一定能覆盖自己的损失，可能需要升级。如果想做得更深入的话，还可以用一个模块展示该趟航班的历史准点率，帮助用户进行购买决策。除了航意险，还有很多险种可以用到，例如车险。如果今年保费比去年便宜，在今年报价附近某个位置可以对比去年价格，也是给用户一个很好的参考依据。

保险还有比较特殊的触发点，就是潜在风险的影响。例如用户银行账号发生过盗窃事件，用户害怕再次遇到时，会考虑购买账户安全险。微保在四川进行深访的时候遇到了一个用户，他提到自己非常好的朋友在上个月发生了重大车祸，失去了宝贵的生命，当时他就觉得来年需要提高自己车险的保额。前段时间泰国普吉岛发生了很严重的旅游意外，这个事件其实也会提高用户的意识，出行之前给自己买足额的保障。所以，当发现用户有旅行计划，这个时候推送意外险效果转化会比较好。

像这样特定的事件还有很多，根据用户担忧的类型，我们绘制了用户担忧地图，通过这个地图可以看到潜在的风险点。需要强调的是，这个方法触发的目标用户是对于生活中的风险有一定的感知和预防意识，本身属于潜在的保险购买人群，有了触发点之后会促使他们更快地做出购买决定。

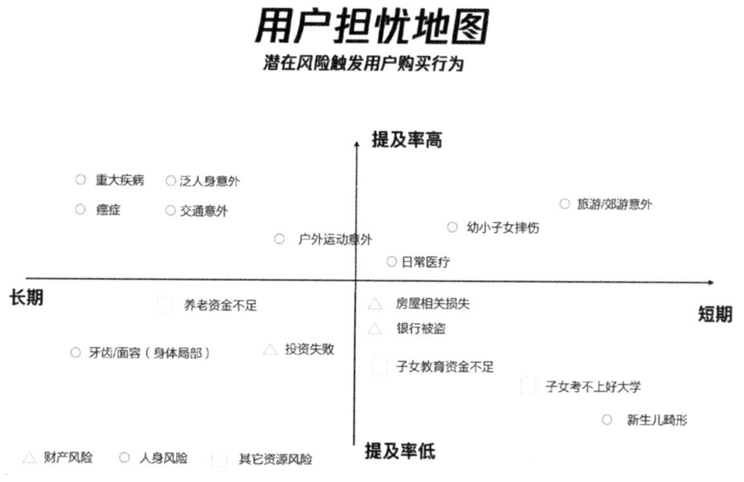

对于设计来说，触发点就是合适的时间帮助用户开启行为。触发点类型还有很多，例如马航失联这种航空意外一来可以普及风险意识，二来是一个非常好的机会能将保险公司的

品牌触达给用户。还有假如我们能了解到用户所处的人生节点，也是很好的一个触发点。例如，用户处在生宝宝的重大人生节点时，推送儿童相关的保险产品成功率会更高。

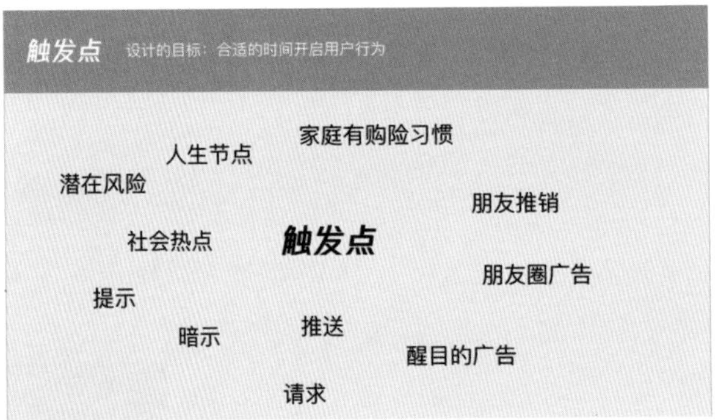

用户动机越强，越可激发用户的热情

驱动用户行为的第二个因素是用户动机。金钱是非常好的一个动机，但是在产品设计中不能一味通过金钱打价格战去激发用户行为，用户除了金钱之外还有很多其他的动机。动机是一个心理学术语，是人类在特定环境下做出特定行为的原因。设计师常说洞察用户需求、挖掘用户痛点，其实就是在寻找用户的动机。

例如，重疾险默认是35元，当用户补充投保人信息后，实际支付价格会根据用户的年龄段变动，有可能会从35元变成365元，这很有可能导致用户因为前后金额差距过大而放弃。但是，如果通过量化并且以标签的方式展示，就可以形象地告知用户一天只要1元钱，通过量化的方式让用户感受到性价比高。

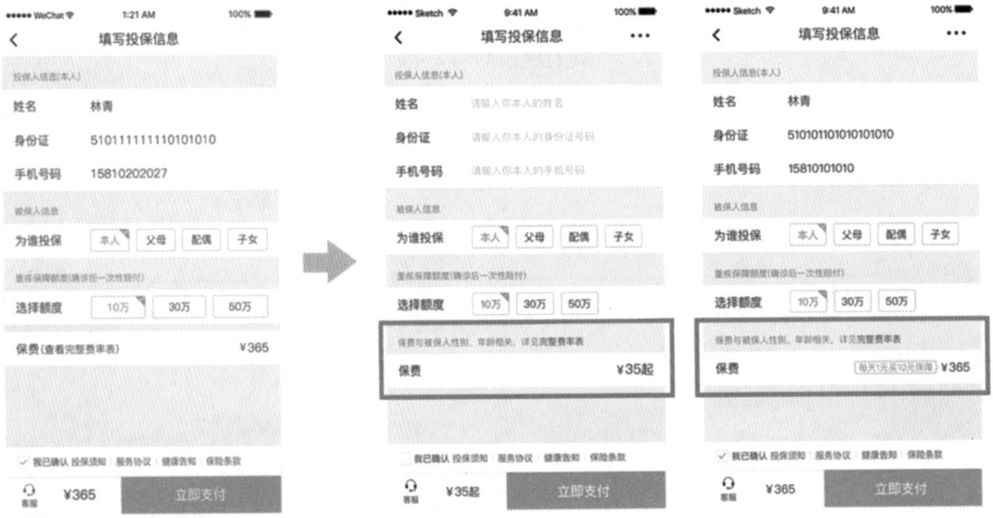

用户的动机还有很多种，主要有三个方向：经济、服务和心理。经济和服务是我们可以

提供的外在动机。为什么现在无现金支付这么发达？就是因为微信支付给用户提供了便利，人们不需要带着钱包就可以完成各种支付行为。在心理层面，在满足了基本生活需要之后，大家都在追求有价值、有意义的人生，渴望通过别人的喜爱或承认来获得社会认可，例如朋友圈的点赞越多，你越会觉得被人认可。

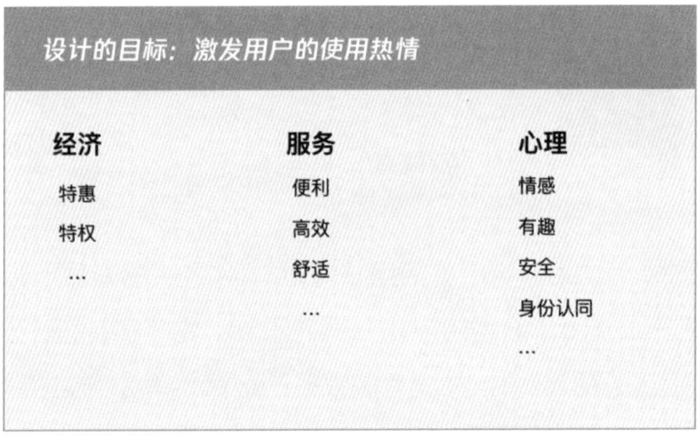

设计的目标：激发用户的使用热情
经济
特惠
特权
…
服务
便利
高效
舒适
…
心理
情感
有趣
安全
身份认同
…

用户成本降低可以促成行为发生

还有一个驱动用户的影响因素，就是用户成本。用户为了达到任务需要消耗一定成本，任务越简单需要的成本就越小。如图所示，在某竞品的线上车险流程中，很多的流程都是在做身份验证和车辆信息匹配，要填写的内容实在是太多了，到支付环节至少要11步。对比线下的购买流程，不管你是在4S店还是通过电话销售，流程都是比较简单的。线上流程的复杂给用户设置了门槛，使得用户需要花费更多的时间。这里用户付出的时间其实就是用户成本。

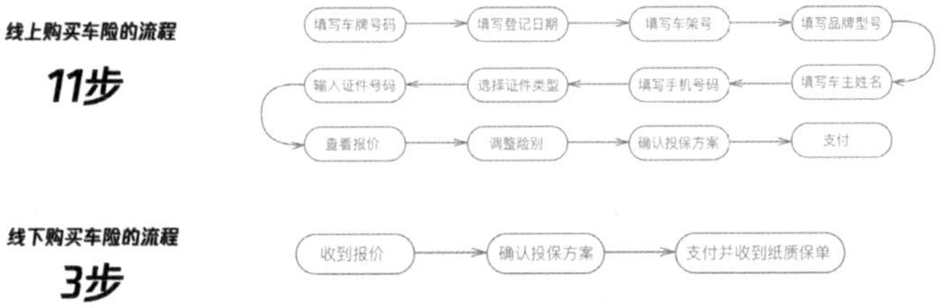

当用户被动机吸引进入车险页面，就需要输入一系列的身份信息让后台进行身份判断，较高的操作门槛影响到用户是否有意愿进行接下来的操作。比较困扰团队的是，这个线上身份验证过程无法规避，只有通过身份验证后，保险公司才可以提供准确的报价。目前友商基本上都是需要输入大量的用户信息和比较复杂的车辆信息，例如车架号去匹配身份和车辆。所以此处用户需要花费的时间和人力成本比较大，严重影响到购买转化。

所以团队成员一致都认为在这里一定要尽可能地降低用户的能力门槛，利用一切可能利用的技术如微信本身的身份验证体系进行验证，然后再用验证得到的身份信息和保险公司留存的脱落用户、续保用户的大数据进行身份匹配，减少用户的时间和人力成本。同时微信账户体系的运营也能增强用使用的安全感。

当用户通过验证后，微保车险希望给用户呈现一目了然的方案，所以将车辆信息、方案信息以及报价信息进行整合，满足用户在一屏内看到。由于微保面对的是已经购买过车险的用户，所以在险别信息展示设计上并没有做太多的包装，而是通过将方案页与报价进行结合，让用户更加直观、方便地进行价格对比。通过这一系列的设计方法和手段，帮助用户降低使用成本，从而提高漏斗转化率。

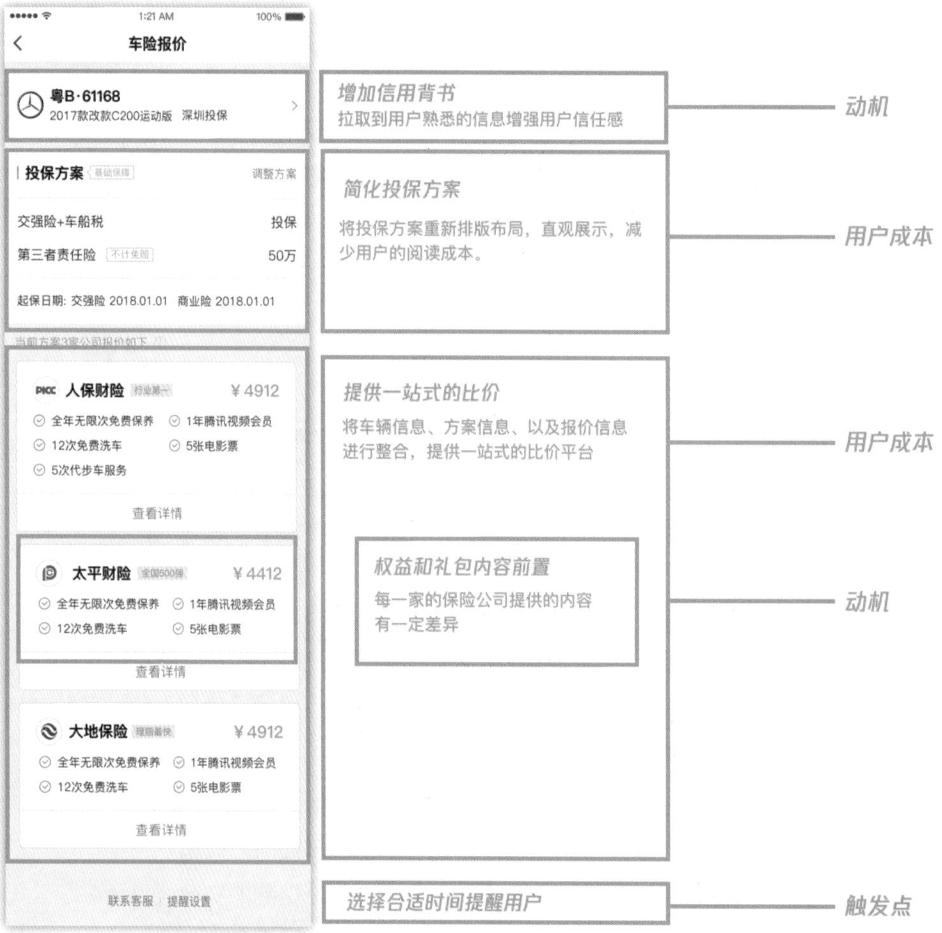

用户的成本会和他们的知识储备、技能储备、社会认知、行为习惯有关系。所以在项目开始前，团队就需要了解目标用户属于什么层次，使用门槛在哪里，尽可能减少他们的使用成本。

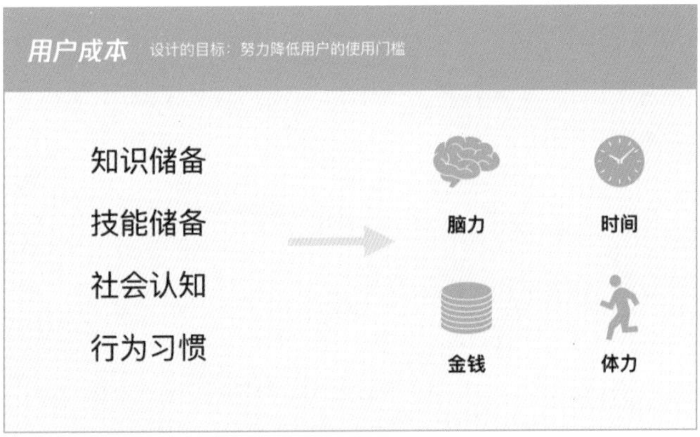

总结一下，触发点、用户动机、用户成本这三者不是独立的，而是联动的关系。下图很好地表现了这三者的关系，越靠近五角星位置的用户行为越容易驱动。

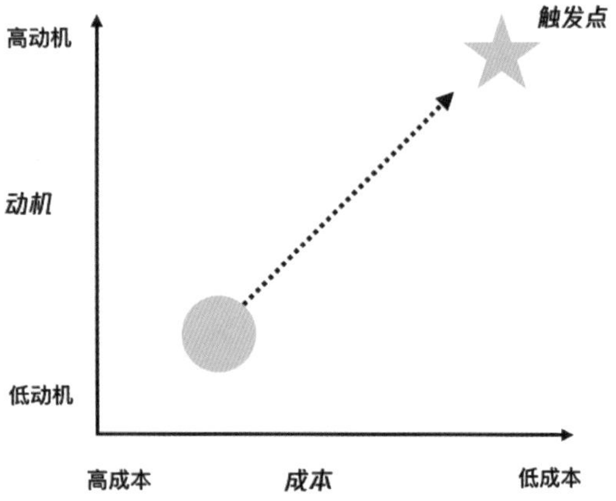

当用户动机很高的时候，你可以让用户完成困难的事情；当动机消退的时候，人们只能做简单的事情；当用户成本非常低时，合适的触发点也可能引发行为；三者同时作用时，用户行为发生的可能性最大。用户行为没有发生的时候，这三个元素至少有一个缺失。

结语

虽然“互联网+”是现在的趋势，但是线下的保险目前还是有很大的优势。线下面对面的沟通更容易建立彼此之间的信任，通过这种信任关系也容易促成保险的购买。而线上因为缺少人的连接，很难产生情感上的交流，形成一定的忠诚度。并且保险的专业壁垒很高，对普通用户的线上解读能力有较高的要求，而这个困难在线下比较容易解决。

尽管传统的保险已经开始互联化，但是如何改变用户已有的线下购买保险习惯，是互联网保险面临的困难。作为初创保险公司，除了产品内在的保险逻辑创新之外，为了吸引用户还需要从触发点、用户动机、用户成本因素考虑，结合自身特色和优势，深挖驱动用户行为的内在因素，才能在激烈的竞争中获得一席之地。因此，未来需要深刻地了解用户、抓住用户核心诉求，才有可能创造出打动人心的互联网保险产品。

商婷婷

腾讯CDC，高级交互设计师

2011年华东理工大学研究生毕业进入腾讯CDC用户研究与体验设计部，经过7年多的洗礼，成长为CDC高级交互设计师。目前主导互联网金融相关的设计项目，包括微众银行和微保。在腾讯六年多的时间里，参与了很多项目的设计，包括QQ、WebQQ、Q+、RTX等。To B和To C的产品设计经验丰富。

张帅

腾讯CDC，高级视觉设计师

工作7年多时间，主要负责过互联网金融、互联网公益等领域的设计。从微众银行到微保再到腾讯公益，完成从0到1的用户体验设计。在这过程中工作涉及品牌、界面、运营等产品不同维度的设计。

饶瑞

腾讯CDC，设计中心总监

毕业于华东理工大学工业设计硕士专业。2011年加入腾讯，设计过QQ、Q+、CNTV、腾讯官网、WE大会、WeBank等多款中国互联网成功产品。其中，他从0到1主导过多个金融产品的体验设计工作。在体验设计领域，拥有多年实践经验，掌握较为成熟的设计方法。他希望通过自己对互联网金融以及保险行业的了解，将相关的设计沉淀和经验分享出来，让更多设计师在做互联网金融以及保险体验设计之时有依可循。

05 品牌空间数字化在新零售服务设计流程中的整合实践

◎ 刘醒骅

早期对于体验设计，我们更多是从数字化、在线服务的角度来理解的。现在我们有更多的客户会谈到需要有一个全新的服务或者体验的规划，但是这个东西不只是发生在线上，它更多也发生在了线下空间，甚至是品牌认知理念及整个商业的模式。所以我们在想，这些东西应该怎么把它整合起来，变成我们自己的服务模式和设计流程。

在看新零售之前，我去维基搜了一下，发现零售其实更多的是把东西拆分下来卖给消费者。所以问题就在于“新”是什么？阿里提出来这个概念，很好地概括了我们想做的零售服务创新的领域。

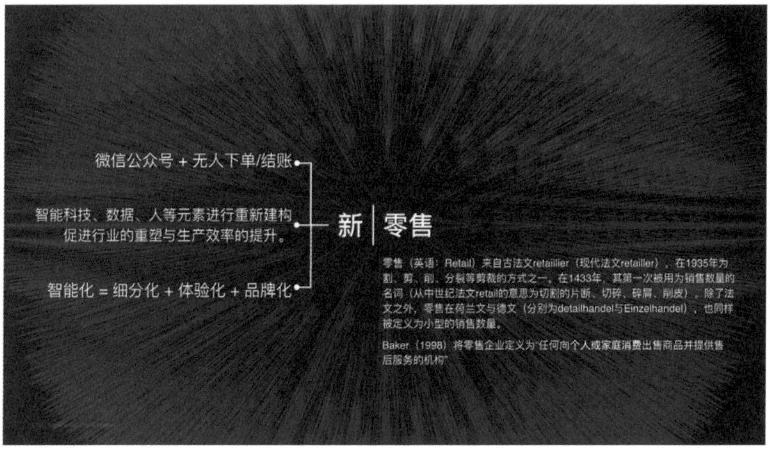

我查了一下到底什么是“新”。知乎上有人提到，它是智能科技、数据、人等元素对于所谓人、货、场的重构。我的一些朋友自己也在经营一些生意、事业，他们跟我说，新零售很简单，不就是微信公众号+无人下单、结账，这个事儿有多困难？这是市场的一个理解。我还有一位设计总监朋友提出，所谓新零售是智能、细分、体验、品牌，智能=细分+体验+品牌。

我对于最后的表述非常感兴趣，因为他提到了体验和品牌。因为在零售行业的大会里面，大家都在讲零售行业应该怎么来拥抱新零售的浪潮，所有的厂商、品牌、供应商都在谈，其中一个很重要的环节是体验，新零售给消费者的体验必然是创新的、好的，或者是旧零售所不具备的。

但是我留意到一个现象，在为期3天的大会里面，没有一个供应商或者品牌零售商说新零售应该有什么样的体验，或者说以新零售的业态应该怎么来构建它的体验、方法论和流程。所以这个问题就变成了在新零售的语境下面，它应该有什么样的体验？这个问题我自己是怎么思考的呢？

例如说图片左边是在新零售连锁行业大会看到的一种模式，一个无人售货的小超市。你进去之前要刷一下微信，进去之后可以随便拿自己想要的物品，全程也没有人干预你。当然这是个测试版，我们在现场体验的时候或多或少都会有一些问题，但是它指出了这样的方向，我认为是一个非常有代表意义的趋势。

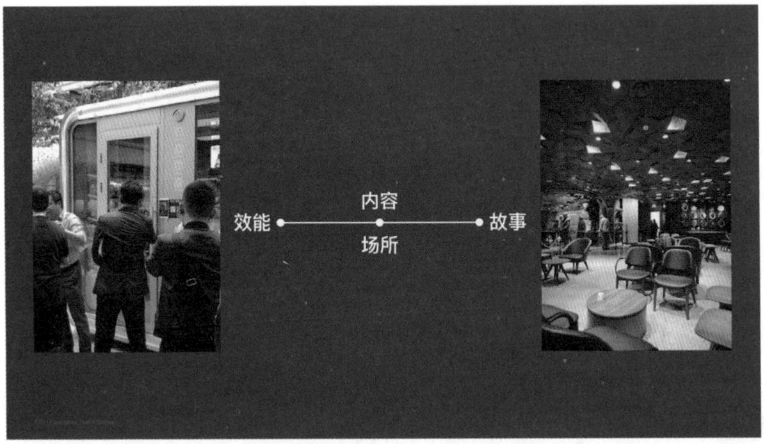

但我回头跟同事聊的时候，他们觉得这种东西不能够完全代表新零售的模式或者业态。他们给我举了另外一个例子，说或许新零售还有另外一种模式。他们非常喜欢去星巴克，其中有非常富丽堂皇的装修和非常创新的产品体验。

这2个案例，有点像是两个不同的极端。左边的无人小超市非常注重效能，希望通过数据、无人销售的模式把人工成本无限下压。另外一种走向另外一个极端，它是一个终极的网红店，我们现在很多网红店也是这样的，强调线下体验。其实消费者去体验的到底是什么？他们不是去体验所谓的消费流程，而是去体验一个故事。

所以从这个角度来说，我们在重新思考作为设计师或者设计的咨询方，我们提供的服务如何重新满足新零售的需求？我们把设计能力重新归纳成所谓的品牌、空间、数字化三种能力。

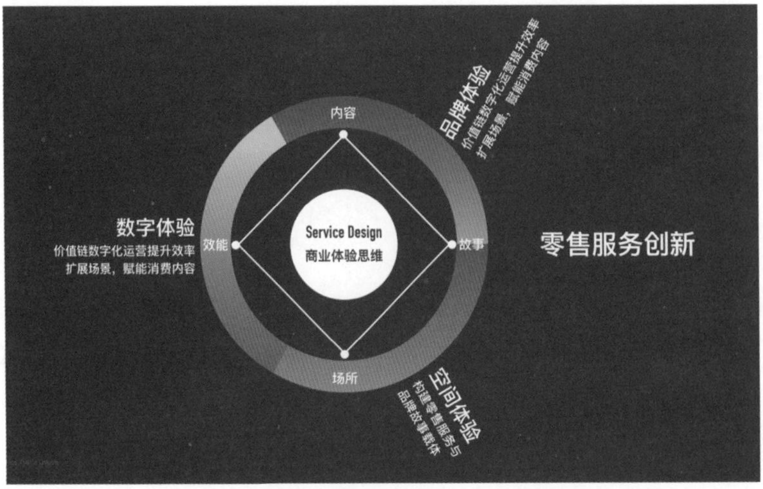

所谓品牌，其实是要从情感的角度出发，重新让消费者来理解它所接收到的那一套产品和服务，所以品牌帮我们解决的是客户这方面的需求。空间体验是非常直观的，那就是构建新零售的服务与品牌故事的载体。而所谓的数字化体验，是指通过数字化触点来提升整体的体验。但其实更重要的，是怎么利用数字化的手段（包括数据运营的能力、对于用户理解和建模的能力），赋能到整个消费内容的角度来进行所谓的数字化。

接下来我会分享两个案例，看一下我们自己公司的设计师是怎样处理类似项目，以及他们会遇到一些怎样的问题。

第一个案例是对公银行线上线下服务体系的构建。因为项目最终还没有完成，我只能拿一小部分跟大家分享。这个项目非常有趣又具有挑战性，虽然我们在处理零售银行方面有一些经验，但是对公的银行业务完全是不同的世界，他们拓展业务的方式还是很传统。举个例子，他们还是要银行客户经理去到这些大客户的公司里面，对他们做一些银行系统的说明，来争取这样的客户。

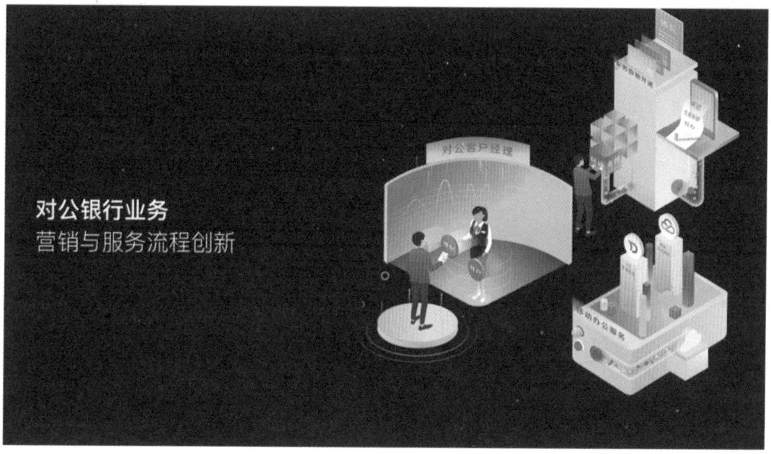

我们的客户想的是，能不能把这样的一个流程转移到银行自有的空间里面来进行，提升他们销售的可能性。我们觉得这家银行是非常大胆的，因为业内没有对公的银行想象过要这样来销售他们的系统。

我们遇到了什么挑战呢？

第一，它的需求非常模糊，因为客户只知道自己有这么一个初步的想法，但具体是什么，作为我们第三方的设计公司，尤其是以规划这个东西的角度来看，其实它是非常模糊的。

第二，它涉及非常多的利益相关方，如总行提出来的需求不同的分行要去实施，而且在那一个所谓的体验空间里面，会涉及非常多的场景，有非常多的人会同时出现在这个场景里面，用户是谁会变成非常重要的问题。

但更大的挑战是，它是开业内之先河，没有一个参考的模式。没有借鉴的东西怎么办？所谓的借鉴，并不是抄袭。但是大家回想一下，我们去做用户体验设计的时候，最基本的原则或者原理是什么？你去观察一个目标用户在特定场景里面的行为，由此发现他会有什么样的痛点，再去改进你的服务和产品。

然而，如果这一套服务完全是重新来的，你没有一个语境能够让你进行观察时，你如何去发现这个项目的设计流程该解决什么样的问题？

所以我们怎么来做这样的设计呢？跟很多设计公司、咨询公司一样，我们也是先开始做一些跨行业的调研。最终我们去到不同的要实施这套服务的场地里面进行用户旅程地图调查。

这个是我们在某分行做的一个现场工作坊，在这个工作坊里面，我们的客户，这些最终要提供服务的人，开始慢慢去思考他们未来提供服务的时候应该要有一个怎样的流程，应该要有哪些触点，他们开始慢慢有了这样的观点和认知。

但问题就像我刚才说的那样，这个东西的边界还是非常模糊的。包括我的客户也不太确定这些所谓的亮点、服务要点如何能够被感知，放在一个具体的物理空间的时候，应该怎么来做会更加合理，像这样的问题是没办法回答的。

所以最终我们通过用纸箱、贴纸的方式把这个要提供线上、线下服务的空间复制了出来。

之后，我们邀请客户按照特定服务人员的角色来做角色扮演，他的任务是要在我们构建出来的这一个快速纸样原型上，复制他做的那套服务流程。做完之后，他们有了一个更实在的认知，因为这些都是未来要提供服务的人，他们知道这个空间、流程还有一些数字化触点，到底有什么问题，银行的同事能够切身感受到。同时我们会鼓励他们动手把这个空间的纸样原型按照更合理的方式呈现出来。

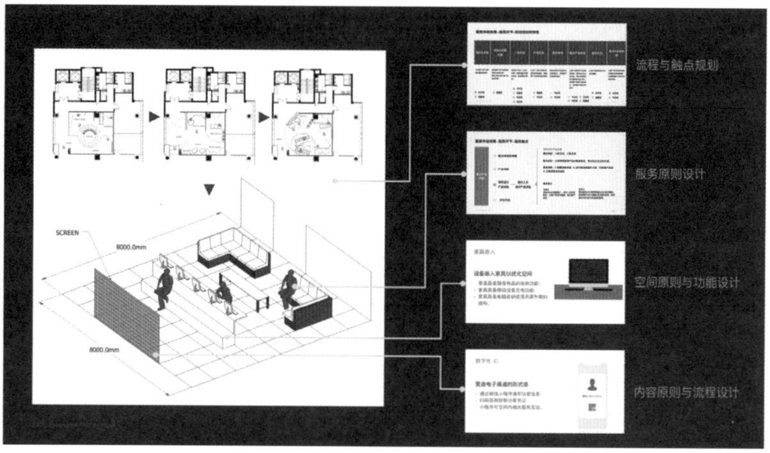

我们的设计师会把这些慢慢地归纳成对应的数字体验设计原则，例如说流程和触点的规划、每个触点上面服务流程的详细规划，包括从服务的角度来看的空间原则和功能设计，以及最后的内容和数字化触点的规划到底有什么。

第二个案例是嘉华鲜花饼，它是一个传统的老饼店，他们现在面临的问题是怎么样在新零售浪潮中对抗那些所谓的网红店，在旅游景区来革新他们的销售空间。

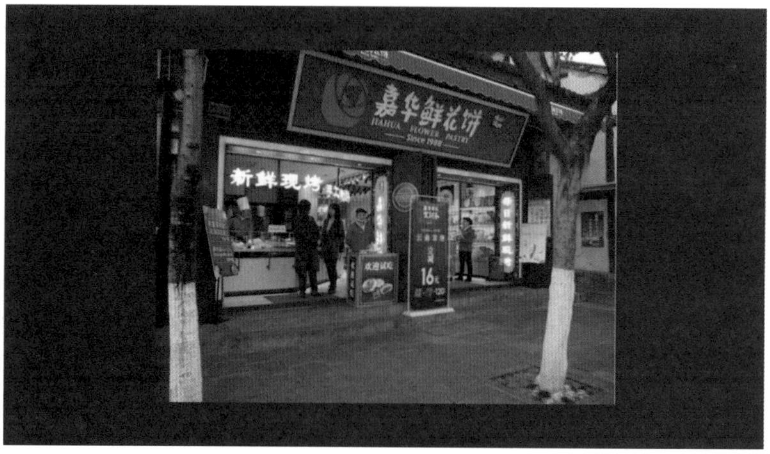

这个项目会好一点，因为我们有观察的对象。我们从一个服务的过程中找到用户的痛点，以此来规划一些新的功能，并渗透到一个新的店面规划里面。包括对于整个动线流程的重新设计，也是我们的用户体验团队跟建筑师团队共同讨论的结果。

我们在外观设计上会开始考虑到一些所谓的网络传播点，希望那些网红过来拍个照，然后发到朋友圈上面。其实有更多所谓的传统的零售行业里面的巨头，对于所谓互联网的传播还是很陌生。所以大家要理解一下，如果说以后你有机会接触到的不是所谓互联网服务的客户，可能他们的观点还是停留在所谓新零售就是微信、朋友圈里面有一个优惠券的层面，这是非常原始的状态。

新零售这个东西实在太新了，但是更重要的是我们如何来理解这个事情。

第一个问题，要思考在所谓的数字化浪潮上面，到底什么是新零售，或者线下的物理空间应该承载什么样的功能，才能够满足以后的需求。它如果只是个货架的话，的确很多事情App就可以解决了，但如果还需要100～200平方米的空间，它应该承载什么样的功能，这是留给大家思考的第一个问题。

第二个问题，作为用户体验设计师，我们该把自己放在一个什么样的位置。因为用户体验这个词也特别大，我们在项目实践中，有点把自己变成一个前期大项目经理的角色。在这个过程中需要更多人包括建筑师、品牌设计师来理解我们服务设计的流程。所以体验设计的方法论应该怎么跟其他专业做一个融合，这是我自己在实践过程中觉得值得来思考的问题。

第三个问题，在线下的零售空间，用户的关系跟我们在设计一个App和网站时很不一样。每一个App的单独页面可能都是一个单独的场景，你可以把这个场景用户的单一性最大化，得到一个很好的场景设计。但是涉及一个物理空间的时候，它就有所谓的用户复杂程度，同一时间承载的场景重叠程度就会更多，包括你如何把这些场景进行数字化管理，也会变得更复杂。

像这样的一些问题，我觉得会是新零售这个领域以后要变成更体系化设计流程的时候，需要解决的痛点。

刘醒骅

ETU DESIGN，

设计合伙人兼设计总监

香港理工大学交互设计硕士，对移动互联网的设计具有独特的见解，对行业的观察和看法具有前瞻性和敏锐性，能够充分觉察行业趋势并付诸设计执行。重视视觉、交互、洞察、互动、营销设计的多能力结合，以及钻研与设计策略的实现。企业项目经验9年以上，包括招商银行摩羯智投体验设计、国泰君安App体验改版设计、嘉华集团零售空间品牌设计、美的集团消费者研究机制流程设计、顺丰快递电子渠道设计、中国移动手机支付等。

06 新零售下京东生鲜的场景化设计与品牌升级

◎ 许鸣

我今天主要讲的是一些线上设计的解决方案，包括在京东生鲜平台搭建下怎么做一些场景化的设计，以及场景化设计怎么给京东生鲜品牌带来一些升级。先介绍一下我的团队，我来自于京东商城用户体验设计部，京东生鲜是由我们部门和京东生鲜独立的设计团队，共同进行设计维护的，两个团队负责了京东生鲜所有线上平台的设计和所有的整合营销。

行业背景

先分享一下整个零售电商、生鲜电商的行业背景。可以看到在最近几年，我们身边有越来越多O2O生鲜类的产品，小到鲜果先生、每日优鲜，大到阿里的盒马鲜生以及我们的京东生鲜。

近几年在生鲜零售的终端上，电商的渠道占比越来越多，处于逐步上升的过程。生鲜电商销售额从2012年的40.5亿元，到现在已经到1 000多亿元，这个销售的额度一直在持续攀升。生鲜电商的发展也经历了萌芽期、探索期、成长期以及成熟发展期这么一个过程。

可以看到在整个成长期里，有很多巨头例如BAT的企业进行了布局，京东生鲜也是在这时候进行了一个布局。

在这些年生鲜零售用户调查里，大家发现其实在用户满意度里他们最关注的是食品安全，还关注价格以及物流配送。我们也看到整个线上的体验设计也有不少的人关注，因为他们希望在买到一些安全的食品以外，也在意怎么在一个流畅的线上环境进行购买。

* 数据来自艾瑞咨询《中国生鲜电商行业消费洞察报

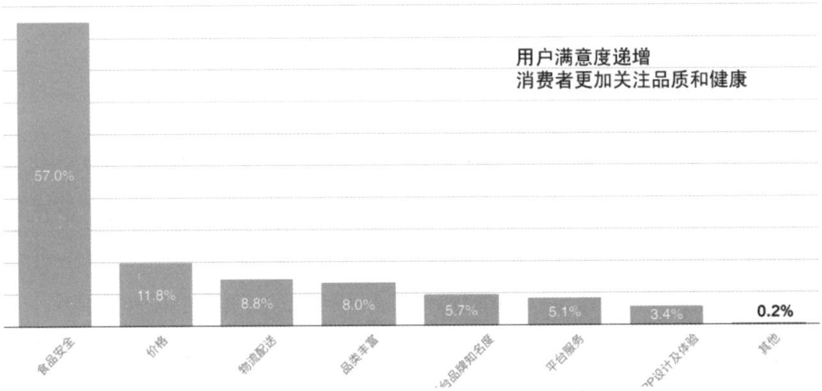

在这样一个大的背景下，2016年京东生鲜从之前超市下面的一个频道，提升为一级的商城事业部，从那时候开始对生鲜这个行业进行了布局。从成立到现在京东生鲜已经快速丰富了很多品类，在整个京东生鲜发展历程里，用户体验设计有不可或缺的作用。下面讲一下在用户体验设计上，我们怎么帮助京东生鲜做一些提升。

用户调研

首先我们对整个生鲜前期的用户进行了一个分析，做了一些用户调研。用户调研的结果发现，早期的用户来自于北、上、广、深这些主要城市，女性用户购买频次会比较高，而且她们会喜欢购买一些瓜果蔬菜类的产品。男性用户的购买频次不是很高，但他们会买很多客单价比较高的商品。

因此我们最后得出一个初步的结论，在京东生鲜目标消费人群定位在26～35岁高学历、高收入的白领，因为他们的生活节奏快，购买能力也比较强，也喜欢一些比较高品质的东西。

京东生鲜
用户消费行为分析

同时我们对他们的一些消费行为进行了分析，我们会提取出来一些关键词，例如有人喜欢高品质的单品，他会觉得品质很重要；有的人会觉得零售类、食品类的商品的图片一定要诱人、要有食欲，同时价格也不要太高。

京东生鲜用户消费行为分析

行为	价格	便利	丰富	品质	口碑
策略	凸显价格优势 更多玩法	套餐购买 凸显服务	一站式购物 场景化运营	产地直销 烹饪指导	网络口碑 Social推广
落地	秒杀 试吃 水果日历	京东物流 冷链配送	优选100 24节气 美食地图	东家菜	618 火锅节 烧烤季

把这些关键词提取出来以后，我们会把用户的行为转化为一些线上的策略，通过这些策略落地到我们的场景。例如当那需要低价产品的时候我们会有秒杀、免费试吃这样场景化的栏目；当用户希望有一些丰富的一站式体验的时候，我们会有优选100、二十四节气、美食地图这样场景化的栏目来进行导购，最终把他们引入到商品实际购买页面去。

定位方向

有了用户定位以及行为分析以后，我们会给京东生鲜做一个品牌的定位。首先我们会跟业务运营进行讨论，确保生鲜频道差异化的同时保证整个页面的品质 。

这是我们最后提取出来的京东生鲜的设计关键词。“新”就是指我们是一个全新的线上平台，会有一些新的玩法；“鲜”指的是我们运营团队、采销团队提供的商品；“品质感”主要是指我们在整体视觉设计风格上会走一个高品质的路线；最后是“场景化”，我们会打造一些场景化的栏目，塑造一些IP，让用户在整个生鲜频道逛起来。

执行方案

接下来是我们的一些具体线上执行方案。可以看到第一期的线上平台中，我们会把整个页面分为一些区域，首先有一些频道形象和活动的集合入口，其次是单品楼层。单品楼层里会分一些像刚才提到的用户行为里用户期望看到的低价商品，以及刺激他们冲动购买的区域。下面还有活动专区、传统电商频道的品类楼层以及特色楼层。

前期移动端App交互的稿件其实跟PC楼层整个场景化几乎一样，我们还是从运营维度上给整个页面做一个区分，让用户能够从上到下有一个完整浏览的动线。在生鲜频道下会有一些场景化的栏目，如试吃、美食地图，也就是说每当有一些应季水果、蔬菜或者生鲜类产品上市的时候，会做新品试吃的场景页面。

这就是我们第一期京东生鲜线上的视觉稿，其实可以看出整体的设计风格也跟传统的电商频道有一些不一样，例如我们会用很大的banner图，用一些很精美的商品拍摄图。包括我们在前期的时候，对于商品的拍摄在设计、打光、拍摄的角度等都会有严格的要求，通过一些精美的图片、标签和文案吸引用户购买。

这是一些特色楼层，第一期的设计中因为整体的用户是比较年轻的，所以会用比较明亮的颜色以及高保真的一些商品图片来打造整个频道的氛围。

这是第一期京东生鲜移动端的设计，可以看到我们在移动端更强化入口。右边是“遍寻天下鲜”，这是我们包装的文案，其实就是一个美食地图，我们把全世界、全国分了很多区域，用这些区域引导用户去购买当地的一些特色食物。左边的优选100是我们运营团队竞选出100个商品，由设计部进行拍摄以及整体的页面策划、品牌策划和上价。中间是我们新品上市的试吃，我们会邀请一些用户进行试吃，进行一些资讯的分享，通过用户的分享再进行下一轮购买。这都是我们一些场景化的设计。

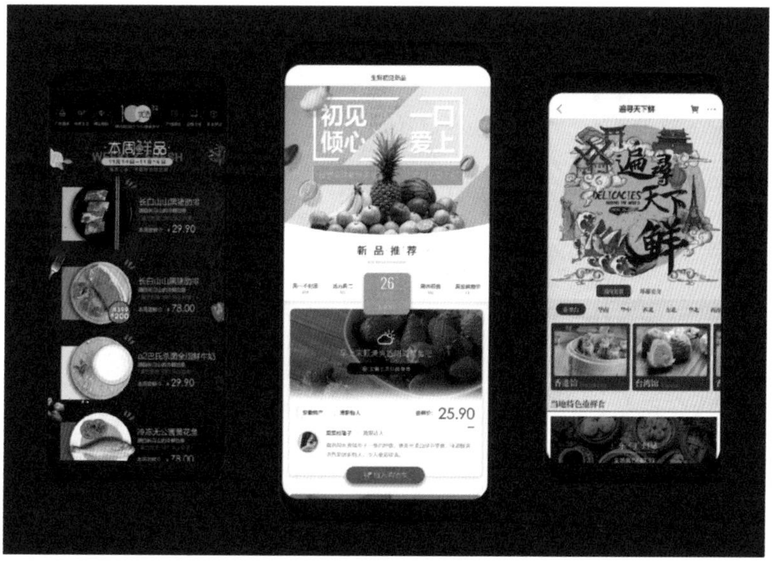

第一期生鲜频道中我们会做一些营销活动，整个页面让用户看起来会有流口水的感觉，这是我们第一期一些营销的设计。整个第一期上线以后，设计跟运营碰撞的思路，包括我们之前看到的整个楼层的规划，其实是有一些数据正向的验证。

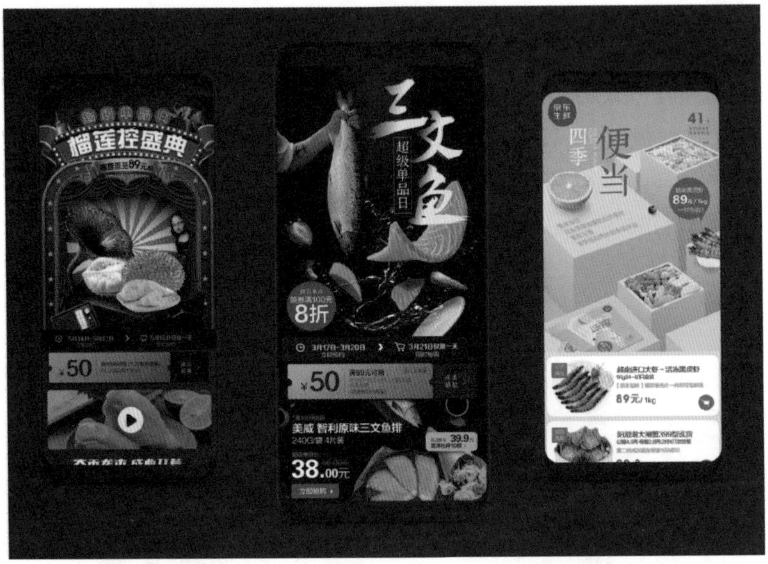

迭代升级

第一版上线大概一年以后，我们发现用户群体由之前高收入26岁的人群，逐渐提升到一些有家庭、有小孩的中年人士，他们可能更希望京东生鲜品牌更沉稳一些，希望整个页面的品质更高。

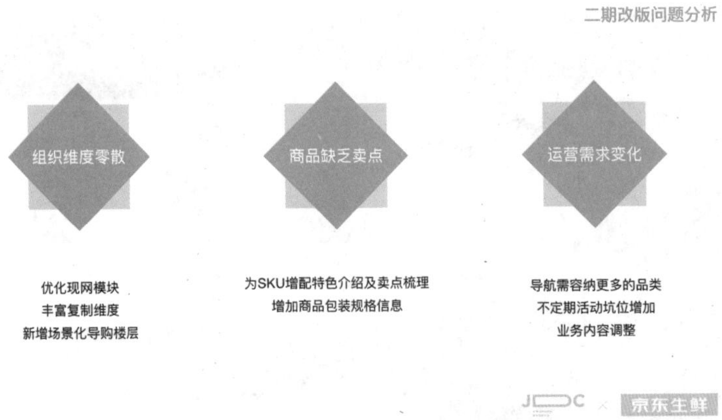

所以，我们进行了二次的迭代升级。我们总结了一些问题，例如在一期页面上，整个页面商品的组织维度还是稍显零散，商品还是缺乏一些卖点。例如卖苹果只有一个苹果的价格，但其实可以有一些文案包装上的工作。所以在二期我们整个结构的规划上，我们首先会有一个氛围的营造，其实有低价引流，还有京东生鲜我们自己的特色频道。再其次是让用户在楼层里逛起来，以及增加我们整个平台的可信度。

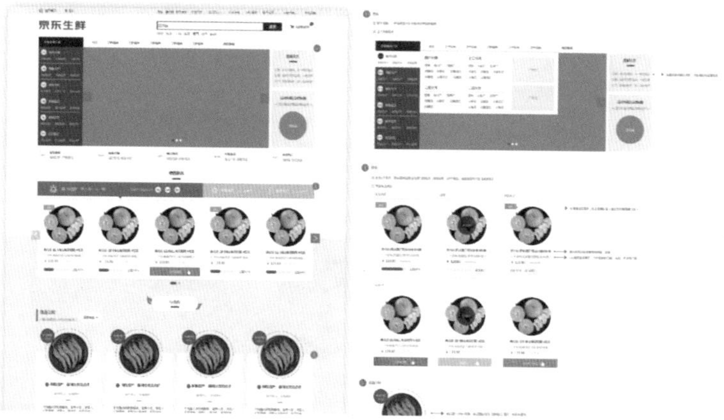

这是我们二期迭代的稿子，从一期很单一的横向导航品类，回归到传统的竖向。因为到二期我们改版的时候，京东生鲜的品类已经丰富了很多，商品也增加了很多，所以我们增加了一些关于商品的描述，如产地或者口感怎么样，会有这样的一些文案指引。

这是二期的视觉稿。可以看到整体色调上跟一期比，我们减少了很多颜色，色调没有那么花。我们会增加一些高品质的商品氛围图，让整个页面看起来氛围感更足。

氛围营造

热闹的活动+头条新闻，迎合目标用户营造氛围

在低价引流区域，大家可以看到在秒杀区域我们增加了一些文案包装，这样让用户做一些判断，知道这个东西是好还是不好。

低价引流

折扣价格+商品口感产地介绍，低价好物

这是我们楼层页面，可以看到整体页面的用色和设计风格跟一期比都有一个品质感的提升，最后特色频道也会有和用户互动的信息在里面。

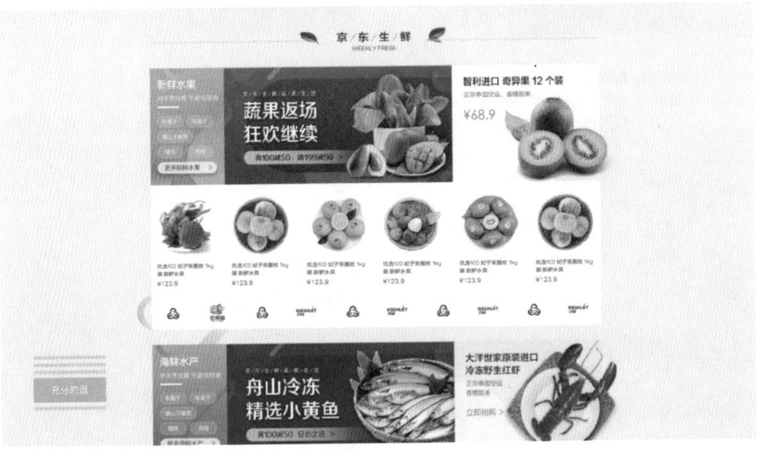

这是我们二期的移动端，可以看到整体也是往高品质的方向发展。二期的时候，我们跟运营联合推广了一个二十四节气的活动。我们把每个月的节气提出来，例如立春应该吃什么，小暑应该吃什么，立秋应该吃什么。

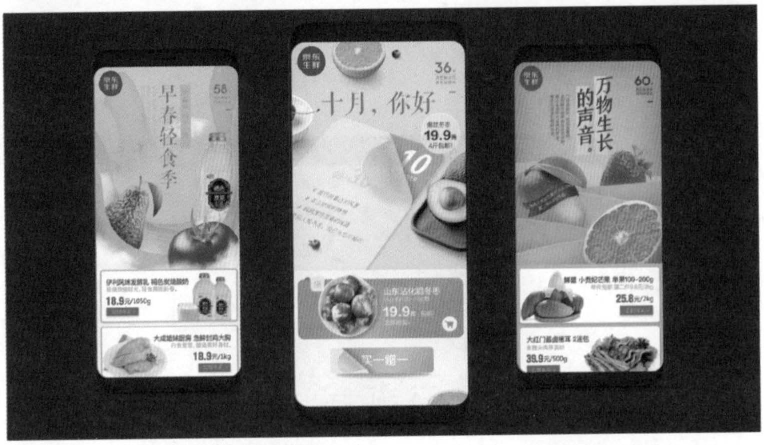

在二期我们还会做很多H5的营销，这样可以给京东生鲜做一些社交上的传播。这是今年烧烤季跟街舞的节目合作做的一个营销H5。

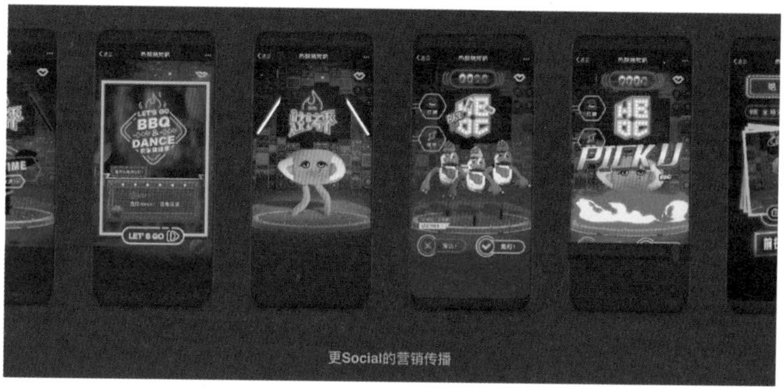

此外我们还加入了京东的超级单品日，超级单品日是京东对于所有商品单品的一个集中曝光营销方式。以前在超级单品日上有3C类商品、母婴类商品、家电类商品，其实生鲜类的商品加入以后，我们整个设计的品质会提高。可以看到，每一个单品可以根据它的特色进行整体的风格设计。

所以，在整个京东生鲜场景化设计上，我们最后形成了两端平台为基础，用一系列特色频道去引流。再加上我们全年会有一些活动大促，组成一个矩阵式的布局，给生鲜整体营销进行一个引导。

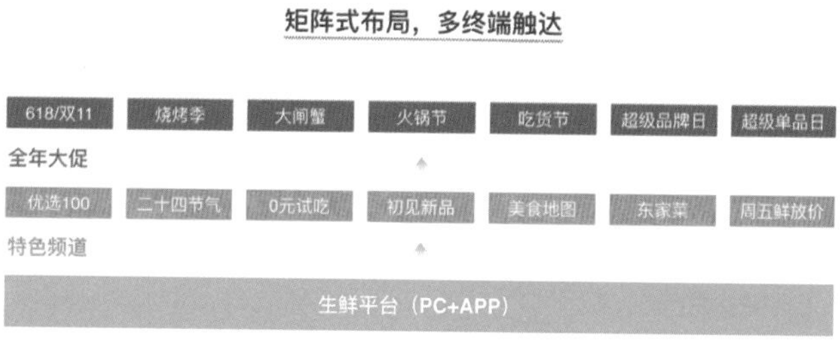

设计价值及思考

首先，设计师在我们整个生鲜业务中具有很大价值。可以看到我们跟业务方、需求方合作的模式，不是一个单一的供需关系，不是你给我提需求我来做这个事，而是一开始我们就有用研、交互设计师介入到整个项目初期的筹备里，我们跟他们一起商讨整体运营的思路和的维度。在整个生鲜运营当中，我们也给他们提供了很多创意和玩法，最终推动整个品牌的升级。

在这个里面业务方给了我们很大信任，对于他们给我们的信任，我们最后会把它转化成价值，双方相互信任，我们推动的事情他们也会比较认可。前面我也提到，其实有设计部和业务的闭环设计团队一起做这个事，到后期就变成我们跟他们做一些事，让他们的设计团队越来越独立。

最后我想说的是，在整个新零售的背景下我们设计师的挑战。我们会有越来越多的场景和新技术，对于设计师来说，需要有一个敏锐的头脑，有跨界能力，还要有能够做更多事情这样的设计能力。

许鸣
京东设计中心，视觉设计专家

近十年互联网用户体验设计经验，曾先后就职于搜狐、爱奇艺、腾讯。现任京东设计中心平台设计部视觉设计专家，目前负责京东生鲜以及京东独立奢侈品平台TOPLIFE视觉及设计管理工作。专注于PC及移动端平台类视觉设计、多维度设计思路的研究。拥有丰富的潮流电商平台视觉设计以及针对业务的场景化设计经验，擅长线上平台类视觉创新设计。

07 从0到1打造服务+零售新体验

◎ 徐晟

从0到1打造服务+零售新体验，这里面的关键词其实是“从0到1”。怎么样从一个初步的商业方向，变成一个实际落地的商业体，这是我们在过去的几个月当中做的一个真真实实、有血有肉的项目，所以借这个机会拿出来给大家分享一下。

美丽田园是一家在生活美容类走得比较靠前的国内企业，它在80家城市有将近500家门店，为40岁左右的女性提供美容护肤服务。但是他们现在意识到，他们和年轻一代的距离相对比较远，怎么能够触达更年轻的消费者群体呢？经过一段时间的考虑，他们决定做一个新的品牌。新的品牌到底怎么来做，年轻都市女士的护肤习惯是什么样子的，她们对于皮肤的认识是什么样子的，她们在什么样的情况下会去美容院，会做什么样的护肤体验，这些都是需要我们来回答的问题。

我们帮他们设计的新品牌叫 XURFACE，把 surface 的 s 换成了 X 。X 代表着无限的可能性，代表着你需要探索自己皮肤的秘密，需要知道怎样才能更好地护肤。X 代表着我们提供的线上、线下新服务体验，X 也代表了我们通过科技护肤的方式让你有一个事半功倍的效果。

有了这个品牌的定位之后，实体店从品牌的设计到空间的设计，到服务流程的设计，到数字化的设计，所有的一切都融合到了开业这个时间点爆发出来。这个项目对于我们来说是一个非常不一样的项目，frog 需要在非常短的时间内帮助客户完成整个商业想法从零到一的跨越。但是这个项目我们是从项目的定义开始，一直跟到了最终这家店开业。

今天其实想跟大家分享的很简单，包括三个基本点和一个中心思想。

进展大于流程

第一个基本点是进展大于流程，为什么会这么说？我们提起创业的流程，很容易就会想到精益创业，精益创业就是一种非常按部就班的流程。

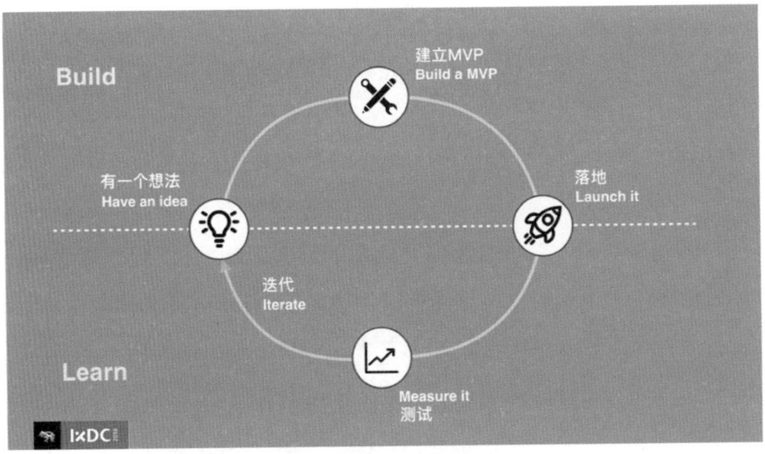

一般是从有一个想法到做一个 MVP，到把它推上市，到收集用户反馈，不停地迭代。但实际上，我们在做的过程当中会碰到什么样的情况呢？我有一个不怎么样的想法，我花了很长时间来建立这个 MVP，限于时间和成本的压力，没办法得上线了。上了线之后，我收到很多反馈，但我又没办法判别，哪些反馈是因为我的执行不到位造成的，哪些问题又是因为我最初始的想法造成的，最后就变成再来个新的想法，我们再走一遍。

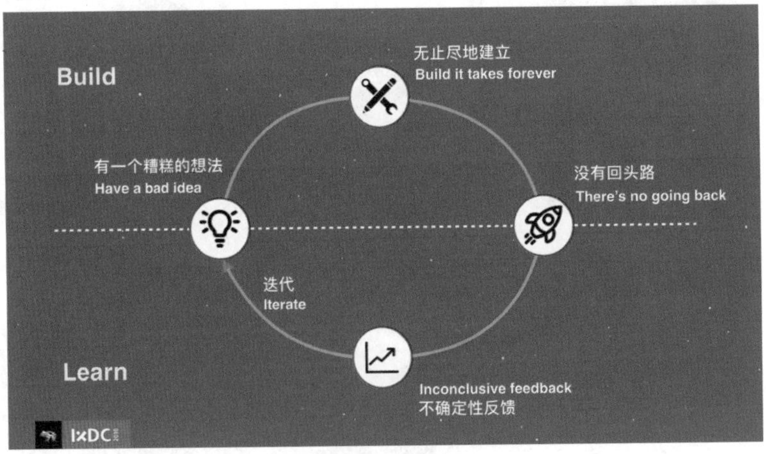

我称之为“死亡的漩涡”，那么我们有没有什么办法来解决这个问题呢？或者再回过来说，在新零售这样一个场景里面，我们又碰到了什么样的挑战呢？

我们现在的产品不是一个简单的互联网产品，不是一个实物产品，它是由空间、体验、数字化所共同构成的产品。这对于精益创业的模型来说，很难划分出一个非常明确的 MVP，因为 MVP 最终还要落在 P（产品）上，它需要被我们造出来放到市场上，让用户用钱投票，来告诉我反馈是什么样子的。

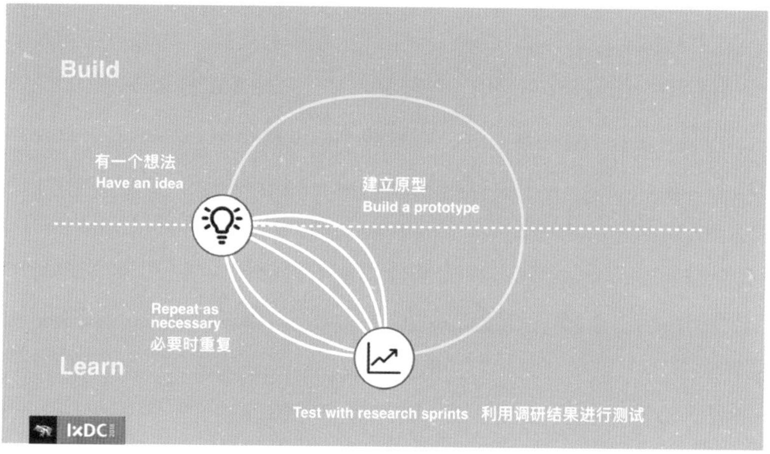

所以，我们就让他简短一些，不去管 MVP 这件事情，而是用原型的方式来验证我们的想法。从想法刚出现的那一刻起，就要想怎么样我们可以用最快速的原型方式来验证这个事情。我们是怎么做的?

我们在最早的用户旅程图出现的时间点就开始想应该怎样验证和测试一些核心的设计概念，所以我们做了一件事情：服务体验的原型测试。我们把它拆分成3个层次：空间、服务、数字化，我们一比一还原了一个实际线下空间所要具备的空间上的布置和设备上的布置。

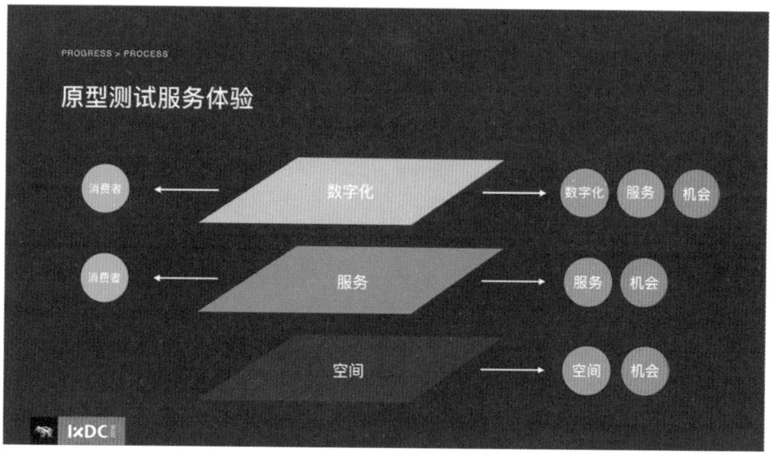

第一个层次是空间，在我们识别出了机会点在哪儿，做完了品牌的定义和很多概念设计之后，开始聚拢我们设计。所有的服务和数字化必须有个载体来承载，所以我们就落到了空间上。但这个时候，我们不知道空间会长成什么样，但是我唯一知道的是，空间的功能上会分成内场和外场两个不同的功能区分，所以我们就把内场、外场核心的功能模块给拆分出来，按照一比一的比例来还原每一个核心的功能模块。

举个例子，我们在外场有一个皮肤检测的模块，那个模块中皮肤检测枪应该放在什么位置，镜子应该放在多高，都是从人机工程学的角度来测试摆放和安置是不是合理。

另外，从内场的角度来说，当客人躺在了美容床上，技师应该坐在什么地方，他的设备应该放在左手边还是右手边，手边水槽的高度到底应该有多少，水槽旁边的箱子里面怎样规划能够做到拿取产品和配料都非常简单，这些都是我们在空间的角度来测试的。

有了空间的基础模块之后，我们在上面叠加了一层服务层。这一层更多的是从服务流程的角度来测试，在搭出来的一比一的空间之内来测试我们的服务流程。这里面我们的服务设计师和运营团队也会亲密无间地合作，但是相对于第一层空间来说，我们把真正在未来新开的店里面会提供服务的技师请到了这个空间里面，把真正要为客户服务的设备拉到了这个空间里面，把最终的目标消费者请到这个空间里面，让他们真真实实地走完整的一场，从消费者进门到付款躺到床上，到做完整个服务最后出去，这样整套的服务流程却包含了。

在这个基础上，我们又在上面加了一层数字化测试的层面。数字化更多在消费者这一侧。消费者在线上对品牌有认知，从线上下单开始，到他进入到我们的空间里面，用皮肤检测设备检测出自己的皮肤状况，离开空间前可以在自己的微信上看到皮肤检测报告。

从这样的角度出发，帮助员工来提供更好的服务。也能从两个角度来测试数字化结合服务、结合空间的设计当中有哪些需要注意的点。所以每一层往前的递进，其实就是离我们最终店的真实情况越来越近。

这是我们在第六周拿到的空间设计图。空间设计图出来之前，我们已经开始了空间的测试。所以，空间的设计最终其实是很大程度上取决于我们在空间层面测试出来的结果。

这个是我们按照一比一的比例来还原外场空间里面零售的陈列应该是一个什么样的状态。在内场空间里面，水槽应该放在什么位置，产品应该放在什么位置，我们技师随身的 iPad 应该放在什么位置全有还原。

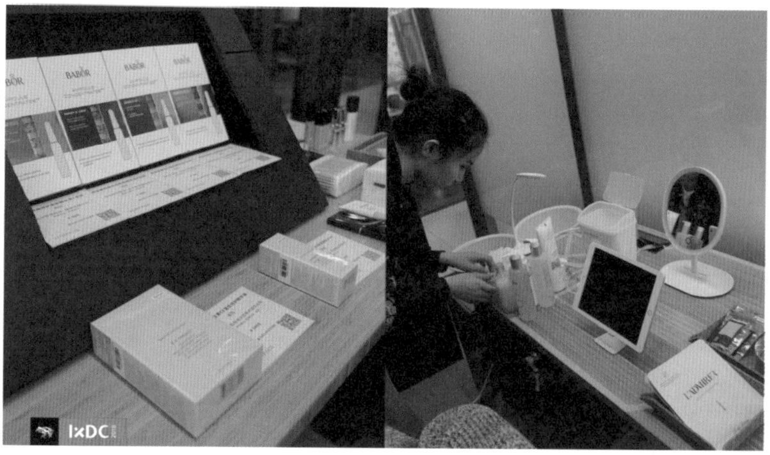

这是在测试自助皮肤监测仪，做完一次调研之后，跟用户来详细沟通他们在体验完之后会有什么样的感觉。其中有一个比较有意思的点，我们在测试第二层的时候，请了实际的用户进来测，测的时候大家我们有一大屋子的人会看整个测试的过程。这一大屋子的人包括我们自己的设计师、客户的运营团队、客户的 CEO，我们所有人都在同样一个物理空间去理解一个真实消费者进入我们模拟出来的未来可能出现的服务场景时，他实际的体验到底是什么样子的。

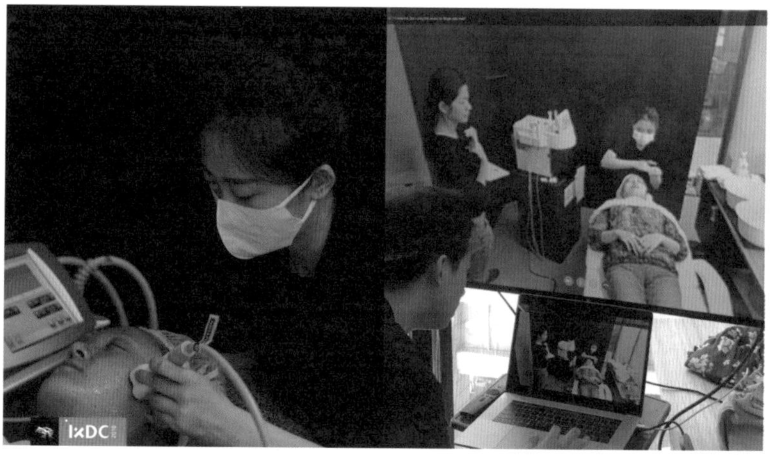

这是我们在测试数字化的时候用的两个不同的触点，一个是从消费者这端看到的触点，另外一个是从技师的随身 iPad 上看到的触点。其中有一个比较有意思的故事，当我们在设计数字化触点的时候，很多时候会强调 UI 的一致性，特别是在设计技师随身 iPad 的时候，第一版 UI 采用相对比较轻松、明亮的颜色配置。但是我们发现，当进入到做脸空间的时候，灯光是暗的，顾客其实是一个非常放松的状态，有几个顾客就直接睡着了。这一点提醒我们，数字化触点在那样一个时间点和场景下面不能够喧宾夺主，打扰到用户。

所以我们马上调整了数字化触点的设计，让它们能够有不同的工作模式，在进入服务间的时候，界面会随着灯光的变暗同时暗下去，不会影响消费者使用服务。

再分享一个点，我们在这个项目里面还用了另外一种我们内部称之为 Super Prototyping 的工作方式。为什么会用这样的工作方式呢？我们把时间调到这个项目开始之后的第10周。第10周的时候，我们已经做完了4轮服务体验的原型测试，在做完这4轮测试之后，相对来说，我们的设计概念已经非常聚焦了。

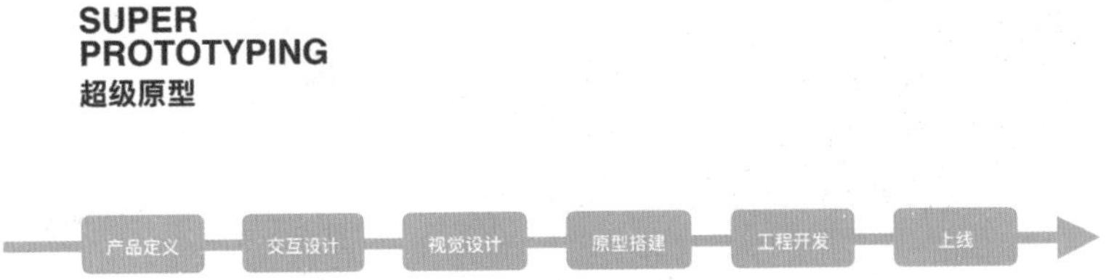

但是这个时候留给我们的大概只有6周的时间，6周后这家店要开业。在短短的6周之内，我们要做完所有的数字化触点。这背后要为每家门店做数据化运营的数据支撑平台。所以我们的时间不多，而且有很多设计的意图需要表达在这样的数字化产品当中。

我们直接从产品定义的角度出发，用故事卡的方式来定义每个产品的功能；工程师直接用代码的方式来完成一些产品的功能实现；最终交付上线的是一个直接可以运行的前端代码库。

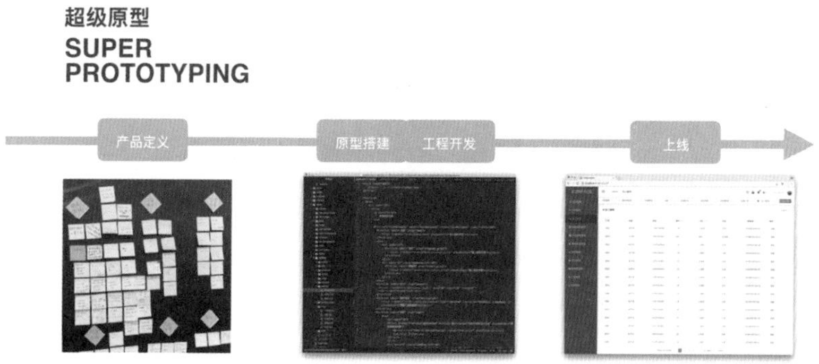

协作大于汇报

第二点是协作大于汇报。我们再回到产品开发的路径上，从需求到最后的上线，很多时候我们会在里面设很多检查点，就是设计师出了一稿方案之后，大家要聚拢起来讨论这个设计是不是靠谱，是不是应该往这个方向走，我们就会有下图这样的一个路径。

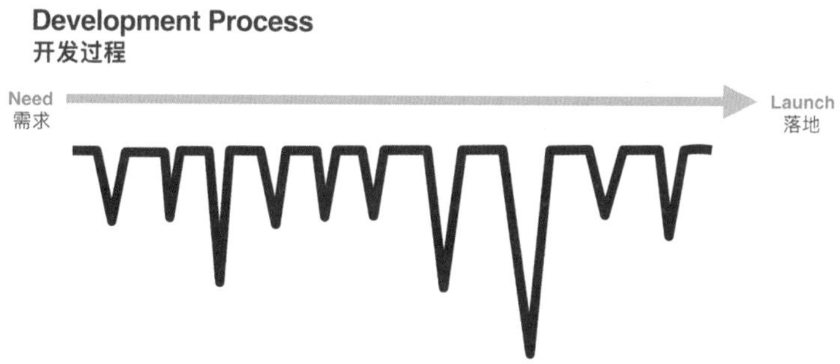

这样做事情的方法非常普遍，而且在有些情况下是必要的。但是如果我们把整个项目加在一起的话就会发现，很多时候人们都在准备汇报。

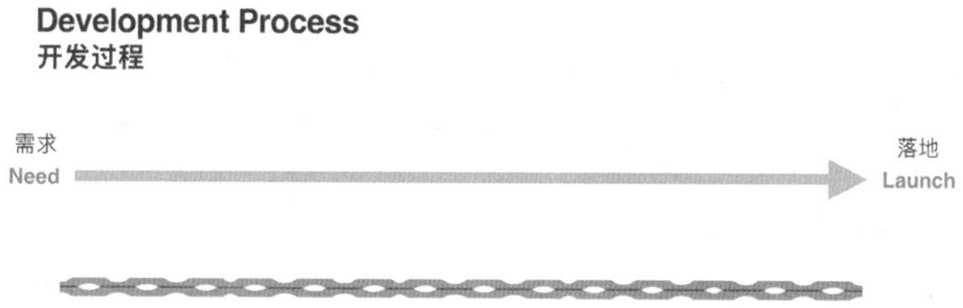

所以当我们在做一个对时间要求非常紧、对资源要求非常高的项目的时候，我们更期待的工作方式是这样交叉在一起的两条线，我们希望跟客户是在一个地点办公，这样我们就可以省去很多时间，把精力放到真正的产品设计当中去。

客户新团队从第一天开始就搬离了他们母公司的办公地点，采取了一个非常彻底的体外孵化的方式来做这件事情。frog 的团队从冲刺阶段开始就入驻他们的办公地点，和他们一起做我们的工作。因为有了这样非常强有力、非常紧密的合作关系，我们才能做到刚才说的快速搭原型、快速有反馈、快速不停地迭代设计。

naked
HUB
裸心社
XURFACE搬出美丽田园办公室，进行体外孵化
新品牌完全处于创业的加速跑状态，和美丽田园母集团的工作方式和节奏形成了鲜明的反差，为了能更好的让 XURFACE 按照自己的节奏生长，XURFACE 团队整体搬离美丽田园办公室进行体外孵化。
IxDC

授人以渔

最后，我想说的一点就是“授人以渔”。我们希望给到客户的不是一摞打磨精美的产品，而是希望客户能够真正把我们工作的方法给学过去，能对设计有一个更深刻的理解。这是我们在店铺开业之前的最后一次服务演练，大家可以看到 frog 的同事全都退到第二排，客户自己完成规划、执行、收集、反馈，最后给到运营部门实际可以落地的建议。

设计就是变魔术吗？我们觉得不是，我们希望更开放、更透明、更协作地跟我们的客户一起来工作，让他们来理解我们工作的模式，让他们来学习我们说话的方式和理解问题、看问题、解决问题的方式，这样才能够让他们真正理解设计给商业带来的价值。

这个项目刚开始只有一个 CEO，frog 派了很多设计师在这个项目上，我们同时还会帮他们管理第三方的合作伙伴。到项目进行的过程当中，他们开始逐渐壮大自己的团队，我们也追加了自己的投入，会有更多从品牌到数字化到空间到服务的设计师，来帮他们一起来打造新的品牌。直到我们进入最后一个阶段的时候，frog 的团队逐渐退出，我们甚至帮客户物色和招聘了团队里面应该有的核心人选，随后我们再把第三方合作机构的这些管理权限都交回到客户的手里。其实我们帮着一个 CEO 慢慢组建了一个核心创业团队。

以上就是我今天想分享的三点，第一个是进展大于流程，大家需要抓住问题的关键点在什么地方。第二个是协作大于汇报，无论你在创业公司还是成熟的公司工作，你都需要理解跟你一起工作的人，你们要频繁、高效地沟通。最后是授人以渔，你应该影响你的客户，让他成为设计最大的伙伴。

今天的中心思想是，大家不要把自己认为是一个设计师，我们应该让设计跳出产品和服务的边界，去更多地考虑怎么样能够让我的设计产生真正的商业价值。

最后，有一个视频可扫码观看，大家可以感受一下整个设计的呈现。

徐晟

frog design，技术副总监

软件工程师出身，误入设计行业，2018年初加入 frog 上海，入职后带领设计团队完成新零售领域内的新品牌设计项目，帮助客户完成0到1跨越，并在4个月时间内完成从品牌定义到第一家线下门店的开张。曾在小米生态链公司担任智能硬件产品技术负责人。曾开过软件设计开发公司，帮助奥迪设计车内外多场景用户体验设计。2008年上海交通大学计算机系硕士毕业。

08 盒中智造，设计融合

◎ 陈晓华

很高兴与大家分享菜鸟设计这两年在设计和创新领域的尝试。通过这些尝试，我们看到了设计师一些新的机遇，通过这些新的机遇，我们找到了企业中心的价值。

著名的艺术家奥拉维尔，在非洲发现很多工业不太发达的地区，其实电力是不完全覆盖的，晚上一片漆黑。他尝试着通过一个LED模组加上一个太阳能的模组，为当地的小朋友带来光明。其实艺术是没有技术边界的，跨界的整合能力能够让艺术产生新的价值和可能。

全球每年大概有2 000万名早产儿，大概有400万名早产儿没有活过一个月。特别是在印度和孟加拉，我们看到很多家庭因为贫穷造成小孩子过早夭折。斯坦福大学5个经济学的学生尝试着通过热凝胶的方式来改变这个现象。

今天设计师、艺术家以及教育机构，都尝试通过一些创造性的思维，来解决深层次的问题，设计师的跨界能力越强，其设计作品带来的影响力和价值也越强。很多设计师都会发现自己在设计领域其实做了非常多的尝试，但在基础的设计领域，我们很难更深层次地去解决体验问题。如何有效地应对挑战？是等待决策层的改变，还是通过自身的改变来创造这些价值？

每一次的设计发展都伴随着时代的发展。就像IXDC每年的主题一样，从过去的“重新定义用户体验”，到2018年的“构建体验设计新框架”，从服务设计到今天的智能设计，其实我们一直在追随着时代，追随着技术。

2013年工业革命4.0提出以后，设计师能够通过更好的技术手段来实现我们的技术设想，包括用3D来实现一些设计想法。到2020年将有近500亿台设备会被连接，我们设计师不仅要去考虑这500亿台设备如何被科学交互，更应该考虑这500亿台设备如何创造更新的体验。

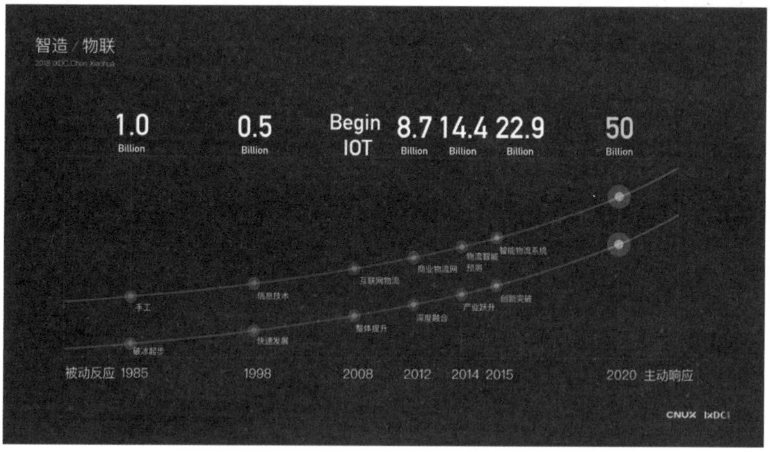

大家可能每天都有接触物流，我们一直在思考的是如何通过这些传感器能够让大家实时感受到今天包裹在哪里，中途发生了哪些周转，包括中间是否有天气的变化导致包裹的延误等。整个菜鸟设计发生了非常大的变化，一种数据层是在上面，是偏业务型（内容型）的使用数据——智能物流系统；另一层是在底部，是真正的大数据驱动力——数据驱动层，数据是实现智能的根本。

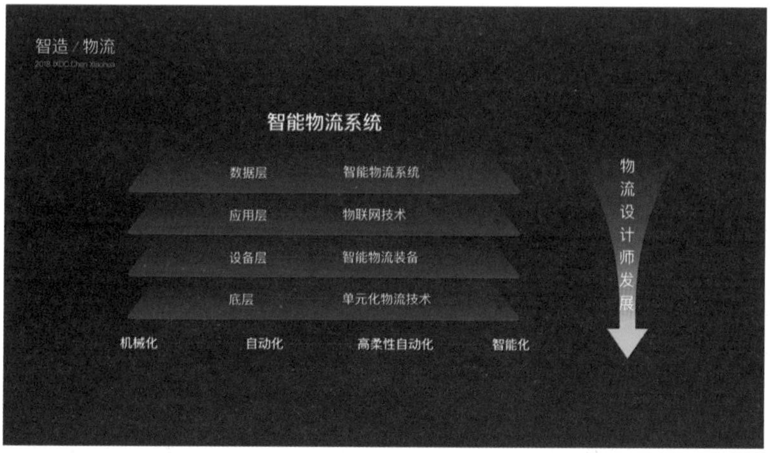

从最早物流行业的机械化、自动化、柔性自动化，到今天的智能化，行业在发生变化，我们设计师是否跟随着行业在持续地发生变化？我们今天如何做到人机协同，如何获得更大的自由性和可变性，如何做更好的、高效的、个性化的物流网络？我们一直尝试着通过物联网的能力，去重塑我们今天的物流体验。

给大家举个例子，这是我们设计团队发起的。原有的分拨场景是一个包裹过去以后要分流向，看是分到北京、杭州还是天津等。那在整个包裹分拨流程中，包裹的分拣人员要快速识别当中的识别码，其实有一个视觉追随区。

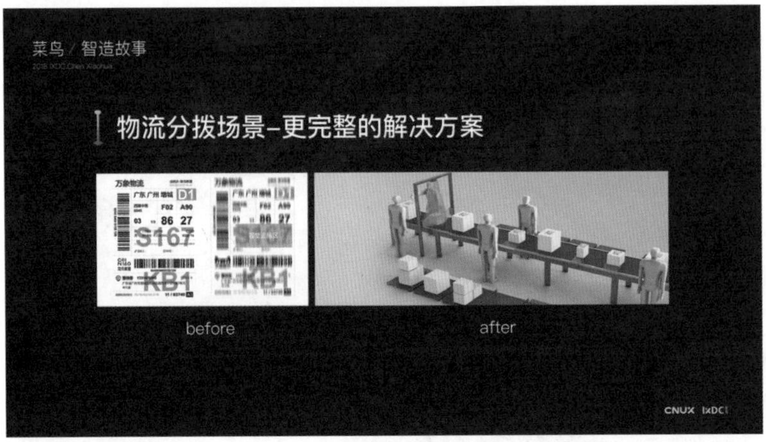

在传统的设计领域里面，会想设计师怎么做怎么调整这张电子面单，才能把识别码放大，让库工能够更快地分拣。今天我们设计师尝试着通过一些新的设备来改造这件事情。上图右边是我们现在推出的一个快速分拣的功能，在前置层面上做了一个红外的扫描，在整个通道里持续地用灯带的方式去跟踪整个包裹。目前为止，这一块产品能够快速地提高分拣效率及准确性。

在另一个案例里面我们是在整个仓内去进行掌上计算机优化。原来我们看到，库工是手拿一个掌上计算机去进行整个库内的操作。搬运也好，登记也好，都有一个掌上计算机在手上。我们发现这是非常不合理的设计，所以我们把掌上计算机放在一边，开始尝试穿戴式设备的研究。我们后来直接用指环扫码的方式去做这件事情。

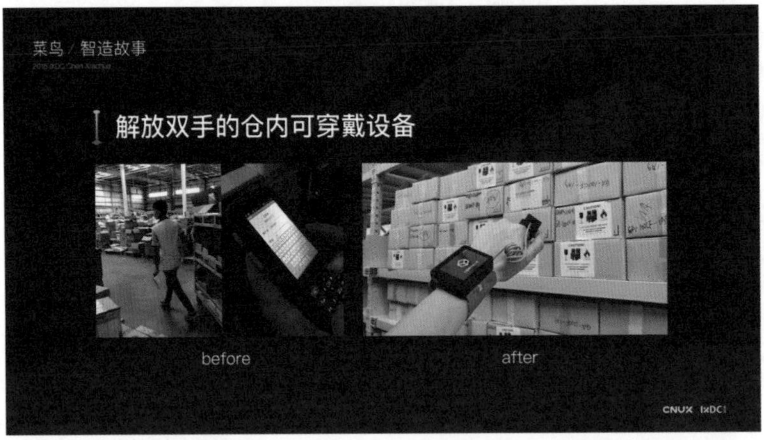

在国外也有非常多类似的设计，我们通过轻量化设备，加入了更多的语音、多模态设计，创造了一款更适合中国国内仓库领域的手环式扫码设备。它具备更多的功能。

今天电商的发展越来越快，每天的包裹量从5亿个发展到10亿个，是一个很快的过程。在包裹的快速增长过程中，整个的配送领域其实不能够完全满足大家的需求，里面很核心的一个问题就是大家往往把包裹寄到家里面。但是有一个问题，大家是不是实时在家。消费者在包裹收寄过程当中，其实有很多方面的需求；另一方面，小件派送员也有一个问题，由于大家可能不在家，造成了他的二派和三派，他的成本也逐步增加。

菜鸟提供了相对完整的解决方案，无论是送货上门，还是离你家500米的驿站，还是楼下自提柜，都在尝试着解决这些方案。我们在构想一个你家门口的快递箱，我们叫它“菜鸟小盒”。我们希望有更好的上门服务，能够让小件员在给你家送货上门的时候免打扰。

另外，如果我们有代收服务的时候，是不是能够更好地把寄件服务也一起做了？我们不断地在尝试各种的结构，尝试用不同的方式、不同的硬件和传感器来解决这样的问题。在整个设计的后半段，我们发现单一的设计不能完全解决问题，我们从产品的角度思考了用户能接受的商业模式，给用户提升生活品质的服务模式等。例如多人合租的小盒租赁模式，引入“饿了么”“河马”等贴近生活消费的服务，对业主提升利润和用户提升生活品质都有好处。我们尝试着去重新定义产品，定义它到底是一个什么样的东西。

为了建立产品与用户的关系，我们有了5个非常明确的点：首先就是智能，它要足够智能，能够知道谁应该把东西放进来谁不应该，什么时候开箱什么时候不开箱；其次是它是否安全，是不是真正具备物理上的安全；还有它是否足够便利，让那能够有非常好的体验；以及它是否能够连接，成为一款真正的互联网产品；最后是能不能共享。

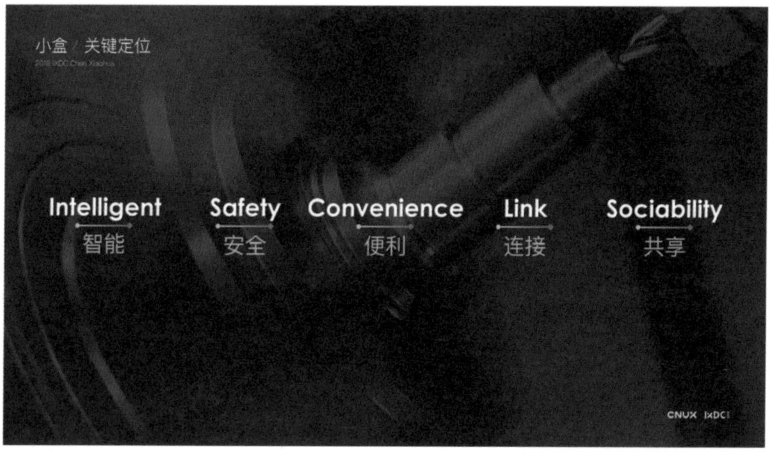

在设计过程中，我们整个团队面对着非常大的挑战。我们之前不具备工业设计和硬件设计能力，但是我们必须去尝试，去考虑它的形变应该是怎么样的，包括在弱电、弱网环境下，这个小盒子怎样运行。

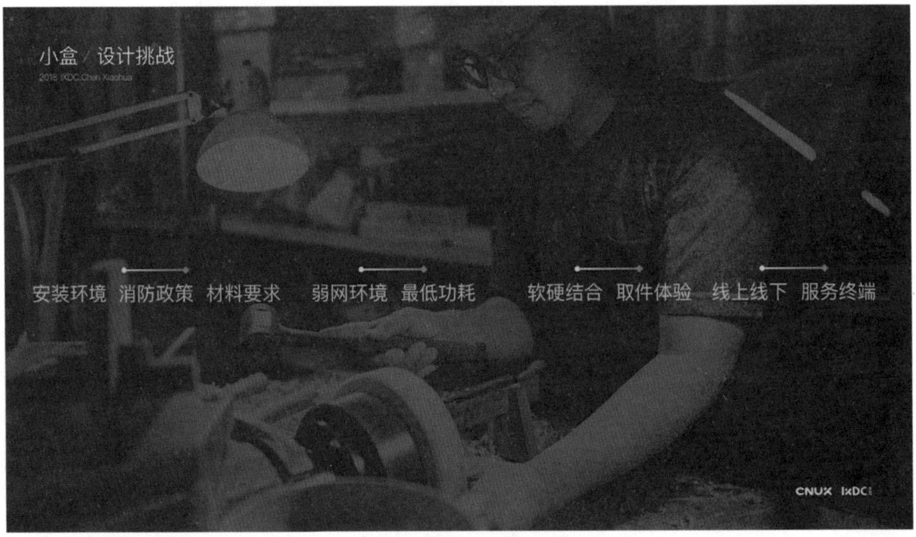

在原有的体验设计里面，我们看到的是非常浅的一层。我们参与得越多，我们能改变的就越多，我们能尝试的也越多。我们总结了智造设计中影响设计决策的五个要素。这五个要素是在整个设计过程中非常重要的五个要素。

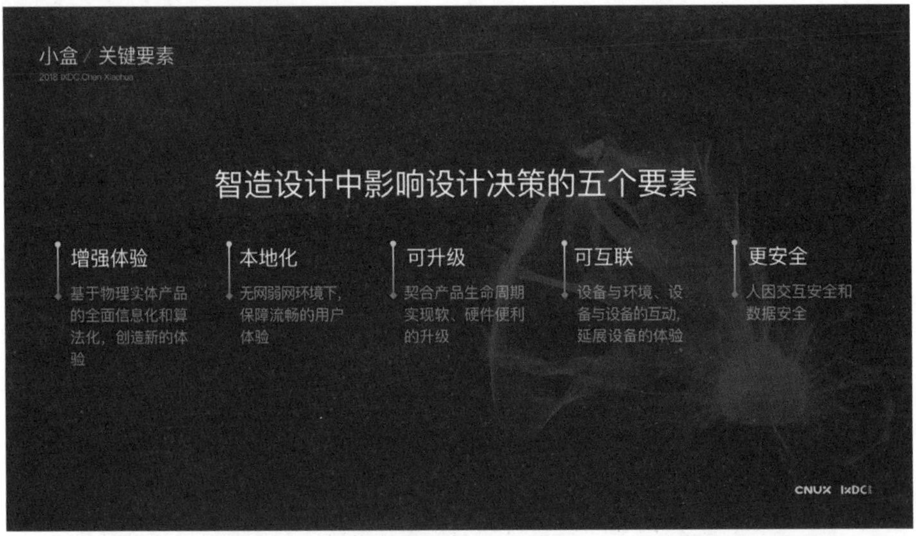

在整个制造设计的过程中，设计师也发生了很大的变化。我们希望设计师能够真正变成一个相对来说了解范围比较广的人，就像达·芬奇，他是一个艺术家、数学家、科学家、生物学家。设计由多角色合作，转向多职能融合。

这两年我们一直在强调E型设计师，就是在多维度都有纵深的理解。他通过这多维度的纵深理解和协同，帮助大家提供更好的设计价值。

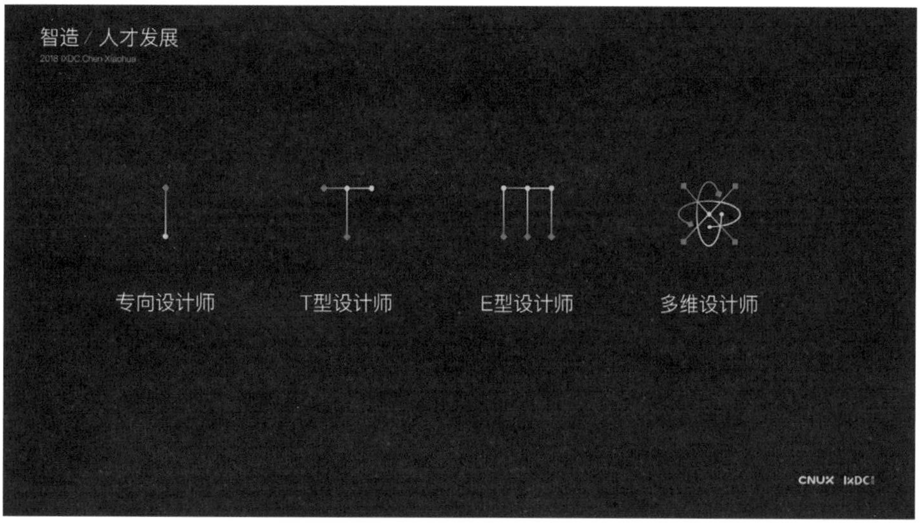

这是我们梳理的一个设计师基本能力图谱。在能力图谱中大家可以看到，其实我们一直在强调整个商业模式。设计师对整个商业模式层面上的了解，我们觉得还需要更多加强。

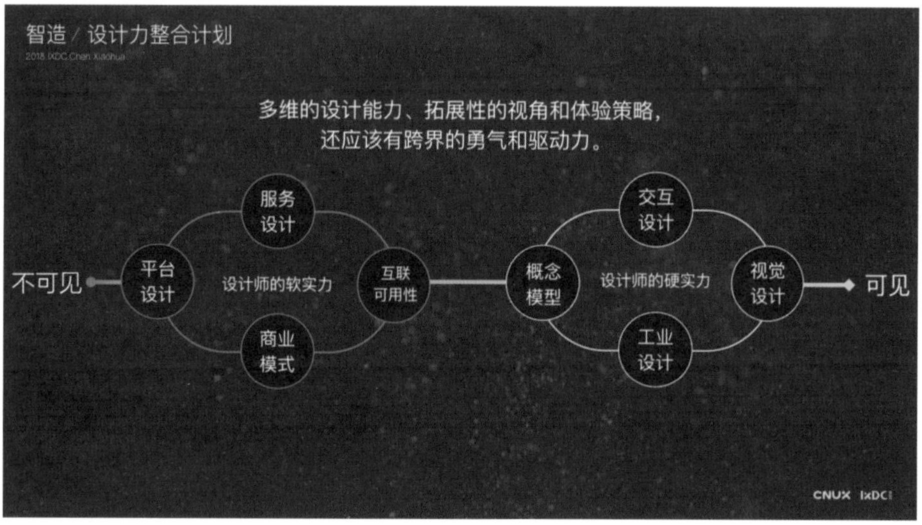

还有几点是必须提醒大家的就是今天有很多东西还是在限制着我们设计师的发挥。

例如，资本层面上，你的老板是否愿意为创新投资，你的公司是否愿意为创新投资；组织架构层面上，是否已经为创新做好了准备，是否为创新找到了足够的人才；在技术层面，这些问题我能够解决，我们的技术储备是否足够；包括刚才说的商业市场、商业服务化，以及我们的产品，我们的设计、我们的体验、能不能真正地融入整个商业场景里面。

在整个一年多的菜鸟设计过程中，我们整个团队的思维发生了非常大的变化。我们开始逐步做了非常多设计融合的工作，在空间层面、工具层面上做了非常多的事情。我们尝试去突破原有公司对于整个设计团队的定位。我们尝试着一个新的产品完全由设计团队来做。

最后带给大家一句话：正因为我们在设计过程中，不断地尝试和突破，我始终坚信设计是无法被完全阐述的，所以设计才能历久弥新。

陈晓华

阿里巴巴菜鸟网络，设计总监

现任菜鸟网络设计团队负责人。15年互联网设计及管理经历，组建了阿里软件、聚划算以及菜鸟网络设计团队。现以菜鸟网络丰富的物流场景为场域，带领体验、创意、用研、前端团队，以服务设计理念为内核，整合创新与体验之力，引领传统行业变革。建设菜鸟DESIGN“奇客”设计文化，挖掘和培育多维能力设计人才。成立原型制作工作室“智造空间”，孵化企业内部智能硬件项目，以“智造”为杠杆撬动传统行业革新。

2018年首创菜鸟小盒，立足消费者代收核心痛点，挖掘物流末端市场蓝海，首发当天内获得万级市场回馈；小盒亦是以菜鸟DESIGN以“智造”之力结合商业战略，从企业内部唤起革新的闪光点之一。